21世纪高等院校电气信息类系列教材

过程控制系统

鲁照权　方　敏　主编

机械工业出版社

过程控制是指以温度、压力、流量、液位和成分等作为被控参数的自动控制，广泛应用于石油、电力、化工、冶金、食品、节能、环保等国民经济领域。

本书取材适当、深广度适中，能适应大多数高等院校自动化专业的教学需求。每章开始给出内容要点，便于学生学习时注意并把握关键知识点；每章结束给出思考题和习题便于学生课后练习。全书强调理论联系实际，采用了很多工业过程案例，便于学生学习与理解，直至应用。

全书分十一章。第1～8章介绍了生产过程的动态特性与建模方法、单回路控制系统、串级控制、前馈控制、时滞过程控制、几种特定要求的过程控制及多变量系统解耦控制；第9～10章分别介绍预测控制及模型参数自适应时滞补偿控制；第11章从工程的角度介绍了步进式钢坯加热炉控制系统。

本书可以作为高等院校自动化专业过程控制类课程的教材，亦可作为相关专业师生、研究生的教学参考用书，同时可为过程自动化工程技术人员提供参考。

图书在版编目（CIP）数据

过程控制系统/鲁照权，方敏主编. —北京：机械工业出版社，2014.1（2022.1重印）

21世纪高等院校电气信息类系列教材

ISBN 978-7-111-45455-7

Ⅰ.①过…　Ⅱ.①鲁…②方…　Ⅲ.①过程控制－自动控制系统－高等学校－教材　Ⅳ.①TP273

中国版本图书馆CIP数据核字（2014）第006901号

机械工业出版社（北京市百万庄大街22号　邮政编码100037）
策划编辑：时　静　责任编辑：时　静　张利萍
版式设计：常天培　责任校对：张晓蓉　肖　琳
责任印制：李　洋
北京中科印刷有限公司印刷
2022年1月第1版第4次印刷
184mm×260mm · 13.5印张 · 331千字
标准书号：ISBN 978-7-111-45455-7
定价：32.00元

电话服务　　网络服务
客服电话：010-88361066　机　工　官　网：www.cmpbook.com
　　　　　010-88379833　机　工　官　博：weibo.com/cmp1952
　　　　　010-68326294　金　　书　　网：www.golden-book.com
封底无防伪标均为盗版　机工教育服务网：www.cmpedu.com

出 版 说 明

随着科学技术的不断进步，整个国家自动化水平和信息化水平的长足发展，社会对电气信息类人才的需求日益迫切、要求也更加严格。在教育部颁布的“普通高等学校本科专业目录”中，电气信息类（Electrical and Information Science and Technology）包括电气工程及其自动化、自动化、电子信息工程、通信工程、计算机科学与技术、电子科学与技术、生物医学工程等子专业。这些子专业的人才培养对社会需求、经济发展都有着非常重要的意义。

在电气信息类专业及学科迅速发展的同时，也给高等教育工作带来了许多新课题和新任务。在此情况下，只有将新知识、新技术、新领域逐渐融合到教学、实践环节中去，才能培养出优秀的科技人才。为了配合高等院校教学的需要，机械工业出版社组织了这套“21世纪高等院校电气信息类系列教材”。

本套教材是在对电气信息类专业教育情况和教材情况调研与分析的基础上组织编写的，期间，与高等院校相关课程的主讲教师进行了广泛的交流和探讨，旨在构建体系完善、内容全面新颖、适合教学的专业教材。

本套教材涵盖多层面专业课程，定位准确，注重理论与实践、教学与教辅的结合，在语言描述上力求准确、清晰，适合各高等院校电气信息类专业学生使用。

机械工业出版社

前　言

随着高等教育改革的不断深入，人才的培养模式正在发生重大的变化，如专业认证、CDIO 工程教育模式、卓越工程师培养计划等，这些变化使得高等院校更要注重专业知识的工程性。

本书是根据对自动化专业多年开设本课程的经验与企业对自动化专业毕业生应具备能力的要求，同时在综合了参考文献中多本现有过程控制类教材内容和长处的基础上，结合作者的一些研究成果和工程经验编写而成的。

本书可以作为高等院校自动化专业过程控制类课程的教材，也可作为相关专业师生、工程技术人员和管理人员的参考资料。本书具备以下特点：

1. 考虑到自动化专业培养模式的多样性趋势，本书内容分 11 章，前 8 章和第 11 章可作为本科层次的教学内容、第 9 章和 10 章可作为学生深入学习或研究生阶段的参考资料。

2. 精心编写、重点特出，具备系统性、完整性和实用性。

3. 所有的控制方法均从实际问题中引出。注重从实际案例中提出问题、分析问题，并给出解决问题的方法，加深学生对各种方法的感性认识。

本书由鲁照权、方敏主编，殷礼胜参编。全书内容由清华大学萧德云教授和合肥工业大学徐科军教授审阅。本书编写过程中，陈荣保、张晓江、董学平等老师给出了很多宝贵意见。合肥工业大学优化控制技术研究所 2009 和 2010 级研究生完成了书稿的文字录入工作，2011 级研究生完成了书稿中的插图绘制工作。

由于编者水平有限，本书缺点和错误在所难免，恳请读者批评指正。

编　者

目　　录

第1章 绪 论

【本章内容要点】

1. 过程控制的发展经历了基于经典控制理论、现代控制理论和多学科交叉的三个阶段。第一阶段从基地式仪表发展到单元组合式仪表；第二阶段从单元组合式仪表发展到分布式控制系统（Distributed Control System，DCS），又称集散控制系统；第三阶段出现了基于现场总线和计算机网络的现场总线控制系统（Fieldbus Control System，FCS）。

2. 从过程建模、控制策略与方法、软测量技术、过程优化和计算机集成过程系统等方面介绍了过程控制技术的发展趋势。

3. 工业过程往往具有高阶次、多变量、分布参数、强耦合、大惯性、大时滞、严重不确定性与非线性等特点，因此，过程控制方案也十分丰富。过程控制系统的设计以被控过程的特性和工艺要求为依据，通常有单变量控制系统，多变量控制系统；有仪表过程控制系统，DCS，也有FCS；有复杂控制系统，也有满足特定要求的控制系统。

4. 过程控制系统通常指工业生产过程中自动控制系统的被控量是温度、压力、流量、液位和成分等过程变量的系统。

5. 过程控制系统均由检测元件、变送器、调节器、调节阀和被控过程等环节构成。通常，将它们称为过程检测控制仪表（或自动化仪表），则过程控制系统由被控过程和过程检测控制仪表两部分组成。

6. 从过程控制系统的结构来看，可以将过程控制系统分为反馈控制系统、前馈控制系统和前馈-反馈复合控制系统；从给定信号的特点来看，可以将过程控制系统分为定值控制系统、程序控制系统和随动控制系统。

7. 简单介绍了DCS和FCS的结构和特点。随着PLC的快速发展，其结构越来越灵活，功能越来越强大。采用PLC构成DCS或FCS将越来越方便。

1.1 过程控制技术的发展、现状与趋势

1.1.1 过程控制的发展及现状

过程工业是指石化、电力、冶金、造纸、化工、医药和食品等工业，其特点是连续性。据有关统计，1991年以来我国公布的产品销售额排名的前10名中，有80%～90%属于连续工业；按利润排名的前20名中，连续工业约占70%，可见连续工业的发展对我国国民经济有着十分重要的意义。随着科学技术的迅猛发展，连续工业逐步向大型化、连续化、自动化和集成化方向发展。为了提高竞争力，连续工业正在不断地通过提高自动化水平来提高产品质量、节省能耗、降低成本以获得更显著的经济效益。许多国内外的专家、学者认为，过程控制在控制理论、控制工程、控制要求、控制水平等方面大约经历了以下三个发展阶段，见表1-1。

表 1-1 过程控制发展的三个阶段

阶　段	第一阶段（20 世纪 70 年代以前）	第二阶段（20 世纪 70 ~ 80 年代）	第三阶段（20 世纪 90 年代）
控制理论	经典控制理论	现代控制理论	多学科交叉
控制工具	常规仪表	DCS	FCS、计算机网络
控制要求	安全、平稳	优质、高产、低耗	市场预测、柔性生产、综合管理
控制水平	简单	先进控制系统	CIPS

在控制系统方面，绝大多数是单变量的简单控制系统，对于比较重要的工艺变量则设计串级调节系统或前馈调节系统。20 世纪 70 年代以前，过程工业的自动化水平相对比较低。当时的控制理论主要是经典控制理论，所能采用的控制工具主要是常规仪表。

20 世纪 70 ~ 80 年代，基于现代控制理论的先进过程控制（Advanced Process Control, APC）应运而生。先进过程控制的出现主要是基于以下两点：一是市场上先进的控制工具，如分布式控制系统（DCS）的出现与完善；二是现代控制理论的不断发展与提高，如预测控制、自适应控制、非线性控制、鲁棒控制，以及智能控制等控制策略与方法都已成为目前国内外学术界和工程界的热门研究课题。国内外已有许多先进过程控制成功的工业应用报道。

20 世纪 90 年代以来，在控制工具方面，出现了一种新的控制系统，称为现场总线系统（FCS）。现场总线技术是计算机技术、通信技术、控制技术的综合与集成，它的特点是全数字化、全分布、全开放、可互操作和开放式互连网络。它克服了 DCS 的一些缺点，在体系结构、设计方法、安装调试方法和产品结构方面，对自动控制系统产生了深远的影响。

尽管先进过程控制能提高控制质量并产生较明显的经济效益（如采用卡边控制），但是它们仍然只是相对孤立的控制系统。许多专家进一步研究发现，将控制、优化、调度、管理等集于一体，并将信号处理技术、数据库技术、通信技术以及计算机网络技术进行有机结合而发展起来的高级自动化系统具有更重要的意义。因此，出现了所谓综合自动化系统。这种全新的综合自动化系统称为计算机集成过程系统（Computer Integrated Process System, CIPS），可以认为是过程控制发展中的第三个阶段。

1.1.2 过程控制技术的发展趋势

1. 过程建模

目前国内外采用的建模方法大致有三类。

（1）机理建模

此种建模方法就是根据过程本身的内在机理，利用能量平衡、物质平衡、反应动力学等规律建立系统的模型。此方法目前仍有不少应用场合，但在方法上没有太大的发展。这是由于过程工业种类繁多，其物化反应、生化反应等过程非常复杂，要想根据机理来建立准确的数学模型是非常困难的。

（2）“黑箱子”系统辨识

此种建模方法就是根据被控过程的输入、输出数据建立数学模型。属于这类方法的有最小二乘系统辨识、人工神经元网络模型、模糊模型和专家系统模型等。各种智能模型的交叉亦是此类模型的一种趋势。

（3）集成模型建模

此种建模方法将弥补机理建模和“黑箱子”系统辨识建模的短处而利用它们的长处。其基本思想是将机理建模方法与各种系统辨识方法有机地结合，产生出能够较准确地描述复杂过程的模型。此方法目前尚无明确的定义，但国内外已有不少学者进行了研究和探讨，是过程建模的一个新研究方向。

尽管国内、外许多学者在过程建模方面做出了卓有成效的努力，但就目前过程控制的水平而言，工业过程模型仍然是控制系统设计与开发的瓶颈，在这一方面，今后仍有大量的工作要完成。

2. 控制策略与方法

目前，学术界所研究、开发出来的控制策略（算法）很多，但其中许多算法仍只停留在计算机仿真或实验装置的验证上，真正能有效地应用在工业过程中的仍为数不多。以下是一些公认（特别是能得到工程界认可）的先进控制策略（算法）。

（1）改进的或复合 PID 控制算法

大量的事实证明，传统的 PID 控制算法对于绝大多数工业过程的被控过程（高达 90%）可取得较好的控制效果。采用改进的 PID 算法或者将 PID 算法与其他算法相结合往往可以进一步提高控制质量。

（2）预测控制

预测控制是直接从工业过程控制中产生的一类基于模型的新型控制算法。它高度结合了工业实际的要求，综合控制质量比较高，因而很快引起工业控制界以及学术界的广泛兴趣与重视，现已有许多商品化的预测控制软件包以及许多成功应用的报道。预测控制有三个要素，即预测模型、滚动优化和反馈校正。其机理表明它是一种开放式的控制策略，体现了人们在处理带有不确定性问题时的一种通用的思想方法。

根据预测模型的不同形式，预测控制分别称为 MPC（Model Predictive Control）、GPC（Generalized Predictive Control）和 RHPC（Receding Horizon Predictive Control）。此外，预测控制还可以采取其他形式的模型，如非线性模型、模糊模型和神经网络模型等。目前，预测控制仍在不断发展中。其中，将预测控制思想和方法推广到广义控制问题是重要的研究方向之一。

（3）自适应控制

在过程工业中，不少过程是时变的，如采用参数与结构固定不变的控制器，则控制系统的性能会不断恶化，这时就需要采用自适应控制系统来适应时变的过程。它是辨识与控制的结合。目前，比较成熟的自适应控制分三类：自整定调节器及其他简单自适应控制器、模型参考自适应控制和自校正调节与控制。

自适应控制已在工程实践中得到了不少的应用，但它至今仍然有许多待进一步解决的问题（特别在参数估计方面），这些问题不解决，自适应控制的广泛应用仍将遇到许多困难。因此，仍有大量工作要做。此外，更高一级的自组织与自学习控制也在不断研究中。

（4）智能控制

随着科学技术的发展，对工业过程不仅要求控制的精确性，还要注重控制的鲁棒性、实时性、容错性以及对控制参数的自适应和自学习能力。另外，被控工业过程日趋复杂，过程严重的非线性和不确定性，使许多系统无法用数学模型精确描述。没有精确的数学模型作前提，传统控制系统的性能将大打折扣。而智能控制器的设计却不依赖过程的数学模型，因而对于复杂的工业过程往往可以取得很好的控制效果。

常见的智能控制方法有以下几种：模糊控制、分级递阶智能控制、专家控制、人工神经元网络控制和拟人智能控制等。这些智能控制方法各有千秋，但又存在不足。同时，研究表明将它们相互交叉结合或与传统的控制方法结合将会产生更佳的效果。智能控制已在家电行业及工业过程中取得了许多成功的应用，特别是模糊控制方法已在家电行业中广泛应用。

3. 软测量技术

在许多工业过程中，存在着很多这样的变量：它们是与产品质量密切相关的重要过程工艺变量，由于技术和经济的原因，目前尚难以或暂时无法通过传感器进行检测，但同时又需要加以严格的控制。如精馏塔的产品组分浓度，化学反应器的反应物浓度和产品分布，发酵罐中的生物量参数和制浆工业中的卡伯值（Kappa number）等。

解决这些变量检测问题的途径有：开发新的传感器；基于一些容易测量的二次工艺变量，通过一定的方法推算出要检测的工艺变量数值。第二种方法称为软测量技术（或称为软测量仪表）。建立软测量的方法通常有以下几种：

①基于工艺机理分析。

②基于回归分析。

③基于人工神经元网络。

④基于模式识别。

⑤基于模糊模型。

有许多因素影响软测量性能，如辅助变量及数目的选择，检测点位置的选择，数据的处理与变换，软测量的在线校正等。要想真正地、可靠地将软测量用于工业过程，上述因素均需仔细地加以考虑并采取相应的有效措施，特别是对于工业现场存在许多干扰的情况下更需付出巨大的努力。

4. 过程优化

过程优化包含两层意思：一是稳态优化，二是最优控制。目前稳态优化技术（或称为离线操作优化或调优）主要有三种方法，即统计调优法（Evolutionary Operation，EVOP）、模式识别法（Pattern Recognition，PR）与操作模拟分析法（Operation Simulation Analysis，OSA）。这些方法的共同点是利用生产数据以及建模、优化方法在约束条件下求解最优的工艺参数，提供操作指导。当然，操作条件优化也可以用计算机在线自动完成。动态最优控制则是保证稳态操作点的“最优性”。

经验证明，在经济效益方面，过程优化获益比先进控制要高出 5~10 倍。因此，过程优化技术在连续工业中大有作为。

5. 计算机集成过程系统（CIPS）

当前，在机械加工行业中，计算机集成制造系统（CIMS）已是国内外热门的研究课题。考虑到过程工业与机械加工行业的不同特点，在过程工业中 CIMS 被称为计算机集成过程系统（Computer Integrated Process System，CIPS）。计算机集成过程系统的出现与计算机技术、通信技术、网络技术以及控制技术的迅速发展是分不开的。

企业内存在许多自动化孤岛，即企业内的计算机系统是相互独立的，不同计算机间不能互通信息，工程师不能用生产过程计算机接收实验室计算机、管理系统计算机传来的信息，硬件、软件不能兼容，造成过程控制与管理决策、经营贸易的失衡，限制了公司迅速适应营销、市场和生产变化的能力。CIPS 覆盖操作层、管理层、决策层，涉及企业生产全过程的计算机优化。它的最大特点是多种技术的“综合”与全企业信息的“集成”，它是信息时代企业自动化发展的总方向。

据专家分析，CIPS 的关键技术有如下几个方面：

①计算机网络技术。

②数据库管理系统。

③各种接口技术。

④过程操作优化技术。

⑤先进控制技术。

⑥软测量技术。

⑦生产过程的安全保护技术等。

其中④～⑦是自动化技术的热门研究课题，它们的发展与进步将是实施 CIPS 的保证。

CIPS 利用计算机技术对整个企业的运作和过程进行综合管理和控制，它包括市场营销、生产计划调度、原料选择、产品分配、成本管理，以及工艺过程的控制、优化和管理的全过程。分布式控制系统、先进过程控制以及网络技术、数据库技术是实现 CIPS 的重要基础。

1.2 过程工业与控制的特点

从控制工程的观点看，过程工业有以下一些特点：

1）连续工业生产往往伴随着物化反应、生化反应和相变反应等。因此，过程机理十分复杂。

2）被控过程往往是高阶次、强耦合、大惯性、大时滞、严重不确定性与非线性的，控制起来非常困难。

3）连续工业经常在高温、高压、易燃、易爆等环境下运行，生产的安全性是至关重要的。因此，对自动控制系统的可靠性提出了非常苛刻的要求。

与其他自动控制系统相比，过程控制大致可归纳为：

1）连续生产过程的自动控制。过程控制一般是指连续生产过程的自动控制，其被控量需定量地控制，而且满足连续可调。若控制动作在时间上是离散的（如采样控制系统等），但是，其被控量需定量控制，也归入过程控制。

2）被控过程是多种多样的、非电量的。在现代工业生产过程中，工业过程很复杂。由于生产规模大小不同，工艺要求各异，产品品种多样，因此过程控制中的被控过程是多种多样的。诸如石油化工过程中的精馏塔、化学反应器、流体传输设备；热工过程中的锅炉、热交换器；冶金过程中的转炉、平炉、加热炉；机械工业中的热处理炉等。它们的动态特性多数具有大惯性、大时滞和非线性特性。有些机理复杂（如发酵过程、生化过程等）的过程至今尚未被人们所认识，很难建立其精确的数学模型。因此，设计能适应各种过程的控制系统并非易事。

3）过程工业的控制过程多属慢过程，而且多半为参量控制。由于被控过程具有大惯性、大时滞等特性，控制过程多属慢过程。另外，在石油、化工、电力、冶金、轻工、建材、制药等过程工业中，往往采用一些物理量和化学量（如温度、压力、流量、液位、成分和 pH 值等）来表征其生产过程是否正常。因此，需要对上述过程参数进行自动检测和自动控制，故过程控制多半为参量控制。

4）过程控制方案十分丰富。随着现代工业的迅速发展，工艺条件越来越复杂，对过程控制的要求越来越高。过程控制系统的设计以被控过程的特性为依据。由于工业过程大多具有多变量、分布参数、大惯性、大时滞和非线性等的复杂、多变特性，为了满足上述特点与工艺要求，过程控制中的控制方案是十分丰富的。通常有单变量控制系统，也有多变量控制系统；有仪表过程控制系统，也有集散控制系统；有复杂控制系统，也有满足特定要求的控制系统。

5）定值控制是过程控制的一种常用形式。在石油、化工、电力、冶金、轻工、环保和原子能等现代过程工业中，过程控制的主要目的在于消除或减小外界干扰对被控量的影响，使被控量能稳定控制在给定值上，使工业生产能实现优质、高能和低消耗的目标。定值控制仍是目前过程控制的一种常用形式。

1.3 过程控制系统的组成及其分类

1.3.1 过程控制系统的组成

过程控制系统通常是指工业生产过程中自动控制系统的被控量是温度、压力、流量、液位、成分、粘度、湿度和 pH 值（酸碱度或氢离子浓度）等这样一些过程变量的系统。

下面以几个典型的控制系统为例，来介绍过程控制系统的组成。

1. 发电厂锅炉过热蒸汽温度控制系统

锅炉是电力、冶金、石油化工等工业部门不可缺少的动力设备，其产品是蒸汽。发电厂从锅炉汽鼓（汽包）中出来的饱和蒸汽经过过热器继续加热成为过热蒸汽。过热蒸汽的温度是火力发电厂重要的生产工艺参数。过热蒸汽温度控制是保证汽轮机组（发电设备）正常运行的一个重要条件。通常过热蒸汽的温度应达到 460℃ 左右再去推动汽轮机做功。每种锅炉与汽轮机组都有一个规定的运行温度，在这个温度下运行，机组的效率最高。如果过热蒸汽的温度过高，会使汽轮机的寿命大大缩短；如果温度过低，当过热蒸汽带动汽轮机做功时，会使部分过热蒸汽变成水滴。小水滴冲击汽轮机叶片，会造成事故。所以必须对过热蒸汽的温度进行控制。通常在图 1-1a 所示的过热器之前或中间部分串接一个减温器，通过控制减温水流量的大小来控制过热蒸汽的温度，所以设计图 1-1a 所示的温度控制系统。系统中过热蒸汽温度采用热电阻温度计 1 来测量，并经温度变送器 2（TT）将测量信号送至调节器 3（TC）的输入端，与过热蒸汽温度的给定值进行比较得到其偏差，调节器按此输入偏差以某种控制规律进行运算后输出控制信号，以控制调节阀 4 的开度，从而改变减温水流量的大小，达到控制过热蒸汽温度的目的。图 1-1b 为该系统的框图。

2. 转炉供氧量控制系统

转炉是炼钢工业生产过程中的一种重要设备。熔融的铁水装入转炉后，可以通过氧枪供给转炉一定的氧气量。在氧气的作用下，铁水中的碳逐渐氧化燃烧，从而使铁水中的含碳量不断地降低。控制吹氧量和吹氧时间就可以控制冶炼钢水的含碳量，于是可以获得不同品种

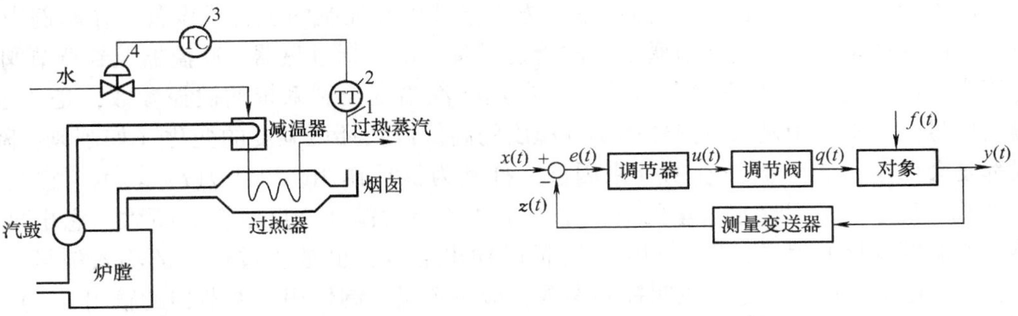

a) b)

图 1-1 过热蒸汽温度控制系统

a）控制系统流程图 b）系统框图

1—热电阻 2—温度变送器 3—调节器 4—调节阀

的钢。为了冶炼各种不同品种的钢材，设计了图 1-2a 所示的转炉供氧量控制系统。本系统采用节流装置 1 来测量氧气流量，并送至流量变送器 2（FT），经开方器 3 后作为流量调节器 4（FC）的测量值，其测量值与供氧量的给定值进行比较得到偏差，调节器按此偏差信号以某种控制规律进行运算并输出控制信号去控制调节阀 5 的开度，从而改变供氧量的大小，以满足生产工艺的要求。图 1-2b 为供氧系统框图。

为了便于应用控制理论分析过程控制系统，根据系统的工作过程，由控制流程图 1-1a 和图 1-2a 可以分别画出其框图 1-1b 和图 1-2b。现以图 1-1b 为例介绍图中的各方框、连线等的含义。

在图 1-1b 中每个框表示组成该系统的一个（设备或装置）环节，两个框之间的一条带有箭头的连线表示其相互关系和信号传递方向，但不表示方框之间的物料联系。在该图中的温度测量元件、变送器、调节器和调节阀等各环节是单方向作用的，即环节的输入信号会影响输出信号，但是输出信号不会反过来去影响输入信号。应该指出，在过程控制中，调节阀控制的介质流量可以流入过程，也可以是从过程中流出来。如果被控的物料是流入过程的，则正好与框图中箭头方向一致。如果被控物料是从过程流出来的，则图中信号的传递方向与物料的流动方向就不一致了。

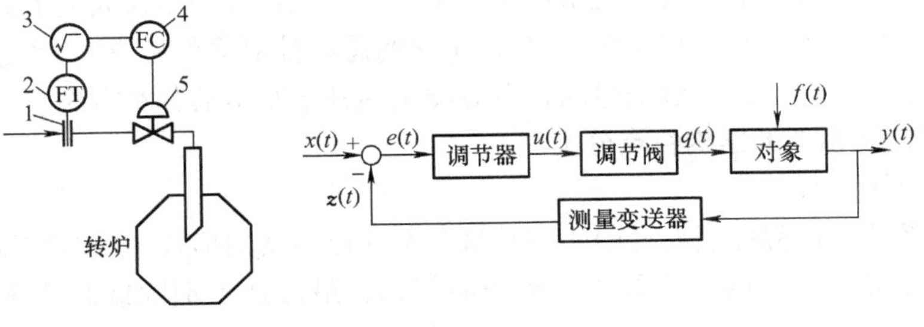

a) b)

图 1-2 转炉供氧量控制系统

a）控制系统流程图 b）系统框图

1—节流装置 2—流量变送器 3—开方器 4—流量调节器 5—调节阀

在图1-1b中的“过程”（又称对象）方框指某些被控制的装置或设备，在本例中表示测量温度的热电阻温度计到调节阀之间的管道设备，即包括过热器、减温器及到调节阀前的一段管道。$y(t)$ 表示过热蒸汽的温度，是过热蒸汽温度控制系统的被控参数，是“过程”的输出信号。在本例中进入过热器的烟气温度的高低以及环境温度的变化（如刮风、降温）情况都是会引起被控参数波动的外来因素，称其为扰动作用，可用 $f(t)$ 表示。它是“过程”的扰动信号。减温器水流量的改变是由于调节阀动作（开度改变）所致，它也是影响过热蒸汽温度变化的因素，作为调节阀方框的输出信号，也是“过程”的输入信号，可用 $q(t)$表示，称其为操作变量，也叫控制参数，最终实现控制作用。调节器的输出 $u(t)$ 称为控制作用，它是调节阀的输入信号。测量变送器的作用是将被控量 $y(t)$ 成比例地转换为测量信号 $z(t)$，它是调节器的输入信号，亦称反馈信号。

应当指出，调节器是根据 $y(t)$ 测量值的变化与给定值 $x(t)$ 进行比较得出的偏差值对被控过程进行控制的。过程的输出信号，即温度控制系统的输出通过温度测量元件与变送器的作用，将输出信号反馈到输入端，构成一个闭环控制回路，称为闭环控制系统。

在生产过程中，由于扰动不断产生，控制作用也在不断地进行。若因扰动（如冬天刮风降温）使过热蒸汽的温度下降，测量元件（热电阻温度计）将温度的变化值测量出来，经变送器送至调节器的输入端，并与其给定值进行比较得到偏差，调节器按此偏差并以某种控制规律发出信号，去关小调节阀的开度，使减温水减小，从而使过热蒸汽的温度逐渐升高，并趋向于给定值。反之亦然。

从以上两个工业过程控制的实例可见，控制系统由检测元件、变送器、调节器、调节阀和被控过程等环节构成。如果把测量元件、变送器、调节器、调节阀统称为过程检测控制仪表，则一个过程控制系统是由被控过程和过程检测控制仪表两部分组成的。过程控制系统的设计是根据工业过程的特性和工艺要求，通过选用过程检测控制仪表构成系统，再通过调节器参数的整定，实现对整个生产过程进行自动检测、自动监督和自动控制。

1.3.2 过程控制系统的分类

过程控制系统的分类方法有很多，若按被控参数的名称来分，有温度、压力、流量、液位、成分和pH值等控制系统；按控制系统完成的功能来分，有比值、分程和选择等控制系统；按调节器的控制规律来分，有比例、比例积分、比例微分、比例积分微分和智能控制系统等；按被控量的多少来分，有单变量和多变量控制系统；按采用仪表的形式来分，有常规仪表控制系统、DCS（集散控制系统）、FCS（现场总线控制系统）等。但是，按过程控制系统的结构特点分类和按给定值信号的特点分类是两种最基本的分类方法。

1. 按过程控制系统的结构特点分类

（1）反馈控制系统

反馈控制系统是过程控制系统中的一种最基本的控制结构形式。反馈控制系统是根据系统被控量的偏差进行工作的，偏差值是控制的依据，最后达到消除或减小偏差的目的。图1-1所示的过热蒸汽温度控制系统就是一个反馈控制系统。另外，反馈信号也可能有多个，从而可以构成多个闭合回路，称其为多回路控制系统。

（2）前馈控制系统

前馈控制系统在原理上完全不同于反馈控制系统。前馈控制是以不变性原理为理论基础的。前馈控制系统直接根据扰动量的大小进行工作，扰动是控制的依据。由于没有被控量的反馈，所以也称为开环控制系统。

图 1-3 所示为前馈控制系统框图。扰动 $f(t)$ 是引起被控量 $y(t)$ 变化的原因，是根据扰动 $f(t)$ 进行工作的，能及时克服扰动对被控量 $y(t)$ 的影响。但是，由于前馈控制是一种开环控制，最终不能检查控制的精度，因此，在实际工业生产过程自动化中是不能单独应用的。

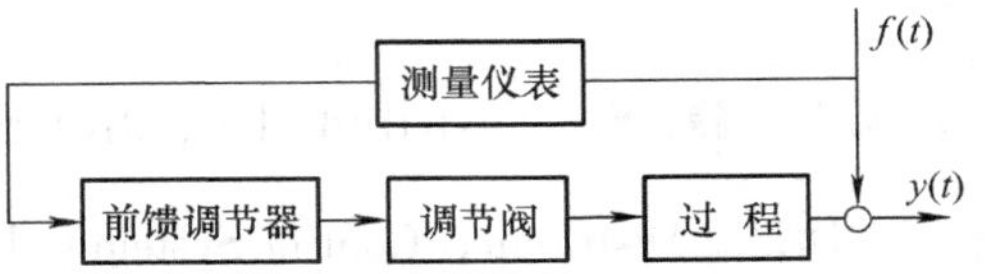

图 1-3　前馈控制系统框图

（3）前馈-反馈控制系统（复合控制系统）

在工业生产过程中，引起被控参数变化的扰动是多种多样的。开环前馈控制的最主要优点是能针对主要扰动及时迅速地克服其对被控参数的影响；对其余次要扰动，则利用反馈控制予以克服，使控制系统在稳态时能准确地使被控量控制在给定值上。在实际生产过程中，将两者结合起来使用，充分利用前馈与反馈控制两者的优点、在反馈控制系统中引入前馈，从而构成图 1-4 所示的前馈-反馈控制系统，它可以大大提高控制质量。

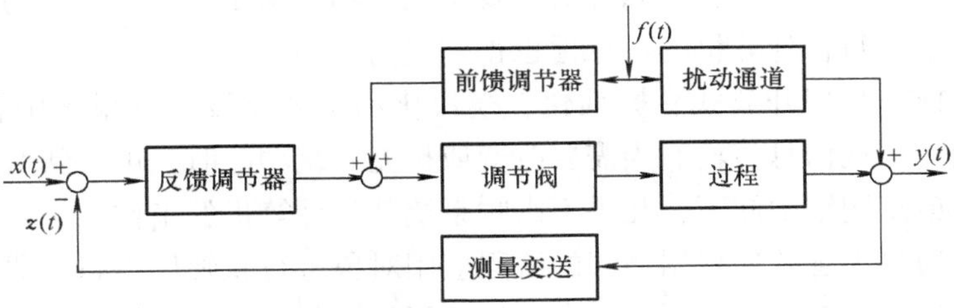

图 1-4　前馈-反馈控制系统

2. 按给定值信号的特点来分类

（1）定值控制系统

所谓定值控制系统，就是系统被控量的给定值保持在某一定值不变，或在小范围的附近。定值控制系统是过程控制中应用最多的一种控制系统，这是因为在工业生产过程中大多要求系统被控量的给定值保持在某一定值，或保持在很小的偏差范围内。例如，过热蒸汽温度控制系统、转炉供氧量控制系统均为一个定值控制系统。对于定值控制系统来说，由于 $\Delta x = 0$，引起被控量变化的是扰动信号，所以定值控制系统的输入信号是扰动信号。

（2）程序控制系统

它是被控量的给定值按预定的时间程序变化工作的。控制的目的就是使系统的被控量按工艺要求规定的程序自动变化。例如周期作业的加热设备（机械、冶金工业中的热处理炉），一般工艺要求加热升温、保温和逐次降温等程序，给定值就按此程序自动地变化，控制系统按此给定程序自动工作，达到程序控制的目的。

（3）随动控制系统

与运动控制系统中的位置等随动控制不同，它是一种被控量的给定值随时间任意变化的控制系统，其主要作用是克服一切扰动，使被控量快速跟随给定值而变化。例如，在加热炉燃烧过程的自动控制中，生产工艺要求空气量跟随燃料量的变化而成比例地变化，而燃料量是随生产负荷而变化的，其变化规律是任意的。随动控制系统使空气量跟随燃料量的变化自动控制空气量的大小，达到加热炉的最佳燃烧。

1.4 DCS、FCS 与 PLC

1.4.1 DCS（Distributed Control System，集散控制系统）

DCS（Distributed Control System）直译为分布式控制系统，国内称为集散控制系统。它是由过程控制级和过程监控级组成的以通信网络为纽带的多级计算机系统，综合了计算机（Computer）、通信（Communication）、显示（CRT）和控制（Control）4C 技术。DCS 的基本思想是分散控制、集中操作、分级管理、配置灵活、组态方便。DCS 具有可靠性、开放性、灵活性、易于维护性、协调性等特点。

①可靠性。由于 DCS 将系统控制功能分散在各台计算机上实现，系统结构采用容错设计。因此，某一台计算机出现的故障不会导致系统其他功能的丧失。此外，由于系统中各台计算机所承担的任务比较单一，可以针对需要实现的功能采用具有特定结构和软件的专用计算机，从而使系统中每台计算机的可靠性也得到提高。

②开放性。DCS 采用开放式、标准化、模块化和系列化设计。系统中各台计算机采用局域网方式通信，实现信息传输。当需要改变或扩充系统功能时，可将新增计算机方便地连入系统通信网络或从网络中卸下，几乎不影响系统其他计算机的工作。

③灵活性。通过组态软件根据不同的流程应用对象进行软硬件组态，即确定测量与控制信号及相互间的连接关系、从控制算法库选择适用的控制规律以及从图形库调用基本图形组成所需的各种监控和报警画面，从而方便地构成所需的控制系统。

④易于维护性。功能单一的小型或微型专用计算机，具有维护简单、方便的特点。当某一局部或某个计算机出现故障时，可以在不影响整个系统运行的情况下在线更换，迅速排除故障。

⑤协调性。各工作站之间通过通信网络传送各种数据，整个系统信息共享，协调工作，以完成控制系统的总体功能和优化处理。

⑥控制功能齐全、算法丰富，集连续控制、顺序控制和批处理控制于一体，可实现串级、前馈、解耦、自适应和预测等先进控制，并可方便地加入所需的特殊控制算法。DCS 的构成方式十分灵活，可由专用的管理计算机站、操作员站、工程师站、记录站、现场控制站和数据采集站等组成，也可由通用的服务器、工业控制计算机和可编程序控制器构成。处于底层的过程控制级一般由分散的现场控制站、数据采集站等就地实现数据采集和控制，并通过数据通信网络传送到生产监控级计算机。生产监控级对来自过程控制级的数据进行集中操作管理，如各种优化计算、统计报表、故障诊断和显示报警等。随着计算机技术的发展，DCS 可以按照需要与更高性能的计算机设备通过网络连接来实现更高级的集中管理功能，如计划调度、仓储管理和能源管理等。

为了适应现代生产控制与管理的需要，DCS 采用多层次分级结构形式（现场级、控制级、监控级和管理级）。各级分别采用现场网络 Fnet（Field Network）、控制网络 Cnet（Control Network）、监控网络 Snet（Supervision Network）和管理网络 Mnet（Management Network）

进行信号与数据传递。集散控制系统的基本组成如图 1-5 所示。

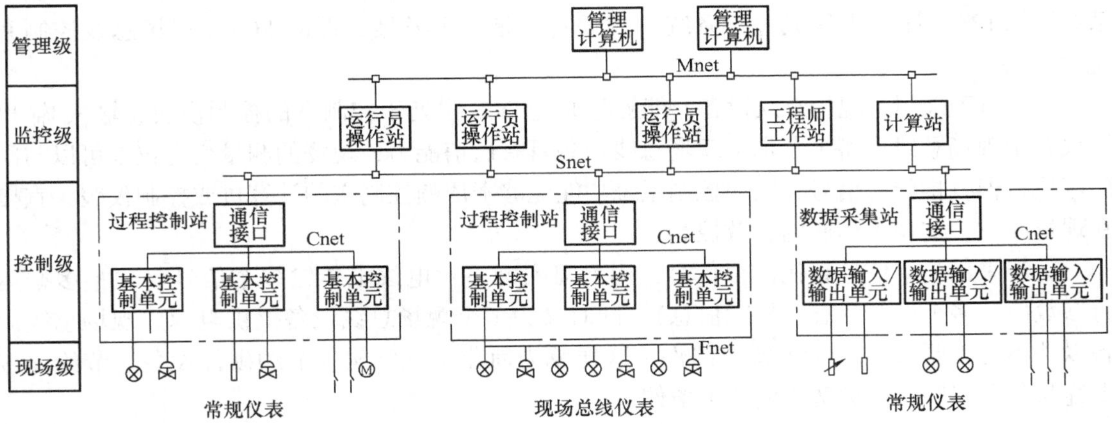

图 1-5　集散控制系统的基本组成

由图可见，集散控制系统由数据输入/输出单元、基本控制单元、数据高速通路、CRT 操作站和管理计算机五部分组成。下面就其各部分的工作原理作一介绍。

①数据输入/输出单元。它是带有微处理器的智能装置，主要用于采集过程信息（模拟量和数字量），故又称其为数据采集站。它能完成数据采集与预处理，对实时数据作进一步的加工，提供 CRT 操作站的显示与打印。同时，在有管理计算机的情况下，它可以用模拟量与开关量的方式向过程终端输出计算机的控制指令。

②基本控制单元。它相当于若干台常规调节器，能完成常规调节器的全部运算与控制功能。通过软件组态能灵活地构成满足各种不同控制要求的复杂控制系统。它接受现场的各种信号，并进行转换。再通过内部微处理器进行各种运算处理，输出转换为 DC 4～20mA 的信号，去操作各类执行器，实现自动控制。

③数据高速通路，又称数据通信总线。它是一条同轴电缆或光导纤维，高速率传送基本控制单元、过程输入/输出单元与显示操作站之间的数据。为了提高信息传输的可靠性，通常 DCS 除有主通信总线外，还配置有冗余通信总线。

④CRT 操作站。它是集散控制系统的人-机接口装置，主要用于操作工艺生产过程，并监视工厂的运行状态及回路组态，调整回路参数（如 PID 值、极限报警值与设定值等），显示动态流程画面以及进行部分生产管理。通常它由 CRT 监视器、数据通信总线接口、操作键盘、打印机和存储装置等组成。

⑤管理计算机。它通过数据通信总线和系统中各智能单元，采集各种数据信息，并综合下达诸如设定值（SPC）等各种高级命令。它可以进行集中管理与最优控制，实现信息—控制—管理一体化。通常管理计算机还有可能供用户进一步开发高级语言软件，可完成有关工艺参数间复杂的运算和数据分析工作等。

1.4.2　FCS（Fieldbus Control System，现场总线控制系统）

随着微处理器和通信技术的发展，控制界也不断在控制精度、可操作性、可维护性和可移植性等方面提出新需求。由此，导致了现场总线控制系统的产生。

可以说集散控制系统将向两个方向发展：一是向上发展，即向 CIMS（计算机集成制造系统）、CIPS（计算机集成过程系统）发展；二是向下发展，即向 FCS（现场总线控制系统）发展。

FCS 由于采用了现场总线设备，能够将原先 DCS 中处于控制室的控制模块、输入/输出模块置于现场总线设备上，加上现场总线设备具有通信能力，现场的测量变送仪表可以与阀门等执行器直接传送信号，因而控制系统功能能够不依赖控制室的计算机或控制仪表，直接在现场完成，实现了彻底的分散控制。

由于采用数字信号替代模拟信号，因而可实现一对电线上传输多个信号（包括多个运行参数值、多个设备状态、故障信息），同时又为多个现场总线设备提供电源。现场总线设备以外不再需要 A/D、D/A 转换部件。这样就为简化系统结构、节约硬件设备、节约连接电缆与各种安装、维护费用创造了条件。

FCS 采用总线连接方式替代传统的 DCS 一对一的 I/O 连线，对于大规模的 I/O 系统来说，减少了 DCS 由接线点造成的不可靠因素。同时，数字化的现场设备替代模拟仪表，FCS 具有现场设备的在线故障诊断、报警、记录功能，可完成现场设备的远程参数设定、参数修改等工作，因而增强了系统的可维护性。

（1）通信方式

DCS 采用层次化的体系结构，通信网络分布于各层并采用数字通信方式，唯有生产现场层的常规模拟仪表仍然是一对一模拟信号（如 DC 4 ~ 20mA）传输方式。因此，可以说 DCS 是一个“半数字信号”系统。FCS 采用全数字化、双向传输的通信方式。从最底层的传感器、变送器和执行器开始就采用现场总线网络，逐层向上直到最高层均为通信网络互联。多条分支通信线延伸到生产现场，用来连接现场数字仪表，采用一对多连接。

（2）分散控制

在 DCS 中，生产现场的多台模拟仪表集中地接于输入/输出单元，而输入、输出、控制和运算等功能块都集中于 DCS 的控制站内。DCS 只是一个“半分散”系统。FCS 废弃了 DCS 的输入/输出单元，由现场仪表取而代之，即将 DCS 控制站的功能化整为零，功能块分散地分配给现场总线上的数字仪表，实现彻底的分散控制。

（3）互操作性

DCS 的现场级设备都是各制造商自行研制开发的，不同厂商的产品由于通信协议的专有与不兼容，彼此难以互联、互操作。而 FCS 的现场设备只要采用同一总线标准，不同厂商的产品既可互联也可互换，并可以统一组态，从而彻底改变传统 DCS 控制层的封闭性和专用性，具有很好的可集成性。

（4）可靠性、易维护性

FCS 采用总线连接方式替代传统的 DCS 一对一的 I/O 连线，对于大规模的 I/O 系统来说，减少了 DCS 由接线点造成的不可靠因素。同时，数字化的现场设备替代模拟仪表，FCS 具有现场设备的在线故障诊断、报警、记录功能，可完成现场设备的远程参数设定、参数修改等工作，因而增强了系统的可维护性。

DCS 与 FCS 的对比见表 1-2。

表 1-2 DCS 与 FCS 的对比

对比点	FCS	DCS
结　构	一对多：一对传输线接多台仪表，双向传输多个信号	一对一：一对传输线接一台仪表，单向传输一个信号
抗干扰性	数字信号传输抗干扰能力强，精度高	模拟信号传输不仅精度低，而且容易受干扰
状态监控	操作员在控制室既可以了解现场设备和现场仪表的工作情况，也能对设备进行参数调整，还可以预测或寻找故障，使设备始终处于操作员的过程监控与可控状态之中	操作员在控制室既不了解模拟仪表的工作情况，也不能对其进行参数调整，更不能预测故障，导致操作员对仪表处于“失控”状态
控　制	控制功能分散在各个智能仪器中	所有的控制功能集中在控制站中
互换性	用户可以自由选择不同制造商提供的性能价格比最优的现场设备和仪表，并将不同品牌的仪表互连，实现“即插即用”	尽管模拟仪表统一了信号标准（DC 4～20mA），可是大部分技术参数仍由制造厂自定，致使不同品牌的仪表互换性差
仪　表	智能仪表除了具有模拟仪表的检测、变换、补偿等功能外，还具有数字通信能力，并且具有控制和运算能力	模拟仪表只具有检测、变换、补偿等功能

1.4.3 PLC（Programmable Logic Controller，可编程序控制器）

PLC 的发展起源于 20 世纪 70 年代，首先在汽车工业中大量应用，80 年代走向成熟，奠定了在工业控制中不可动摇的地位。90 年代后，在通信技术上又有新的突破，使 PLC 从专有性控制器向开放性发展，在应用范围和应用水平上，为实现电气控制、仪表控制和计算机控制一体化打开了新的局面。

在过程控制系统中，也越来越多地采用了 PLC。新型 PLC 不仅容量更大，速度更快，而且都具有较强的联网通信能力。现场总线，可以采用廉价的双绞线为传输介质，将作为主结点的现场控制站与作为从结点的数十个执行器、数字化智能变送器连接在一起，也可以将数台 PLC 通过网络节点直接接入高速网络，组成过程控制级的控制站。这样，使系统的控制功能进一步分散，控制速度与系统的可靠性进一步提高。

目前，除了提供模拟量控制模块外，PID 控制已成为每一种大型 PLC 的标准性能，甚至许多新型的小型 PLC 也能提供 PID 等控制算法功能。以 PLC 为基础的 PID 控制正广泛地应用于连续过程和批量过程的控制中。在此基础上，一些 PLC 生产厂商为其新一代的通用 PLC 系列又增加了许多专为过程控制而设计的控制功能，如“超前滞后”、工程量变换、报警、斜坡函数和高精度模拟量 I/O 等特殊处理算法。过去仅限于大型 DCS 中使用的一些过程控制功能，也开始在 PLC 中出现，如自整定 PID 回路、模糊控制等。

PLC 今后的发展趋势为：向各个工业领域渗透，控制方案越来越灵活，一部分 PLC 将朝着小规模、低造价方向发展；PLC 的联网功能不断加强，使 PLC 向分散控制方向大步迈进；随着超大规模集成电路技术的迅猛发展，促使 PLC 追求更高的处理速度和更大的存储容量；越来越多的大系统使用 PLC，将使一部分 PLC 向规模和功能更复杂的方向发展；计算机软件技术飞速发展，促使 PLC 编程软件实现多样化和高级化；PLC 的各种特性提高的速度和各种功能完善的速度越来越快。随着 PLC 与 DCS 和 FCS 功能的日益融合，PLC 构成的过程控制系统会越来越普及。

图 1-6 是西门子公司基于全集成自动化思想的过程控制系统 SIMATIC PCS 7。系统采用三层网络结构，即现场总线层、控制总线层和厂级网络层。现场总线层采用 PROFIBUS DP 与 PA，是联系控制站（AS）与现场站或设备的纽带；控制总线层采用工业以太网，是连接控制站（AS）与服务器或操作站的桥梁；厂级网络层采用标准以太网，是建立服务器与操作站或上层厂级网络通信的关键。

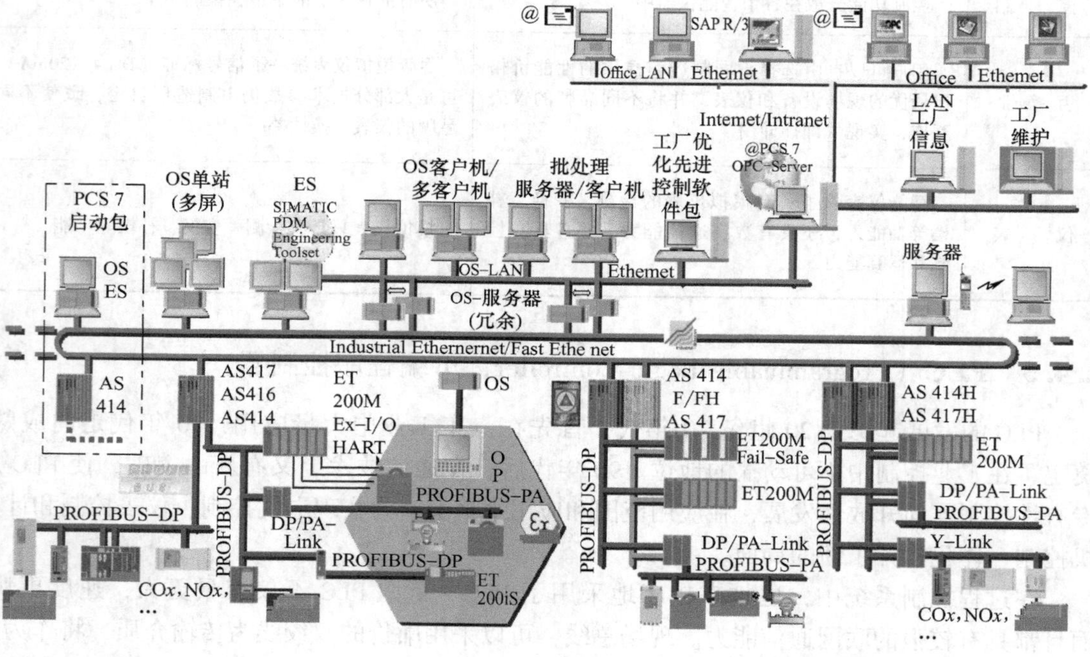

图 1-6　PCS 7 过程控制系统结构

SIMATIC PCS 7 系统完整、开放灵活（100MB Ethernet TCP/IP、集成现场总线技术 PROFIBUS）、具有全局关系数据库（SYBASE）、有较强的诊断功能（不仅提供系统诊断，而且提供智能设备诊断）、组态软件丰富、使用方便、控制器采用多任务处理器，可同时实现大量复杂回路控制和快速逻辑控制。控制规模可根据用户实际需求量身定做，易于扩展和调整，其模块化结构的特点使得它可从最小的单站扩充至带有客户机/服务器结构的大型系统。最大支持 24 冗余服务器、5000 控制回路/服务器、128 客户机/服务器、128 控制站/服务器。如图 1-7 所示，可根据实际系统需要，采用 S7-400 及 ET200 子站等很方便地进行系统组态。

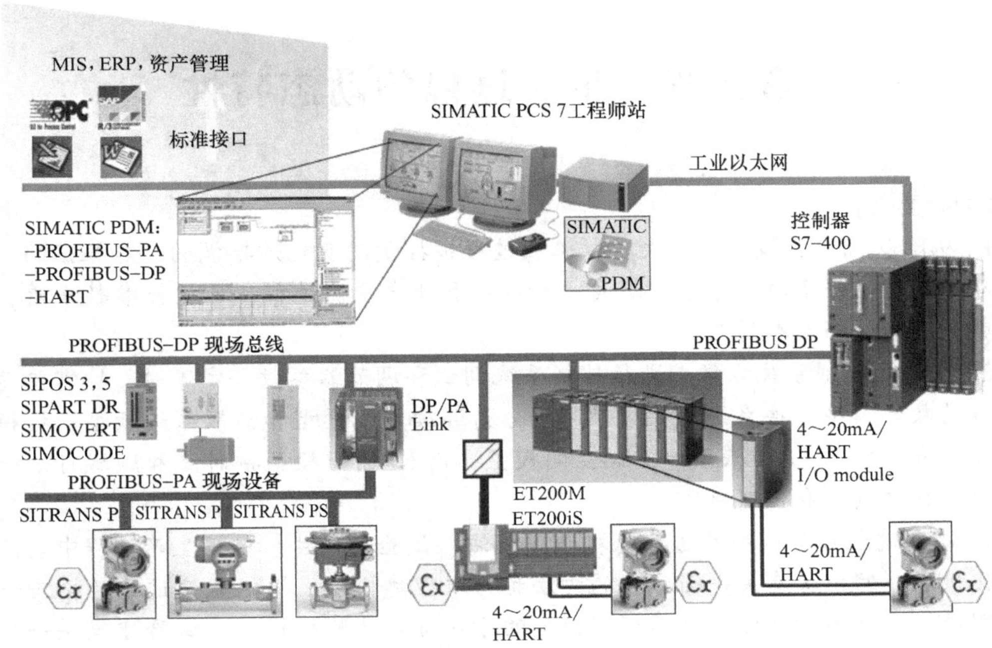

图 1-7　灵活的系统结构

思考题与习题

1-1　过程控制的发展经历了哪几个阶段？各个阶段在理论、技术、控制要求和控制水平等方面各有什么特点？

1-2　过程建模通常有哪些方法？

1-3　过程控制策略与方法通常有哪些？

1-4　过程工业与过程控制各有哪些特点？

1-5　过程控制系统通常由哪些部分组成？

1-6　过程控制系统按结构特点可以分为哪几类？按给定值信号特点可以分为哪几类？

1-7　什么是 DCS、FCS？各有什么特点？

1-8　为什么采用 PLC 既能实现 DCS，又能实现 FCS？

第 2 章 生产过程的动态特性

【本章内容要点】

1. 从阶跃相应曲线来看，大多数工业过程被控量的变化是单调的、非振荡的、惯性的、滞后的；从平衡特性来看，有自平衡过程和非自平衡过程；从被控参数来看，有集中参数过程和分布参数过程。

2. 当设计控制系统方案、进行控制系统调试和调节器参数整定等时，均需要建立被控过程的数学模型。按系统的连续性可划分为连续系统模型和离散系统模型；按模型的结构可划分为输入/输出模型和状态空间模型；输入/输出模型按时域和频域可划分为阶跃响应、脉冲响应和传递函数。

3. 建立过程数学模型的方法有机理建模法、试验建模法。根据生产过程中实际发生的变化机理，写出各有关平衡方程的方法称为机理建模法；根据生产过程的输入和输出的实测数据进行某种数学处理后得到模型的方法称为试验建模法。试验建模法一般只用于建立过程的输入/输出模型。

4. 试验建模法可分为经典辨识法和现代辨识法。经典辨识法不考虑测试数据中偶然性误差的影响，而现代辨识法可以消除测试数据中的偶然性误差即噪声的影响。

5. 经典辨识法是在被控过程处于某一稳定的工况下，施加适当幅值的阶跃信号，获得被控量的阶跃响应，再由阶跃响应确定近似的传递函数。考虑到实际被控过程的非线性等因素，应选取不同负荷，在被控量的不同设定值下，进行多次测试，方可建立比较准确的数学模型。若要施加比较大的信号幅值又不致严重干扰正常生产，可以用矩形脉冲输入代替通常的阶跃输入，再由矩形脉冲响应确定出阶跃响应。

6. 在阶跃响应曲线的拐点处作切线的方法或两点计算法，可以确定一阶惯性加纯时滞的近似传递函数的参数 T 和 τ，由输出、输入的稳态值计算增益 K。

7. 对于两个一阶惯性环节加纯时滞的近似传递函数中的参数 τ、T_1、T_2，可采用两点计算法确定。

8. 根据 $y^*(t)=0.4$ 和 0.8 分别定出 t_1 和 t_2。如果 $t_1/t_2>0.46$，则说明该阶跃响应需要用高阶的传递函数拟合。

2.1 被控过程的动态特性

被控过程的动态特性是控制系统设计的依据。过程控制系统在运行中有两种状态。一种是稳态，此时系统没有受到任何外来干扰，同时设定值保持不变，因而被控量也不会随时间变化，整个系统处于平衡稳定的工况。另一种是动态，当系统受到外来干扰的影响或者在改变了设定值后，原来的稳态遭到破坏，系统中各组成部分的输入、输出量都相继发生变化，尤其是被控量也将偏离原稳态值而随时间变化，这时就称系统处于动态。经过一段调整时间后，如果系统是稳定的，被控量将会重新达到新的设定值或其附近，系统又恢复平衡稳定工况。这种从一个稳态到达另一个稳态的历程称为过渡过程。由于被控过程总是不时受到各种外来干扰的影响，设置控制系统的目的也正是为了对付这种情况，因此，系统经常处于动态过程。显然，要评价一个过程控制系统的工作质量，只看稳态是不够的，还应该考核它在动态过程中被控量随时间变化的情况。

2.1.1 基本概念

在实现生产过程自动化时，一般由工艺工程师提出被控过程的控制要求。控制工程师的任务则是设计出合理的控制系统以满足这些要求。此时，他考虑问题的主要依据就是被控过程的动态特性。

被控过程动态特性的重要性是不难理解的。例如，有些被控过程很容易控制，而有些又很难控制。为什么会有这样的差别呢？为什么有些调节过程进行得很快，而有些又进行得非常慢？归根结底，这些问题的关键都在于被控过程的动态特性。控制系统中的其他环节，例如调节器等当然都起作用，但是，它们的存在和特性在很大程度上取决于被控过程的特性和要求。控制系统的设计方案都是依据被控过程的控制要求和动态特性进行的。特别是，调节器参数的整定也是根据被控过程的动态特性进行的。

在过程控制系统中，被控过程是由各种装置和设备构成的生产过程，例如换热器、工业窑炉、蒸汽锅炉、精馏塔和反应器等。被控量通常是温度、压力、流量、液位和成分等。被控过程内部所进行的物理、化学过程可以是各式各样的，但是从控制的观点看，它们在本质上有许多相似之处。

过程控制中所涉及的被控过程几乎都离不开物质或能量的流动。可以将被控过程视为一个隔离体，从外部流入过程内部的物质或能量称为流入量，从过程内部流出的流量称为流出量。显然，只有流入量与流出量保持平衡，过程才会处于平衡稳定的工况。平衡关系一旦遭到破坏，就必然会反映在某一个量的变化上。例如，液位变化反映物质平衡关系遭到破坏，温度变化则反映热量平衡遭到破坏，转速变化可以反映动量平衡遭到破坏等。在工业生产中，这种平衡关系的破坏是经常发生且难以避免的。如果生产工艺要求将那些诸如温度、压力、液位等标志平衡关系的量保持在它们的设定值上，就必须随时控制流入量或流出量。在通常情况下，实施这种控制的执行器就是调节阀。它不但适用于流入、流出量属于物质流的情况，也适用于流入、流出量属于能量流的情况。这是因为能量往往以某种流体作为它的载体，改变了作为载体的物质流，也就改变了能量流。因此，在过程控制系统中几乎离不开调节阀，用它改变某种流体的流量，只有极个别情况例外（例如需要控制的是电功率时）。

过程控制中被控过程的另一特点是，它们大多属于慢过程，也就是说被控量的变化十分缓慢，时间尺度往往以若干分钟甚至若干小时计。这是由于被控过程往往具有很大的储蓄容积，而流入、流出量的差额只能是有限值的缘故。例如，对于一个被控量为温度的过程，流入、流出的热流量差额累积起来可以储存在过程中，表现为过程平均温度水平的升高（如果流入量大于流出量），此时，过程的储蓄容积就是它的热容量。储蓄容积很大就意味着温度的变化过程不可能很快。对于其他以压力、液位、成分等为被控量的过程，也可以进行类似的分析。

由此可见，在过程控制中，流入量和流出量是非常重要的概念，通过这些概念才能正确理解被控过程动态特性的实质。同时要注意，不要将流入量、流出量的概念与输入量、输出量混淆起来。在控制系统框图中，无论是流入量或流出量，它们均作为引起被控量变化的原因，都应看做是被控过程的输入量。

被控过程动态特性的另一个因素是纯时滞，即传输滞后。它是信号传输途中出现的时滞。例如温度计的安装应该紧靠换热器的出口，如果安装在离出口较远的管道上，就造成了不必要的纯时滞，它对控制系统的工作极为不利。在物料输送中，有时也会出现类似的纯时滞现象。

2.1.2 若干简单被控过程的动态特性

2.1.1 节对被控过程的动态特性进行了简要的定性分析。本节将通过几个简单的例子进行具体分析，以便使一些概念进一步明确。

例 2-1 单容水槽如图 2-1 所示。不断有水流入槽内，同时也有水不断由槽中流出。水流入量 Q_i 由调节阀开度 μ 加以控制，流出量 Q_o 由用户根据需要通过负载阀 R 来改变。被控量为水位 H，它反映水的流入量与流出量之间的平衡关系。现在分析水位在调节阀开度扰动下的动态特性。显然，在任何时刻水位的变化均满足下述物料平衡方程：

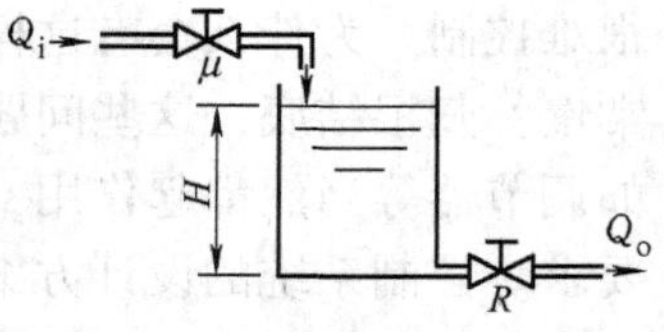

图 2-1 单容水槽

$$\frac{\mathrm{d}H}{\mathrm{d}t}=\frac{1}{F}(Q_i-Q_o) \tag{2-1}$$

其中

$$Q_i=k_\mu\mu \tag{2-2}$$

$$Q_o=k\sqrt{H} \tag{2-3}$$

式中，F 为水槽的横截面积；k_μ 是取决于阀门特性的系数，可以假定它是常数；k 是与负载阀开度有关的系数，在固定不变的开度下，k 可视为常数。

将式（2-2）、式（2-3）代入式（2-1）得

$$\frac{\mathrm{d}H}{\mathrm{d}t}=\frac{1}{F}(k_\mu\mu-k\sqrt{H}) \tag{2-4}$$

式（2-4）是一个非线性微分方程。这个非线性给下一步的分析带来很大的困难，应该在条件允许的情况下尽量避免。如果水位始终保持在其稳态值附近很小的范围内变化，那就可以将式（2-4）加以线性化。为此，首先要将原始的平衡方程改写成增量形式，其方法如下。

在过程控制中，描述各种动态环节动态特性的最常用方式是阶跃响应，这意味着在扰动发生以前，该环节原本处于平衡稳定工况。对于上述水槽而言，在起始的平衡稳定工况下，式（2-1）变为

$$0=\frac{1}{F}(Q_{i0}-Q_{o0}) \tag{2-5}$$

此式说明在起始的平衡稳定工况下，因流入量 Q_{i0} 等于流出量 Q_{o0}，故水位变化速度为零。

将式（2-1）、式（2-5）两式相减，并以增量形式表示各个量偏离其起始稳态值的程度，即

$$\Delta H=H-H_0,\ \Delta Q_i=Q_i-Q_{i0},\ \Delta Q_o=Q_o-Q_{o0}$$

那么

$$\frac{\mathrm{d}\Delta H}{\mathrm{d}t}=\frac{1}{F}(\Delta Q_{\mathrm{i}}-\Delta Q_{\mathrm{o}}) \tag{2-6}$$

式（2-6）就是式（2-1）的增量形式。考虑水位只在其稳态值附近的小范围内变化，故由式（2-3）可以近似认为

$$\Delta Q_{\mathrm{o}}=\frac{k}{2\sqrt{H_0}}\Delta H \tag{2-7}$$

这个近似正是将式（2-3）加以线性化的关键一步。另外，$\Delta Q_{\mathrm{i}}=k_\mu\Delta\mu$，则式（2-6）变为

$$\frac{\mathrm{d}\Delta H}{\mathrm{d}t}=\frac{1}{F}\left[k_\mu\Delta\mu-\frac{k}{2\sqrt{H_0}}\Delta H\right]$$

或

$$\left[\frac{2\sqrt{H_0}}{k}F\right]\frac{\mathrm{d}\Delta H}{\mathrm{d}t}+\Delta H=\left[k_\mu\frac{2\sqrt{H_0}}{k}\right]\Delta\mu$$

如果各变量都以自己的稳态值为起算点，即

$$H_0=\mu_0=0$$

则可去掉式中的增量符号，直接写成

$$\left[\frac{2\sqrt{H_0}}{k}F\right]\frac{\mathrm{d}H}{\mathrm{d}t}+H=\left[k_\mu\frac{2\sqrt{H_0}}{k}\right]\mu \tag{2-8}$$

不难看出，式（2-8）是最常见的一阶系统，它的阶跃响应是指数曲线，如图 2-2 所示，与电容充电过程相同。实际上如果将水槽的充水过程与 RC 回路（见图 2-3）的充电过程加以比较，就会发现两者虽不完全相似，但在物理概念上具有可类比之处。例如，在电学中，电阻 R 和电容 C 是这样定义的：

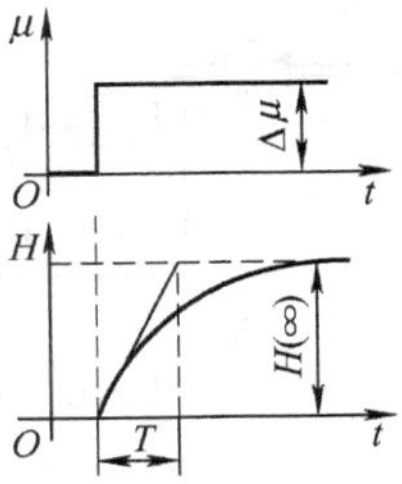

图 2-2　单容水槽水位阶跃响应

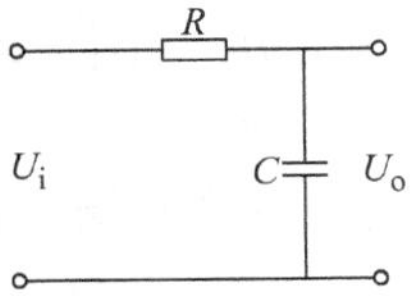

图 2-3　RC 充电回路

$$i=\frac{u}{R},\quad \frac{\mathrm{d}u}{\mathrm{d}t}=\frac{i}{C}$$

在水槽中，水位相当于电压，水流量相当于电流。根据类比关系，不难由式（2-6）和式（2-7）两式分别看出，对于水槽而言

水容　　$C=F$

水阻　　$R=\dfrac{2\sqrt{H_0}}{k}$

不同的是，在图 2-1 中，水阻出现在流出侧，而图 2-3 中的电阻则出现在流入侧（它只有流入量，没有流出量）。此外，式（2-8）还表明，水槽的时间常数是

$$T=\frac{2\sqrt{H_0}}{k}F=(\text{水阻 }R)\times(\text{水容 }C)$$

这与 RC 回路的时间常数 $T=RC$ 没有区别。

只具有一个储蓄容积同时还有阻力的被控过程，简称单容过程，都具有相似的动态特性，单容水槽只是一个典型的代表。

例 2-2 单容非自衡（积分）水槽如图 2-4 所示，它与上例中的单容水槽只有一个区别：在其流出侧装有一只排水泵。

在图 2-4 中，水泵的排水量仍然可以用负载阀 R 来改变，但排水量并不随水位高低而变化。这样，当负载阀开度固定不变时，水槽的流出量也不变，因而在式（2-6）中有 $\Delta Q_o=0$。由此可以得到水位在调节阀开度扰动下的变化规律为

$$\frac{\mathrm{d}H}{\mathrm{d}t}=\frac{k_\mu}{F}\mu \tag{2-9}$$

上式代表一个积分环节，其阶跃响应为一直线，如图 2-5 所示。

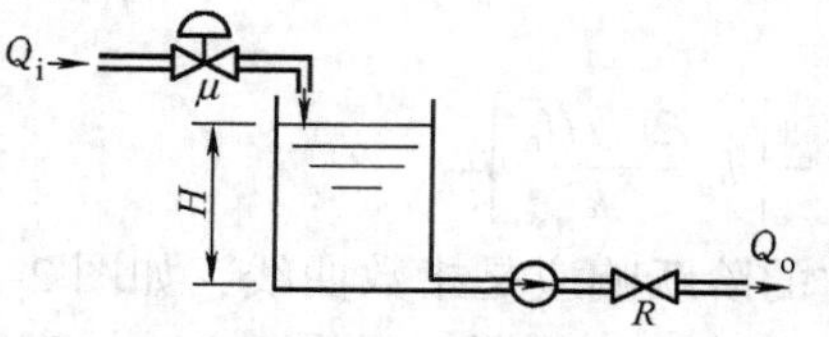

图 2-4 单容积分水槽

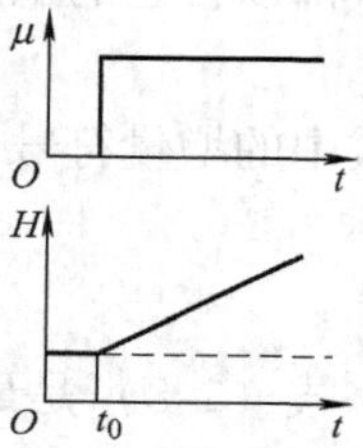

图 2-5 单容积分水槽的阶跃响应

例 2-3 双容水槽如图 2-6 所示，它有两个串联在一起的水槽，它们之间的连通管具有阻力，因此两者的水位是不同的。流入的水首先进入水槽 1，然后再通过水槽 2 流出。水流入量 Q_i 由调节阀控制，流出量 Q_o 由用户根据需要改变，被控量是水槽 2 的水位 H_2。下面将分析 H_2 在调节阀开度扰动下的动态特性。

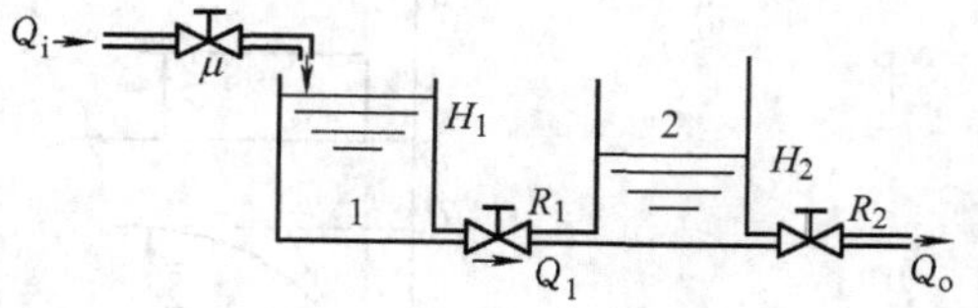

图 2-6 双容水槽

根据图 2-6 可写出两个水槽的物料平衡方程：

水槽 1
$$\frac{\mathrm{d}H_1}{\mathrm{d}t}=\frac{1}{F_1}(Q_i-Q_1) \tag{2-10}$$

水槽 2
$$\frac{\mathrm{d}H_2}{\mathrm{d}t}=\frac{1}{F_2}(Q_1-Q_o) \tag{2-11}$$

其中

$$\begin{cases}Q_i=k_\mu\mu\\[4pt] Q_1=\dfrac{1}{R_1}(H_1-H_2)\\[4pt] Q_o=\dfrac{1}{R_2}H_2\end{cases} \tag{2-12}$$

F_1、F_2 为两水槽的截面积，R_1 和 R_2 代表线性化水阻。Q、H 和 μ 等均以各个量的稳态

值为起算点。

将式（2-12）代入式（2-10）、式（2-11）两式并整理后得

$$T_1\frac{\mathrm{d}H_1}{\mathrm{d}t}+H_1-H_2=k_\mu R_1\mu \tag{2-13}$$

$$T_2\frac{\mathrm{d}H_2}{\mathrm{d}t}+H_2-rH_1=0 \tag{2-14}$$

其中

$$T_1=F_1R_1,\ T_2=F_2\frac{R_1R_2}{R_1+R_2},\ r=\frac{R_2}{R_1+R_2} \tag{2-15}$$

从式（2-13）、式（2-14）两式中消去 H_1 得

$$T_1T_2\frac{\mathrm{d}^2H_2}{\mathrm{d}t^2}+(T_1+T_2)\frac{\mathrm{d}H_2}{\mathrm{d}t}+(1-r)H_2=rk_\mu R_1\mu \tag{2-16}$$

式（2-16）就是水位 H_2 的运动方程。它是一个二阶微分方程，是被控过程中含有两个串联容积的反映。H_2 的阶跃响应如图 2-7 所示，它不是指数曲线，而是呈 S 形。

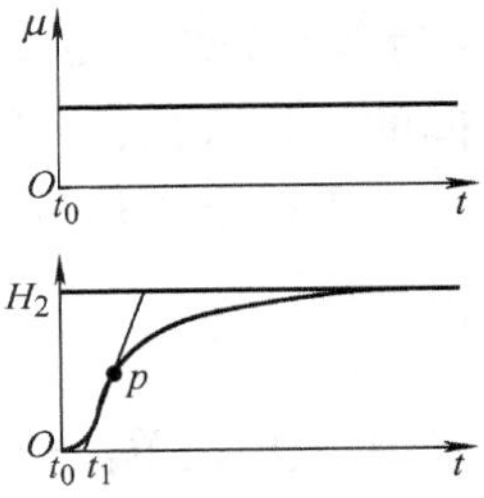

图 2-7　双容水槽的阶跃响应

双容水槽的阶跃响应在起始阶段与单容水槽（见图 2-1）有很大差别。从图 2-7 中可以看出，在调节阀突然开大后的瞬间，水位 H_2 只有一定的变化速度，而其变化量本身却为零，因此 Q_2 暂时尚无变化，这使 H_2 的起始变化速度也为零。由此可见，由于增加了一个容积，就使得被控量的响应在时间上更落后一步。在图 2-7 中，从拐点处画一条切线，它在时间轴上截出一段距离 $\overline{t_0t_1}$，这段时间可以大致衡量由于多加了一个储蓄容积而使阶跃响应向后推迟的程度，称为容积时滞。不难想象，系统中串联的容积越多和越大，容积时滞也越大，这往往也是有些工业过程难以控制的原因。

例 2-4　过热器是蒸汽锅炉设备的主要被控过程之一。图 2-8 是过热器单根受热管段的示意图。蒸汽在管内流动的过程中受到管外烟气的加热。过热器管道长、管壁厚，因此在它的动态特性分析中出现一些复杂的情况。储蓄热量的容积有两个，即管内蒸汽和管壁金属。但由于管道较长，不能忽视各处蒸汽和管壁金属的温度都随着该点离入口的距离 l 连续变化的实际情况。而且在动态过程中，它们的温度也是时间 t 的函数。这一类过程称为“分布参数过程”，不同于前面列举的称为“集中参数过程”的单容水槽、双容水箱等。在分析分布参数过程的动态特性时，基本的物质和能量平衡方程仍起主导作用，但需要在一个微分单元的范围内加以考虑。

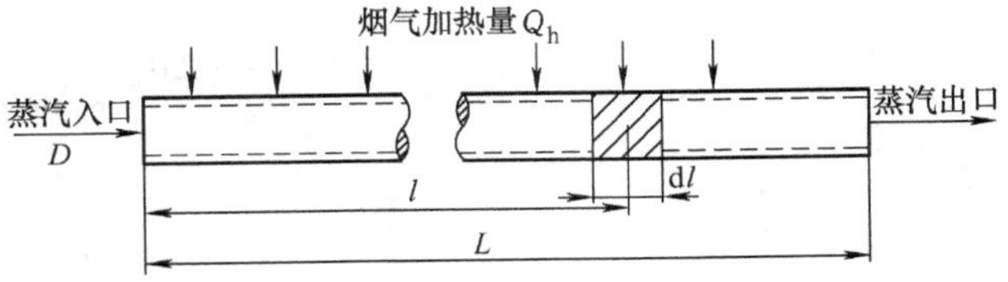

图 2-8　过热器单根受热管段

为了便于分析，需要对图 2-8 中的受热管段作一些合理的简化假设：

1）在整个管长中，管内蒸汽的各种物性参数均为常数，按出口、入口处两者的平均汽温取值。若管道太长则可分段进行分析。

2）蒸汽在整个管长内压降很小，因而蒸汽的压缩性可以忽略不计。

3）烟气加热负荷沿管长均匀分布，且不受管壁温度的影响。

4）忽略沿管壁金属轴向热传导，而在其他方向则假定完全导热。

5）管壁与蒸汽之间的传热系数 α 沿管长方向为常数，但可考虑蒸汽流速对 α 的影响。

在上述简化假定条件下，可列出距入口 l 处的微分管段 $\mathrm{d}l$ 中在单位时间内的热量平衡方程如下：

蒸汽热量平衡方程为

$$\rho f\mathrm{d}l\frac{\partial i}{\partial t}=\alpha b\mathrm{d}l(\theta_{\mathrm{m}}-\theta)-D\left[\left(i+\frac{\partial i}{\partial l}\mathrm{d}l\right)-i\right]$$

上式整理后得

$$\rho f\frac{\partial i}{\partial t}+D\frac{\partial i}{\partial l}=\alpha b(\theta_{\mathrm{m}}-\theta) \tag{2-17}$$

式中，f 是管道内截面积；b 是单位管长的内表面积；ρ 和 D 分别为蒸汽的密度和质量流量；i 为蒸汽的焓，$\mathrm{d}i=c_{\mathrm{p}}d\theta$，$c_{\mathrm{p}}$ 为蒸汽的定压比热容，前面已假定它是常数；α 是蒸汽与管壁之间的传热系数；θ 和 θ_{m} 分别代表蒸汽和金属管壁的温度。

管壁金属热量平衡方程为

$$g_{\mathrm{m}}c_{\mathrm{m}}\frac{\partial\theta_{\mathrm{m}}}{\partial t}=Q_{\mathrm{h}}-\alpha b(\theta_{\mathrm{m}}-\theta) \tag{2-18}$$

式中，Q_{h} 是单位长度管段上的烟气加热负荷；g_{m} 是单位长度管段的金属重量；c_{m} 是金属的比热。

在图 2-8 中，引起过热器出口蒸汽温度变化的原因可以来自入口汽温、烟气加热负荷或者蒸汽流量的变化。不同扰动通道下，过热器表现的动态特性是不同的。现在先分析其中最简单的情况，即入口汽温扰动下的动态特性，此时上述热量平衡方程中的 Q_{h}、D 和 α 均为常数。将式（2-17）、式（2-18）写为增量形式得

$$T\frac{\partial\Delta\theta}{\partial t}+L\zeta\frac{\partial\Delta\theta}{\partial l}+\Delta\theta=\Delta\theta_{\mathrm{m}} \tag{2-19}$$

和

$$T_{\mathrm{m}}\frac{\partial\Delta\theta_{\mathrm{m}}}{\partial t}+\Delta\theta_{\mathrm{m}}=\Delta\theta \tag{2-20}$$

式中

$$T=\frac{Gc_{\mathrm{p}}}{\alpha B}$$

式中，G 为整个管道中容纳的蒸汽总重量，$G=\rho fL$；L 为管道总长度；$B=Lb$，为管道的全部内表面积。

$$T_{\mathrm{m}}=\frac{G_{\mathrm{m}}c_{\mathrm{m}}}{\alpha B}$$

其中，$G_{\mathrm{m}}=Lg_{\mathrm{m}}$，为管道的金属管壁总质量。

$$\zeta=Dc_{\mathrm{p}}/\alpha B$$

由此可见，T、T_{m} 和 ζ 是决定过热器动态特性的重要参数，它们的物理含义分别为：

$$T=\frac{\text{管道中容纳的全部蒸汽的温度每升高 1℃ 所需热量}}{\text{单位时间内，管壁与蒸汽的温度每差 1℃ 时，通过整个管道内表面的传热量}}$$

$$T_{\mathrm{m}}=\frac{\text{管道全部金属管壁的温度每升高 1℃ 所需热量}}{\text{单位时间内，管壁与蒸汽的温度每差 1℃ 时，通过整个管道内表面的传热量}}$$

$$\zeta=\frac{\text{单位时间内，流量为 } D \text{ 的蒸汽的温度每升高 1℃ 所需热量}}{\text{单位时间内，管壁与蒸汽的温度每差 1℃ 时，通过整个管道内表面的传热量}}$$

对式（2-19）和式（2-20）两式进行二元函数拉普拉斯变换，并消去中间变量 $\Delta\theta_{\mathrm{m}}(l,\ s)$ 后得

$$L\zeta\frac{\partial\Delta\theta(l,\ s)}{\partial l}+\frac{TT_{\mathrm{m}}s^2+(T+T_{\mathrm{m}})s}{T_{\mathrm{m}}s+1}\Delta\theta(l,\ s)=0$$

其解为

$$\Delta\theta(l,\ s)=C(s)\exp\left\{-\frac{TT_{\mathrm{m}}s^2+(T+T_{\mathrm{m}})s}{(T_{\mathrm{m}}s+1)\zeta}\frac{l}{L}\right\}$$

其中，$C(s)$ 可由边界条件定出：

$$C(s)=\Delta\theta(0,\ s)$$

最后得到

$$W_{\theta}(s)\overset{\mathrm{def}}{=}\frac{\Delta\theta(l,\ s)}{\Delta\theta(0,\ s)}=\exp\left\{-\frac{TT_{\mathrm{m}}s^2+(T+T_{\mathrm{m}})s}{(T_{\mathrm{m}}s+1)\zeta}\right\}=\exp\left\{-\tau s-\frac{T_{\mathrm{m}}s}{\zeta(T_{\mathrm{m}}s+1)}\right\}\tag{2-21}$$

式中，$\tau=T/\zeta=G/D$，即蒸汽从入口流到出口所需的时间。可以看出，W_{θ}（s）不是 s 的有理函数，而是 s 的超越函数，这正是分布参数系统的特点。

类似地，可以得到加热量 Q_{h} 和蒸汽流量 D 扰动下的传递函数分别为

$$W_{Q_{\mathrm{h}}}(s)\overset{\mathrm{def}}{=}\frac{\Delta\theta(l,\ s)}{\Delta Q_{\mathrm{h}}(s)}=\frac{1}{TT_{\mathrm{m}}s^2+(T_{\mathrm{m}}+T)s}[1-W_{\theta}(s)]\tag{2-22}$$

$$W_{D}(s)\overset{\mathrm{def}}{=}\frac{\Delta\theta(l,\ s)}{\Delta D(s)}=-\frac{(1-n)T_{\mathrm{m}}s+1}{TT_{\mathrm{m}}s^2+(T_{\mathrm{m}}+T)s}[1-W_{\theta}(s)]\tag{2-23}$$

式中，n 是流速的幂次，用于考虑蒸汽流速对 α 的影响。α 与流速的 n 次幂成正比，一般可取 $n=0.8$。

2.1.3　工业过程动态特性的特点

从以上的分析中可以看到，过程控制涉及的被控过程大多具有以下特点。

1. 过程的动态特性是不振荡的

过程的阶跃响应通常是单调曲线，被控量的变化比较缓慢（与机械系统、电系统相比）。工业过程的幅频特性 $M(\omega)$ 和相频特性 $\varphi(\omega)$，随着频率的增高都向下倾斜，如图 2-9 所示。

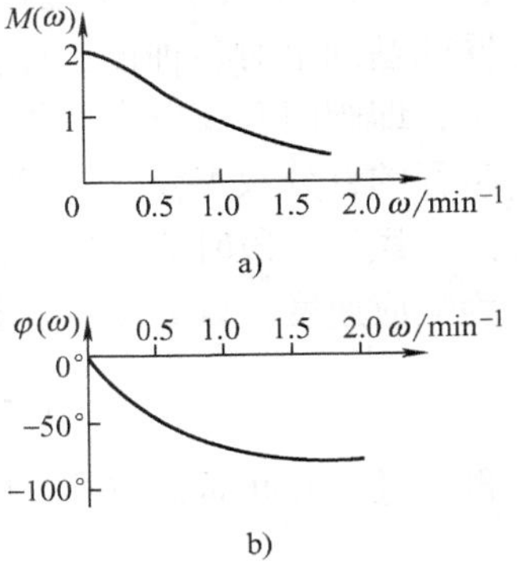

图 2-9　工业过程的幅频和相频特性

a）幅频特性　b）相频特性

2. 过程动态特性有时滞

由于时滞的存在，调节阀动作的效果往往需要经过一段滞后时间后才会在被控量上表现出来。时滞的主要来源是多个容积的存在，容积的数目可能有几个直至几十个。分布参数系统具有无穷多个微分容积。容积越大或数目越多，容积滞后时间

越长。有些被控过程还具有传输时滞。

3. 被控过程本身是稳定的或中性稳定的

有些被控过程，例如图2-1中的单容水槽，当调节阀开度改变致使原来的物质或能量平衡关系遭到破坏后，随着被控量（水位）的变化，不平衡量越来越小，最终被控量能够自动地稳定在新的水平上。这种特性称为自平衡，具有这种特性的过程称为自衡过程。如果对于同样大的调节阀开度变化，被控量只需稍改变一点就能重新恢复平衡，说明该过程的自平衡能力强。自平衡能力的大小用过程静态增益 K 的倒数衡量，称为自平衡率，即

$$\rho=\frac{1}{K}$$

也有一些被控过程，例如图2-4中的单容积分水槽，当调节阀开度改变，导致物质或能量平衡关系破坏后，不平衡量不因被控量的变化而改变，因而被控量将以固定的速度一直变化下去而不会自动地在新的水平上恢复平衡。这种过程不具有自平衡特性，称为非自衡过程。它是中性稳定的，就是说，它需要很长的时间，被控量才会有很大的变化。

不稳定的过程是指原来的平衡一旦被破坏后，被控量在很短的时间内就发生很大的变化。这一类过程是比较少见的，某些化学反应器就属于这一类。

典型工业过程在调节阀开度扰动下的阶跃响应如图2-10所示，其中图2-10a为自衡过程，图2-10b为非自衡过程。它们的传递函数可以用下式近似表示：

自衡过程 $W(s)=\dfrac{K}{Ts+1}\mathrm{e}^{-\tau s}$

非自衡过程 $W(s)=\dfrac{1}{Ts}\mathrm{e}^{-\tau s}$

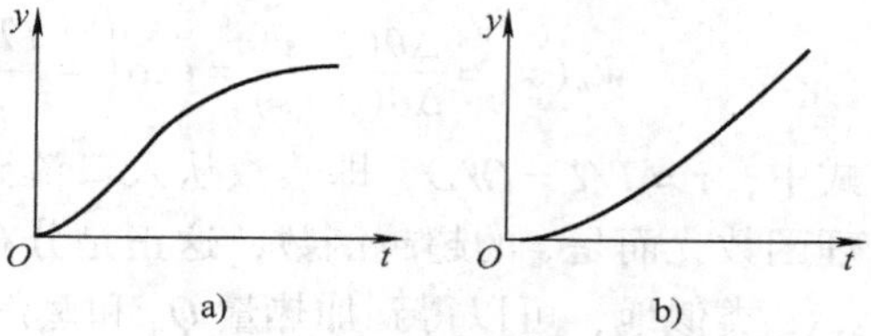

图2-10 典型工业过程在调节阀开度扰动下的阶跃响应
a）自衡过程 b）非自衡过程

式中，T 称为过程的时间常数；τ 是纯滞后时间。

单纯由时滞构成的过程是很难控制的，而单容过程，尤其是自衡的单容过程则极易控制，它们代表两种极端的情况。在这两种极端情况之间，存在一系列控制难易程度不等的实际工业过程。下面分析如何用一个简易的指标来衡量实际工业过程的难控程度。

图2-11表示自衡过程在调节阀开度单位阶跃扰动下的响应的初期情况。为了便于在相同的基础上对各种被控过程进行比较，这里输入、输出量都用相对值表示，即阀门开度以全行程的百分数表示，被控量则以相对于测量仪表全量程的百分数表示。这样，上述式中的 K 为无量纲数，T 的量纲是时间。经过一段时滞 τ 后，被控量开始以某个速度变化，这个起始速度称为响应速度，以 ε 表示，显然有

$$\varepsilon=\frac{K}{T}\text{（适用于自衡过程）} \quad (2\text{-}24)$$

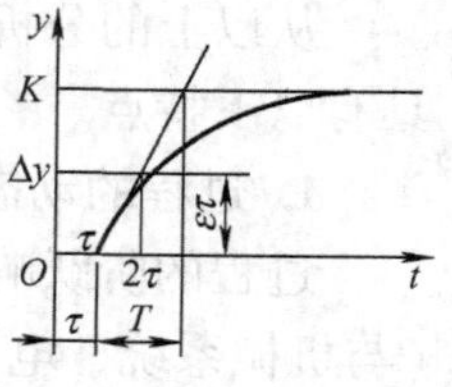

图2-11 自衡过程在基本扰动下的阶跃响应起始阶段

再经过 τ 时间后，被控量的变化近似为

$$\Delta y=\varepsilon\tau \quad (2\text{-}25)$$

如图2-11所示。$\varepsilon\tau$ 值越大，则过程越接近一个纯时滞过程。因此，该过程就属难控之列。反之，$\varepsilon\tau$ 值越小，则说明，或者 K 越小，也就是过程的自平衡能力越强；或者 τ/T 比值极小，此时它接近一个自衡单容过程。这两种情况都意味着该过程属于易控

之列。

对于非自衡过程也可以做类似的分析，此时式（2-25）是准确成立的，其中

$$\varepsilon = \frac{1}{T} \quad (\text{适用于非自衡过程}) \tag{2-26}$$

因此，可以用 $\varepsilon\tau$ 的大小作为衡量被控过程控制难易程度的简易指标。这个概念是符合实际的。在根据被控过程的阶跃响应整定调节器时，将会看到比例度也正是与 $\varepsilon\tau$ 成正比，而在过程控制中，比例度一向认为是从另一角度衡量控制难易程度的标志。

4. 被控过程往往具有非线性特性

严格地说，几乎所有被控过程的动态特性都呈现非线性，只是程度不同而已。例如许多被控过程的增益就不是常数。现在以图 2-12 所示列管式换热器为例来加以说明。可以列写换热器热量平衡方程如下：

$$Q_h = DH_s = Qc_p(T_2 - T_1) \tag{2-27}$$

式中，Q_h 为热流量；D 和 H_s 分别为加热蒸汽的流量和汽化热；Q 和 c_p 分别为被加热物料的流量和定压比热容；T_1、T_2 分别为物料的进、出口温度。

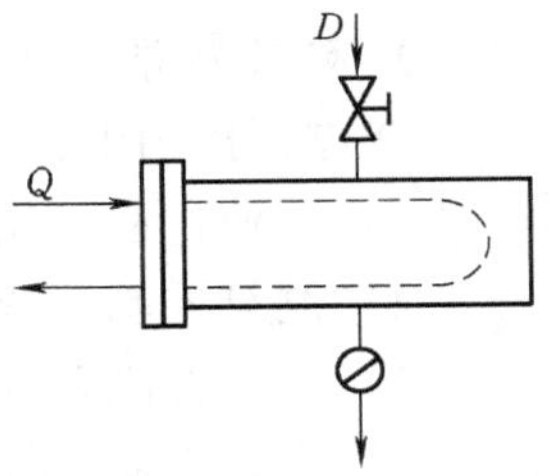

图 2-12　列管式换热器

如果以蒸汽流量为控制量，物料出口温度为被控量，那么列管式换热器温度过程的增益为

$$K = \frac{dT_2}{dD} = \frac{H_s}{Qc_p} \tag{2-28}$$

此式表明，换热器温度过程增益与其负荷成反比。

有些过程的动态参数还表现非线性特性。例如图 2-1 所示单容水槽，由于其负载阀流量方程式（2-3）为非线性，因而单容水槽的动态方程就是如式（2-4）所示的一阶非线性微分方程，即

$$F\frac{dH}{dt} + k\sqrt{H} = k_\mu \mu$$

线性化后单容水槽的动态方程为

$$RF\frac{d\Delta H}{dt} + \Delta H = Rk_\mu \Delta\mu \tag{2-29}$$

其中，水阻 $R = 2\sqrt{H_0}/k$ 只有在工作点 H_0 附近才可近似为常数。当负荷变化时水槽工作点随之改变，而负载阀在不同工作点上的水阻 R 不同。由式（2-29）可知，此时过程的增益和时间常数均呈现非线性。

以上所讨论的只是存在于过程内部的连续非线性特性。实际上，在控制系统中还存在另一类非线性，如调节阀、继电器等元件的饱和、死区和滞环等典型的非线性特性。虽然这类非线性通常并不是被控过程本身所固有的，但考虑到在过程控制工程中，往往将被控过程、测量变送单元和调节阀三部分串联在一起统称为广义过程，因而它包含了这部分非线性特性。

对于被控过程的非线性特性，如果控制精度要求不高或者负荷变化不大，则可用线性化方法进行处理。但是如果非线性不可忽略时，必须采用其他方法，例如分段线性的方法、非线性补偿器的方法或者使用非线性控制理论来进行系统的分析和设计。

2.2 过程数学模型及其建立方法

2.2.1 过程数学模型的表达形式与对模型的要求

从最广泛的意义上说，数学模型是事物行为规律的数学描述。根据所描述的是事物在稳态下的还是在动态下的行为规律，数学模型有静态模型和动态模型之分。这里只限于讨论工业过程的数学模型特别是它们的动态模型。

工业过程动态数学模型的表达方式很多，其复杂程度相差很大，对它们的要求也是各式各样的，这主要取决于建立数学模型的目的，以及它们将以何种方式加以使用。

1. 建立数学模型的目的

在过程控制中，建立被控过程数学模型的目的主要有以下几种：

1）工业过程优化操作方案。

2）制订控制系统的设计方案。为此，有时需要使用数学模型进行仿真研究。

3）进行控制系统的调试和调节器参数的整定。

4）设计工业过程的故障检测与诊断系统。

5）制订大型设备起动和停车的操作方案。

6）设计工业过程运行人员培训系统。

2. 被控过程数学模型的表达形式

被控过程的数学模型可以采取不同的表达形式，主要由以下几种类型：

1）按系统的连续性划分为：连续系统模型；离散系统模型。

2）按模型的结构划分为：输入输出模型；状态空间模型。

3）输入/输出模型又可按论域划分为：时域表达形式——阶跃响应，脉冲响应；频域表达形式——传递函数。

在控制系统的设计中，所需的被控过程数学模型在表达方式上是因情况而异的。各种控制算法无不要求过程模型以某种特定形式表达出来，例如：一般的 PID 控制要求过程模型用传递函数表达；二次型最优控制要求用状态空间表达式；基于参数估计的自适应控制通常要求用脉冲传递函数表达；预测控制要求用阶跃响应或脉冲响应表达；等等。

3. 被控过程数学模型的使用方式

被控过程数学模型的使用有离线和在线两种方式。

以往被控过程数学模型只是在进行控制系统的设计研究时或在控制系统的调试整定阶段中发挥作用，这种使用方式是离线的。

由于计算机技术和控制理论的发展，相继推出很多新型的控制系统，其特点是将被控过程的数学模型作为控制系统的组成部分嵌入控制系统中，预测控制系统即是一个例子。这种使用方式是在线的，它要求数学模型具有实时性。

4. 对被控过程数学模型的要求

作为数学模型，首先要求它准确可靠，但这并不意味着越准确越好。应根据实际应用情况提出适当的要求。超过实际需要的准确性要求必然造成不必要的浪费。在线运用的数学模型还有一个实时性的要求，它与准确性要求往往是矛盾的。

一般来说，用于控制的数学模型并不要求非常准确。闭环控制本身具有一定的鲁棒性，因为模型的误差可以视为干扰，而闭环控制在某种程度上具有自动消除干扰影响的能力。

实际生产过程的动态特性是非常复杂的。控制工程师在建立其数学模型时，不得不突出主要因素，忽略次要因素，否则就得不到可用的模型。为此往往需要做很多近似处理，例如线性化、分布参数系统集中化和模型降阶处理等。在这方面有时很难得到工艺工程师的理解。从工艺工程师看来，有些近似处理简直是难以接受的，但它却能满足控制的要求。

2.2.2 建立过程数学模型的两个基本方法

建立过程数学模型的基本方法有两种，即机理法和试验法。

1. 机理法建模

用机理法建模就是根据生产过程中实际发生的变化机理，写出各种有关的平衡方程，如：物质平衡方程、能量平衡方程、动量平衡方程、相平衡方程，以及反映流体流动、传热、传质、化学反应等基本规律的运动方程、物性参数方程和某些设备的特性方程等，从中获得所需的数学模型。

由此可见，用机理法建模的首要条件是生产过程的机理必须已经被人们充分掌握，并且可以比较确切地加以数学描述。其次，很显然，除非是非常简单的被控过程，如 2.1.2 节中列举的若干例子，否则很难得到以紧凑的数学形式表达的模型。正因为如此，在计算机尚未得到普及应用以前，几乎无法用机理法建立实际工业过程的数学模型。

随着计算机计算能力的提高，工业过程数学模型的研究有了迅速的发展。可以说，只要机理清楚，就可以使用计算机求解几乎任何复杂系统的数学模型。根据对模型的要求，合理的近似假定是必不可少的。模型应该尽量简单，同时保证达到合理的精度。有时还需考虑实时性的问题。

用机理法建模时，有时也会出现模型中有某些参数难以确定的情况。这时可以用过程辨识方法将这些参数估计出来。

2. 试验法建模

试验法一般只用于建立输入/输出模型。它是根据工业过程的输入和输出的实测数据进行某种数学处理后得到的模型。它的主要特点是将被研究的工业过程视为一个黑匣子，完全从外特性上测试和描述它的动态性质，因此不需要深入掌握其内部机理。然而，这并不意味着可以对内部机理毫无所知。

过程的动态特性只有当它处于变动状态下才会表现出来，在稳态下是表现不出来的。因此，为了获得动态特性，必须使被研究的过程处于被激励的状态，例如施加一个阶跃扰动或脉冲扰动等。为了有效地进行这种动态特性测试，仍然有必要对过程内部的机理有明确的定性了解，例如究竟有哪些主要因素在起作用，它们之间的因果关系如何等。丰富的验前知识有助于成功地用试验法建立数学模型。那些内部机理尚未被人们充分了解的过程，例如复杂的生化过程，也是难以用试验法建立其动态数学模型的。

用试验法建模一般比用机理法要简单和省力，尤其是对于那些复杂的工业过程更为明显。如果两者都能达到同样的目的，一般都采用试验法建模。

试验法建模又可分为经典辨识法和现代辨识法两大类。它们大致可以按是否必须使用计算机进行数据处理来进行划分。

经典辨识法不考虑测试数据中偶然性误差的影响，它只需对少量的测试数据进行比较简单的数学处理，计算工作量一般很小，可以不用计算机。

现代辨识法的特点是可以消除测试数据中的偶然性误差即噪声的影响，为此就需要处理大量的测试数据，计算机是不可缺少的工具。它所涉及的内容很丰富，已形成一个专门的学科分支。

2.2.3 常用的经典辨识法

通过比较简单的测试就可以获得被控过程的阶跃响应。接下来往往还需要进一步将它拟合成近似的传递函数。

如果需要的话，也可以通过测试直接获得被控过程的近似的脉冲响应。下面分别讨论这些问题。

1. 阶跃响应的获取

测取阶跃响应的原理很简单，但在实际工业过程中进行这种测试会遇到许多实际问题，例如，不能因测试使正常生产受到严重干扰，还要尽量设法减少其他随机扰动的影响以及系统中非线性因素的考虑等。为了得到可靠的测试结果，应注意以下事项：

1）合理选择阶跃扰动信号的幅值。过小的阶跃扰动幅值不能保证测试结果的可靠性，而过大的扰动幅值则会使正常生产受到严重干扰甚至危及生产安全。

2）试验开始前确保被控过程处于某一选定的稳定工况。试验期间应设法避免发生偶然性的其他扰动。

3）考虑到实际被控过程的非线性，应选取不同负荷，在被控量的不同设定值下，进行多次测试。即使在同一负荷和被控量的同一设定值下，也要在正向和反向扰动下重复测试，以求全面掌握过程的动态特性。

为了能够施加比较大的扰动幅值而又不至于严重干扰正常生产，可以用矩形脉冲输入代替通常的阶跃输入，即大幅度的阶跃扰动施加一小段时间后立即将它切除。这样得到的矩形脉冲响应当然不同于正规的阶跃响应，但两者之间有密切关系，可以从中求出所需的阶跃响应，如图2-13所示。

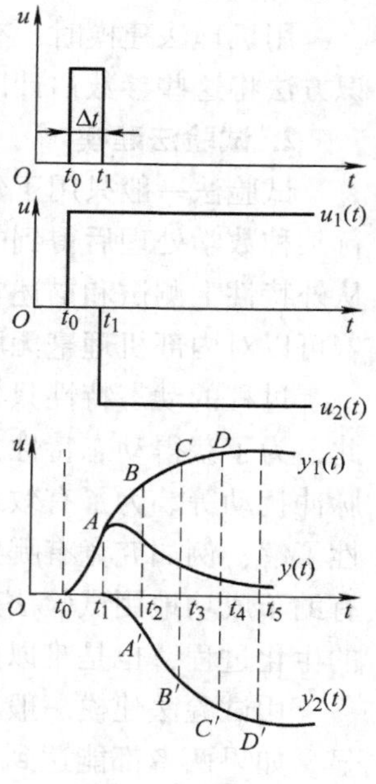

图2-13 由矩形脉冲响应确定阶跃响应

在图2-13中，矩形脉冲输入 $u(t)$ 可视为两个阶跃扰动 $u_1(t)$ 和 $u_2(t)$ 的叠加，它们的幅度相等但方向相反且开始作用的时间不同，因此

$$u(t)=u_1(t)+u_2(t) \tag{2-30}$$

其中

$$u_2(t)=-u_1(t-\Delta t) \tag{2-31}$$

假定过程无明显非线性，则矩形脉冲响应就是两个阶跃响应之和，即

$$y(t)=y_1(t)+y_2(t)=y_1(t)-y_1(t-\Delta t) \tag{2-32}$$

所需的阶跃响应即为

$$y_1(t)=y(t)+y_1(t-\Delta t) \tag{2-33}$$

根据式（2-33）可以用逐段递推的作图方法得到阶跃响应 $y_1(t)$，

如图 2-13 所示。

2. 由阶跃响应确定近似传递函数

根据获得的阶跃响应，可以将其拟合成近似的传递函数。为此，文献中提出的方法很多，它们所采用的传递函数在形式上也是各式各样的。

用试验法建立被控过程的数学模型，首要的问题就是选定模型的结构。典型工业过程的传递函数可以取为各种形式，例如：

一阶惯性环节加纯时滞

$$W(s)=\frac{K}{Ts+1}e^{-\tau s} \tag{2-34}$$

二阶或 n 阶惯性环节加纯时滞

$$W(s)=\frac{K}{(T_1s+1)(T_2s+1)}e^{-\tau s} \tag{2-35}$$

或

$$W(s)=\frac{K}{(Ts+1)^n}e^{-\tau s} \tag{2-36}$$

用有理分式表示的传递函数

$$W(s)=\frac{b_ms^m+\cdots+b_1s+b_0}{a_ns^n+\cdots+a_1s+a_0}e^{-\tau s},(n>m) \tag{2-37}$$

上述三个公式只适用于自衡过程。对于非自衡过程，其传递函数应含有一个积分环节，例如，应将式（2-34）和式（2-35）分别改为

$$W(s)=\frac{1}{T_\alpha s}e^{-\tau s} \tag{2-38}$$

和

$$W(s)=\frac{1}{T_\alpha s(Ts+1)}e^{-\tau s} \tag{2-39}$$

传递函数形式的选用取决于以下两点：

1）关于被控过程的验前知识。

2）建立数学模型的目的，从中可以对模型的准确性提出合理要求。

确定了传递函数的形式以后，下一步就是确定其中的各个参数，使之能拟合测试出的阶跃响应。各种不同形式的传递函数中所包含的参数数目不同。一般来说，参数越多，拟合得越完美，但计算工作量也越大。考虑到传递函数的可靠性受到其原始资料即阶跃响应可靠性的限制，而后者一般是难以测试准确的，因此没有必要过分追求拟合的完美程度。所幸的是，闭环控制尤其是最常用的 PID 控制并不要求非常准确的被控过程数学模型。

下面给出几个确定传递函数参数的方法。

（1）确定式（2-34）中参数 K、T 和 τ 的作图法

如果阶跃响应是一条如图 2-14 所示的 S 形的单调曲线，就可以用式（2-34）去拟合。增益 K 可以由输入、输出的稳态值直接算出，而 τ 和 T 则可以用作图法确定。为此，在曲线的拐点 p 作切线，它与时间轴交于 A 点，与曲线的稳态渐近线交于 B 点，这样就确定了 τ 和 T 的数值如图 2-14 所示。

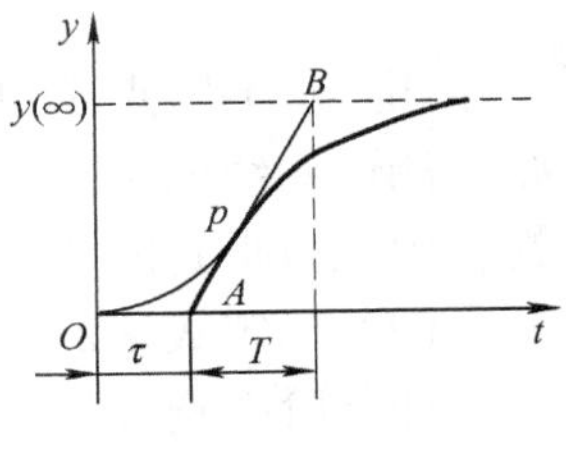

图 2-14　用作图法确定参数 T 和 τ

显然，这种作图法的拟合程度一般是很差的。首先，与式（2-34）

所对应的阶跃响应是一条向后平移了 τ 时刻的指数曲线，它不可能完美地拟合一条 S 形曲线。其次，在作图中，切线的画法也有较大的随意性，这直接关系到 τ 和 T 的取值。然而，作图法十分简单，而且实践证明它可以成功地应用于 PID 调节器的参数整定。

（2）确定式（2-34）中参数 K、T 和 τ 的两点法

所谓两点法就是使用阶跃响应 $y(t)$ 上两个点的数据去计算 T 和 τ。增益 K 与前面相同，仍按输入、输出的稳态值计算。

首先需要将 $y(t)$ 转换成它的无量纲形式 $y^*(t)$，即

$$y^*(t)=\frac{y(t)}{y(\infty)}$$

式中，$y(\infty)$ 为 $y(t)$ 的稳态值（见图 2-14）。

与式（2-34）相对应的阶跃响应的无量纲形式为

$$y^*(t)=\begin{cases}0 & t<\tau\\ 1-\exp\left(-\dfrac{t-\tau}{T}\right) & t\geqslant\tau\end{cases}\tag{2-40}$$

式（2-40）中只有两个参数即 τ 和 T，因此只能根据两个点的测试数据进行拟合。为此先选定两个时刻 t_1 和 t_2，其中 $t_2>t_1\geqslant\tau$，从测试结果中读出 $y^*(t_1)$ 和 $y^*(t_2)$ 并写出下述联立方程：

$$\begin{cases}y^*(t_1)=1-\exp\left(-\dfrac{t_1-\tau}{T}\right)\\ y^*(t_2)=1-\exp\left(-\dfrac{t_2-\tau}{T}\right)\end{cases}\tag{2-41}$$

由以上两式可以解出

$$\begin{cases}T=\dfrac{t_2-t_1}{\ln[1-y^*(t_1)-\ln[1-y^*(t_2)]}\\ \tau=\dfrac{t_2\ln[1-y^*(t_1)]-t_1\ln[1-y^*(t_2)]}{\ln[1-y^*(t_1)]-\ln[1-y^*(t_2)]}\end{cases}\tag{2-42}$$

为了计算方便，取 $y^*(t_1)=0.39$，$y^*(t_2)=0.63$，则可得

$$\left.\begin{aligned}T&=2(t_2-t_1)\\ \tau&=2t_1-t_2\end{aligned}\right\}\tag{2-43}$$

最后可取另外两个时刻进行校验，即

$$\left.\begin{aligned}t_3&=0.8T+\tau, & y^*(t_3)&=0.55\\ t_4&=2T+\tau, & y^*(t_4)&=0.87\end{aligned}\right\}\tag{2-44}$$

两点法的特点是单凭两个孤立点的数据进行拟合，而不顾及整个测试曲线的形态。此外，两个特定点的选择也具有某种随意性，因此所得到的结果其可靠性也是值得怀疑的。

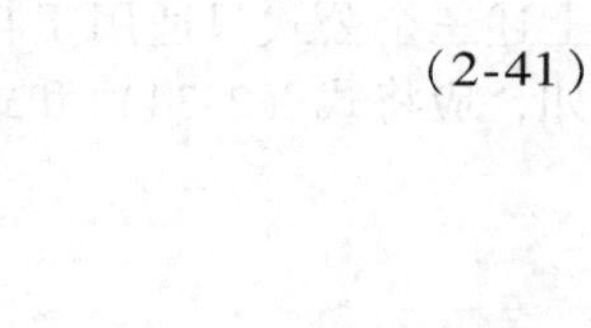

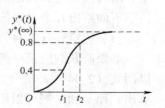

图 2-15　根据阶跃响应曲线上两个点的数据确定 T_1 和 T_2

（3）确定式（2-35）中参数 K、τ、T_1、T_2 的方法

如果阶跃响应是一条如图 2-15 所示的 S 形的单调曲线，它也可以用式（2-35）去拟合。由于其中包含两个一阶惯性环节，因此，可以拟合得更好。

增益 K 同前，仍由输入、输出稳态值确定。再根据阶跃响应曲线脱离起始的无反应阶段，开始出现变化的时刻，就可以确定参数 τ。此后剩下的问题就是用下述传递函数去拟合已截去纯时滞部分并已化为无量纲形式的阶跃响应 $y^*(t)$：

$$W(s)=\frac{1}{(T_1s+1)(T_2s+1)},\ T_1\geqslant T_2 \tag{2-45}$$

与式（2-51）对应的阶跃响应为

$$y^*(t)=1-\frac{T_1}{T_1-T_2}e^{-\frac{t}{T_1}}-\frac{T_2}{T_2-T_1}e^{-\frac{t}{T_2}}$$

或

$$1-y^*(t)=\frac{T_1}{T_1-T_2}e^{-\frac{t}{T_1}}-\frac{T_2}{T_1-T_2}e^{-\frac{t}{T_2}} \tag{2-46}$$

根据式（2-46），就可以使用阶跃响应上两个点的数据$[t_1, y^*(t_1)]$ 和$[t_2, y^*(t_2)]$ 确定参数 T_1 和 T_2。例如，可以取 $y^*(t)$ 分别等于0.4 和0.8，从曲线上定出 t_1 和 t_2，如图2-15 所示，就可以得到下述联立方程：

$$\begin{cases}\dfrac{T_1}{T_1-T_2}e^{-\frac{t_1}{T_1}}-\dfrac{T_2}{T_1-T_2}e^{-\frac{t_1}{T_2}}=0.6\\[2ex]\dfrac{T_1}{T_1-T_2}e^{-\frac{t_2}{T_1}}-\dfrac{T_2}{T_1-T_2}e^{-\frac{t_2}{T_2}}=0.2\end{cases} \tag{2-47}$$

式（2-47）之近似解为

$$T_1+T_2\approx\frac{1}{2.16}(t_1+t_2) \tag{2-48}$$

$$\frac{T_1T_2}{(T_1+T_2)^2}\approx\left(1.74\,\frac{t_1}{t_2}-0.55\right) \tag{2-49}$$

对于用式（2-45）表示的二阶过程，应有

$$0.32<\frac{t_1}{t_2}\leqslant 0.46 \tag{2-50}$$

上述结果的正确性可验证如下。易知，当 $T_2=0$ 时，式（2-45）变为一阶过程，而对于一阶过程阶跃响应则应有$\frac{t_1}{t_2}=0.32$。令 $T_2=0$，由式（2-49）得 $t_1/t_2=0.316$，与 $t_1/t_2=0.32$ 基本相符。

当 $T_2=T_1$，即式（2-45）中的两个时间常数相等时，根据它的阶跃响应解析式可知 $t_1/t_2=0.46$。令 $T_2=T_1$，由式（2-49）得 $t_1/t_2=0.46$。

如果 $t_1/t_2>0.46$，则说明该阶跃响应需要用更高阶的传递函数才能拟合得更好，例如可取为式（2-36）。此时，仍根据 $y^*(t)=0.4$ 和 0.8 分别定出 t_1 和 t_2，然后再根据比值 t_1/t_2 利用表 2-1 查出 n 值，最后再用式（2-51）计算式（2-36）中的时间常数 T。

$$nT\approx\frac{t_1+t_2}{2.16} \tag{2-51}$$

表 2-1　高阶惯性过程 $1/(Ts+1)^n$ 中阶数 n 与比值 t_1/t_2 的关系

n	t_1/t_2	n	t_1/t_2
1	0.32	8	0.685
2	0.46	9	
3	0.53	10	0.71
4	0.58	11	
5	0.62	12	0.735
6	0.65	13	
7	0.67	14	0.75

(4) 确定式 (2-37) 中有理分式的方法

在截去纯时滞部分后，被控过程的单位阶跃响应 $h(t)$ 假定如图 2-16 所示。现用下述传递函数去拟合：

$$W(s)=\frac{b_m s^m+b_{m-1}s^{m-1}+\cdots+b_1 s+b_0}{a_n s^n+a_{n-1}s^{n-1}+\cdots+a_1 s+a_0}e^{-\tau s},\ n>m \quad (2\text{-}52)$$

根据拉普拉斯变换的终值定理，可知

$$K_0\overset{\text{def}}{=}\lim_{t\to\infty}h(t)=\lim_{s\to 0}sW(s)\frac{1}{s}=b_0 \quad (2\text{-}53)$$

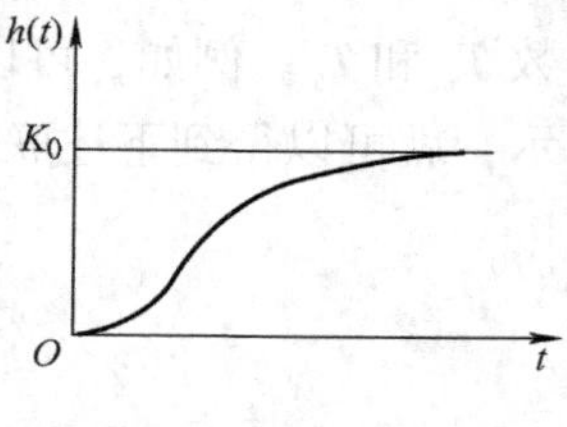

图 2-16　截去迟延部分后的单位阶跃响应 $h(t)$

现定义

$$h(t)\overset{\text{def}}{=}\int_0^t[K_0-h(\tau)]\mathrm{d}\tau \quad (2\text{-}54)$$

则根据拉氏变换的积分定理，有

$$L\{h_1(t)\}=\frac{1}{s^2}[K_0-W(s)]\overset{\text{def}}{=}\frac{W_1(s)}{s} \quad (2\text{-}55)$$

因此又有

$$K_1\overset{\text{def}}{=}\lim_{t\to\infty}h_1(t)=\lim_{s\to 0}W_1(s)=K_0a_1-b_1 \quad (2\text{-}56)$$

同理，定义

$$h_2(t)\overset{\text{def}}{=}\int_0^t[K_1-h_1(\tau)]\mathrm{d}\tau \quad (2\text{-}57)$$

则

$$L\{h_2(t)\}=\frac{1}{s^2}[K_1-W_1(s)]\overset{\text{def}}{=}\frac{W_2(s)}{s} \quad (2\text{-}58)$$

且

$$K_2\overset{\text{def}}{=}\lim_{t\to\infty}h_2(t)=\lim_{s\to 0}W_2(s)=K_1a_1-K_0a_2+b_2 \quad (2\text{-}59)$$

依次类推，可得

$$K_r\overset{\text{def}}{=}\lim_{t\to\infty}h_r(t)=K_{r-1}a_1-K_{r-2}a_2+\cdots+(-1)^{r-1}K_0a_r+(-1)^r b_r \quad (2\text{-}60)$$

其中

$$h_r(t)\overset{\text{def}}{=}\int_0^t[K_{r-1}-h_{r-1}(\tau)]\mathrm{d}\tau \quad (2\text{-}61)$$

于是得到一个线性方程组：

$$\begin{cases} K = b_0 \\ K_1 = K_0 a_1 - b_1 \\ K_2 = K_1 a_1 - K_0 a_2 + b_2 \\ \vdots \\ K_r = K_{r-1} a_1 - K_{r-2} a_2 + \cdots + (-1)^{r-1} K_0 a_r + (-1)^r b_r \end{cases} \tag{2-62}$$

其中，b_0，b_1，…，b_m 和 a_1，a_2，…，a_n 为未知系数，共（$n+m+1$）个；K_r，$r=0$，1，…，（$n+m$）分别是 h（t），h_r（t），$r=1$，2，…，（$n+m$）的稳态值。解式（2-62）的方程组需要（$n+m+1$）个方程。

这个方法的关键在于确定各 K_r 的值，这需要进行多次积分，不但计算量大，而且精度越来越低。因此，该方法只适用于传递函数阶数比较低，例如（$n+m$）不超过 3 的情况。与前述的两点法相比，该方法不是只凭阶跃响应曲线上的两个孤立点的数据进行拟合，而是根据整个曲线的态势进行拟合的，因此，即使采取较低的阶数，也可以得到较好的拟合结果，当然作为代价，计算量的增大也是显然的。

思考题与习题

2-1　什么是过程的动态特性？为什么要研究对象的动态特性？

2-2　过程控制系统中被控过程动态特性有哪些特点？通常描述对象动态特性的方法有哪些？

2-3　从阶跃响应曲线来看，大多数工业生产过程有何主要特点？对其特性通常可用哪些参数来描述？

2-4　什么叫单容过程和多容过程？什么叫过程的自衡特性和非自衡特性？

2-5　什么是过程的滞后特性？过程滞后包含哪几种？有何特点？

2-6　试述研究过程建模的主要目的及其建模方法。

2-7　什么是机理分析法建模？该方法有何特点？它一般可应用在何种场合？

2-8　题图 2-1 所示的双容过程，C_1、C_2 为水箱的容量系数，并设 R_1、R_2、R_3 为线性液阻。试求当其输入量为 q_1、输出量为 q_3 时的数学模型。

2-9　题图 2-2 所示的液位过程，其输入量为 q_1，流出量为 q_2、q_3，液位 h_1 为被控参数，C 为容量参数，并设 R_1、R_2、R_3 均为线性液阻。要求：

① 列出对象的微分方程组。

② 画出对象的框图。

③ 求对象的传递函数 $W_0 = H_1(s)/Q_1(s)$。

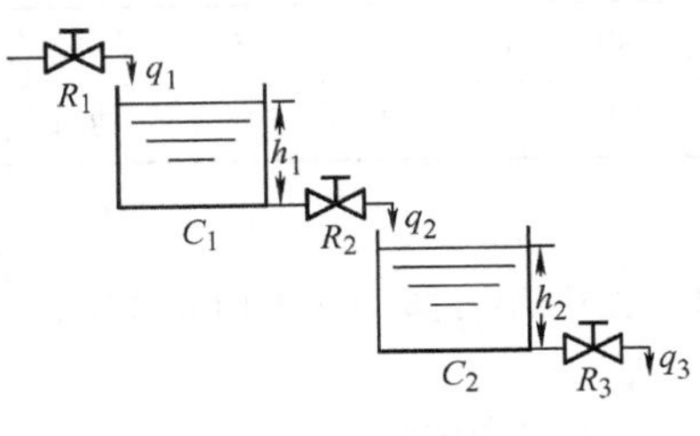

题图 2-1　双容过程

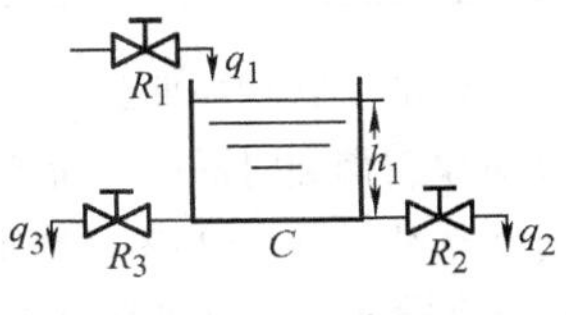

题图 2-2　液位过程

2-10　如题图 2-3 所示，两只水箱串联工作。若过程的输入量为 q、输出量为 q_2，并设液阻 R、R_1、R_2 均为线性，试列写过程的微分方程组；根据方程组画出过程的框图；并求其数学模型 $W_0(s) = Q_2(s)/Q(s)$。

2-11　如题图 2-4 所示，q_1 为液位过程的流入量，q_2 为流出量，h 为液位高度，C 为容量系数。若 q_1 为过程的输入量，h 为输出量。设 R_1、R_2 为线性液阻。求过程的数学模型 $W_0(s)=H(s)/Q_1(s)$。

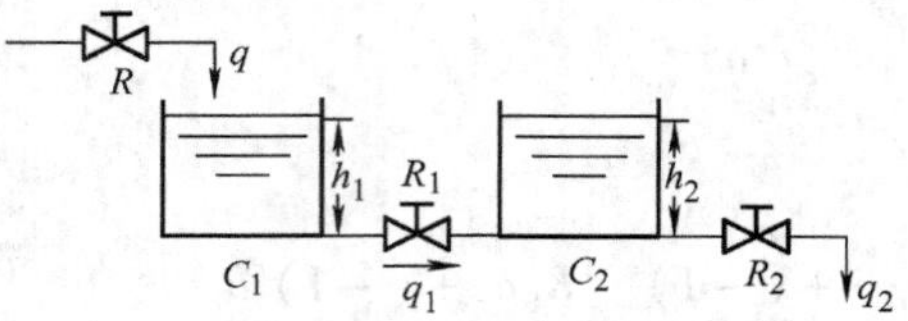

题图 2-3　液位过程

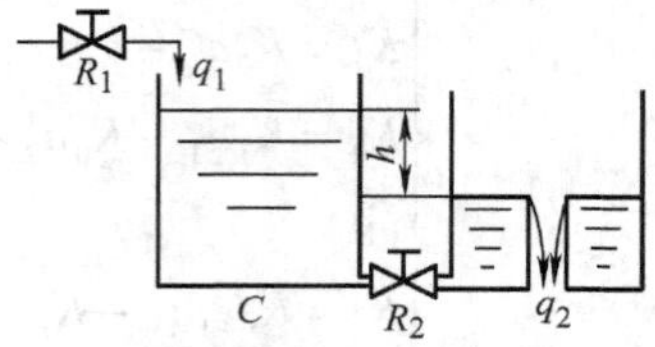

题图 2-4　液位过程

2-12　何谓试验法建模？其有何特点？

2-13　应用阶跃响应曲线法建模时，必须注意哪些问题？什么是矩形脉冲响应曲线法建模？为什么求得过程矩形脉冲响应曲线后还需将其转换成阶跃响应曲线？试述其转换依据及其转换过程。

2-14　为什么大多数过程的数学模型可用一阶、二阶、一阶加滞后和二阶加滞后环节之一来近似描述？有何理论依据？

2-15　怎样根据过程阶跃响应曲线来确定模型结构？通常由过程阶跃响应曲线来确定其数学模型中的特性参数（K_0、T_0、τ）时，可采用哪些方法？

2-16　在试验法建模过程中，测取阶跃响应曲线时必须注意些什么问题？既然阶跃响应曲线能形象、直观地反映过程特性，为什么还要测取矩形（脉冲）响应曲线？如何由矩阵脉冲响应曲线画出阶跃响应曲线？

2-17　什么叫数据处理？为什么要进行数据处理？在工程上常用的数据处理方法有哪些？为什么高阶自平衡过程的数学模型有时可用一阶、二阶、一阶加时滞和二阶加时滞的特性之一来近似描述？

2-18　有一水槽，其截面积 F 为 5000cm^2。流出侧阀门阻力实验结果为：当水位 H 变化 20cm 时，流出量变化为 $1000\text{cm}^3/\text{s}$。试求流出侧阀门阻力 R，并计算该水槽的时间常数 T。

2-19　对于题 2-18 的水槽，其流入侧管路上调节阀特性的实验结果如下：当阀门开度变化量 $\Delta\mu$ 为 20% 时，流入量变化 Δq_i 为 $1000\text{cm}^3/\text{s}$，则 $K_\mu=\Delta q_i/\Delta\mu=50\text{cm}^3/\text{s}\ (\%)$。试求该过程的增益 K。

2-20　某水槽的水位阶跃响应实验为：

t/s	0	10	20	40	60	80	100	150	200	300	400
h/mm	0	9.5	18	33	45	55	63	78	86	95	98

其中阶跃扰动量 $\Delta\mu=20\%$。

（1）画出水位的阶跃响应曲线。

（2）若该水位过程用一阶惯性环节近似，试确定其增益 K 和时间常数 T。

2-21　有一复杂液位过程，其液位阶跃响应实验结果为：

t/s	0	10	20	40	60	80	100	140	180	250	300	400	500	600
h/cm	0	0	0.2	0.8	2.0	3.6	5.4	8.8	11.8	14.4	16.6	18.4	19.2	19.6

（1）画出液位的阶跃响应曲线。

（2）若该对象用带纯时滞的一阶惯性环节近似，试用作图法确定纯时滞 τ 和时间常数 T。

（3）设阶跃扰动量 $\Delta\mu=20\%$，确定出该对象增益 K。

2-22　有一流量过程，当调节阀气压改变 0.01MPa 时，流量的变化为

t/s	0	1	2	4	6	8	10	…	…
$\Delta Q/\text{m}^3\cdot\text{h}^{-1}$	0	40	62	100	124	140	152	……	180

若该对象用一阶惯性环节近似，试确定其传递函数。

2-23　已知温度过程阶跃响应实验结果为

t/s	0	10	20	30	40	50	60	70	80	90	100	150
θ/℃	0	0.16	0.65	11.5	1.52	1.75	1.88	1.94	1.97	1.99	2.00	2.00

阶跃扰动量 $\Delta q = 1\ t/\text{h}$，试用二阶或 n 阶惯性环节写出它的传递函数。

2-24　某温度过程矩形脉冲响应实验结果为：

t/min	1	3	4	5	8	10	15	16.5	20	25	30	40	50	60	70	80
θ/℃	0.46	1.7	3.7	9.0	19.0	26.4	36	37.5	33.5	27.2	21	10.4	5.1	2.8	1.1	0.5

矩形脉冲幅值为 $2t/\text{h}$，脉冲宽度 Δt 为 10min。

（1）试将该矩形脉冲响应曲线转换为阶跃响应曲线。

（2）用二阶惯性环节写出该温度过程的传递函数。

2-25　有一液位对象，其矩形脉冲响应实验结果为：

t/s	0	10	20	40	60	80	100	120	140	160	180
h/cm	0	0	0.2	0.6	1.2	1.6	1.8	2.0	1.9	1.7	1.6
t/s	200	220	240	260	280	300	320	340	360	380	400
h/cm	1	0.8	0.7	0.7	0.6	0.6	0.4	0.2	0.2	0.15	0.15

已知矩形脉冲幅值 $\Delta\mu = 20\%$ 阀门开度变化，脉冲宽度 $\Delta t = 20\text{s}$。

（1）试将该矩形脉冲响应曲线转换为阶跃响应曲线。

（2）若将它近似为带纯时滞的一阶惯性过程，试用不同方法确定其特性参数 K、T 和 τ 的数值，并对结果加以评价。

2-26　某液位过程的阶跃响应实验测得数值如下：

t/s	0	10	20	40	60	80	100	140	180	250	300	400	500	600
h/min	0	0	0.2	0.8	2.0	3.6	5.4	8.8	11.8	14.4	16.6	18.4	19.2	19.6

当其阶跃扰动量为 $\Delta\mu = 20\%$ 时，要求：

（1）画出液位过程的阶跃响应曲线。

（2）确定液位过程的 K_0、T_0、τ（该过程用一阶惯性加纯时滞环节近似描述）。

2-27　试用矩形脉冲响应曲线法求加热炉的数学模型。当脉冲宽度 $t_0 = 2\text{min}$，幅值为 $2T/\text{h}$ 时，其实验数据如下：

t/s	1	3	4	5	8	10	15	16.5	20	25	30	40	50	60	70	80
$y^*(t)$/℃	0.46	1.7	3.7	9.0	19.0	26.4	36.0	37.5	33.5	27.2	21.0	10.4	5.1	2.8	1.1	0.5

（1）试由矩形脉冲响应曲线转换成阶跃响应曲线。

（2）求加热炉的数学模型（用二阶环节描述）。

2-28　用矩形脉冲宽度 $t_0 = 10\text{min}$，幅值为 2℃/h 测定某温度过程的动态特性，测试记录如下：

t/min	1	3	4	5	6	10	15	16.5	20	25	30	40	50	60	70	80	…
h/℃	0.46	1.7	3.7	9.0	19.0	26.4	36.0	37.5	33.5	27.2	21.0	10.5	5.0	2.8	1.0	0.5	…

试由矩形方波响应曲线求阶跃响应曲线。

2-29　用响应曲线法辨识某液位被控过程，阶跃扰动的幅值为1（单位阶跃），阶跃响应数据如下：

t/min	0	20	40	60	80	100	140	180	250	300	400	500	600
k/min	0	0.2	0.8	2.0	3.6	5.4	8.8	11.8	14.4	16.6	18.4	19.2	19.3

试分别用一阶环节近似法和二阶近似法求过程的数学模型。

第3章　单回路控制系统

【本章内容要点】

1. 被控过程离不开物质或能量的流动，从外部流入过程内部的物质或能量称为流入量，从过程内部流出的流量称为流出量。只有流入量与流出量保持平衡时，生产过程才会处于平衡稳定的工况。在工业生产中，如果生产工艺要求将那些诸如温度、压力、液位等标志平衡关系的量保持在它们的设定值上，就必须随时控制过程的流入量或流出量。

2. 评价控制系统的性能指标可概括为稳定性、准确性和快速性，在时域上体现为：衰减比和衰减率、最大动态偏差和超调量、残余偏差、调节时间和振荡频率等；通常还采用误差积分的综合指标：误差积分、绝对误差积分、平方误差积分、时间与绝对误差乘积积分等。

3. 过程控制系统中大多数采用单回路控制，即针对一个被控过程，采用一个测量变送器检测被控量，采用一个调节器控制一个执行器（调节阀）。单回路控制系统的设计方法是复杂过程控制系统设计的基础。

4. 工业生产对过程控制系统设计的要求可归纳为三方面，即安全性、稳定性和经济性。过程控制系统的品质是由组成系统的结构和各个环节的特性所决定的。应在十分熟悉生产过程工艺流程的前提下，从控制的角度理解被控过程的静态与动态特性，并针对系统特性、工艺控制要求，设计相应的控制系统。

5. 控制方案是控制系统设计的核心。它包括依据生产工艺要求合理选择系统性能指标、系统被控量和控制量，合理设计（选择）调节器的控制规律和正反作用，合理选择被控量的测量与变送环节、执行器等。

6. 应选择对产品的产量、质量、安全生产、经济运行和节能环保等具有决定性作用，并且可以直接测量的工艺参数作为被控参数。当不能用直接测量的工艺参数作为被控量时，可选择一个与直接测量的参数有单值函数关系的参数作为被控量。

7. 生产过程中往往有多个因素能影响被控参数的变化，应选择控制作用灵敏、控制效果显著的变量作为控制量，以保证控制通道克服扰动的能力比较强，动态响应比扰动通道快。

8. 检测与变送器的选择要从被检测量的性质、准确度要求、响应速度和控制性能等方面考虑。应选择合适的位置安装测量元件，尽可能减小测量时滞与传送时滞。对测量信号要进行必要的校正、噪声（扰动）抑制和线性化处理等。

9. 调节阀（亦称执行器或执行机构）是过程控制系统的重要组成部分，其作用是控制气体或液体的流量与流速。调节阀的特性对控制质量的影响很大，应选择合适的调节工作区间、合适的流量特性、合适的开关形式。

10. 调节器的选型要根据被控过程的特性、工艺对控制品质的要求、系统的总体设计（包括经济性）来综合考虑，合理选择其控制规律和正反作用。

11. 控制系统各个组成部分安装完成后，一般先将检测系统投入运行，接着手动操作调节阀使工况稳定后，再将系统由手动操作切换到自动运行。

12. 调节器参数整定方法归纳起来可分为理论计算整定法（如根轨迹法、频率特性法等）和本章介绍的工程整定法（如动态特性参数法、稳定边界法亦称临界比例度法、阻尼振荡法亦称衰减曲线法、现场经验法亦称凑试法、极限环自整定法等）。

3.1 过程控制系统的性能指标

评价控制系统的性能指标要根据工业生产过程对控制的要求来制定。这种要求可概括为稳定性、准确性和快速性。这三方面的要求在时域上体现为若干性能指标。图 3-1 表示一个闭环控制系统在设定值扰动下的被控量阶跃响应。该曲线的形态可以用一系列指标描述，它们是衰减比、衰减率、最大动态偏差、超调量、残余偏差、调节时间和振荡频率等。

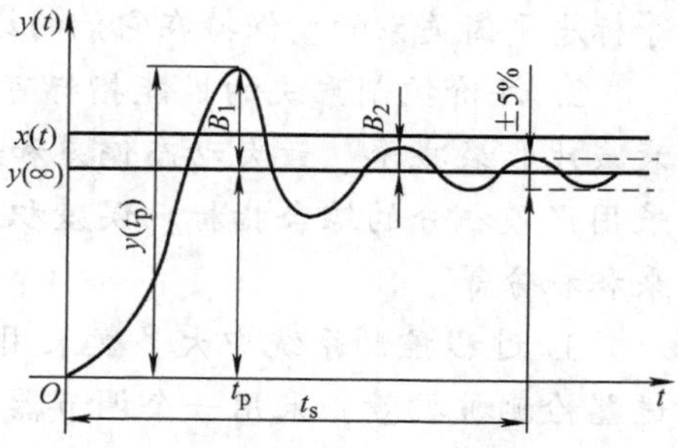

图 3-1　闭环控制系统的阶跃响应

1. 衰减比和衰减率

衰减比 η 是衡量一个振荡过程衰减程度的指标，它等于两个相邻的同向波峰值（见图 3-1）之比，即 B_1 与 B_2 之比。衡量振荡过程衰减程度的另一种指标是衰减率，它是指每经过一个周期以后，波动幅度衰减的百分数，即

$$\psi = \frac{B_1 - B_2}{B_1} = 1 - \frac{B_2}{B_1} \tag{3-1}$$

衰减比与衰减率两者有简单的对应关系，例如衰减比 η 为 4∶1 就相当于衰减率 $\varphi = 0.75$。为了保证控制系统有一定的稳定裕度，在过程控制中一般要求衰减比为 4∶1 ~10∶1，这相当于衰减率为 75% ~90%。这样，大约经过两个周期以后就趋于稳态，看不出振荡了。

2. 最大动态偏差 A 和超调量 σ

最大动态偏差是指设定值的阶跃响应中，过渡过程开始后的第一个波峰超过其新稳态值的幅值，如图 3-1 中的 B_1。最大动态偏差占被控量稳态变化幅值的百分数称为超调量。对于二阶振荡过程而言，超调量与衰减率有严格的对应关系。一般来说，图 3-1 所示的阶跃响应并不是真正的二阶振荡过程，因此，超调量只能近似地反映过渡过程的衰减程度。最大动态偏差更能直接反映在被控量的生产运行记录曲线上，因此它是控制系统动态准确性的一种衡量指标。

$$\sigma = \frac{y(t_p) - y(\infty)}{y(\infty)} \times 100\% \tag{3-2}$$

3. 残余偏差（残差）

残余偏差是指过渡过程结束后，被控量新的稳态值 $y(\infty)$ 与新设定值 $x(t)$ 之间的差值，它是控制系统稳态准确性的衡量指标。

4. 调节时间和振荡频率

调节时间是从过渡过程开始到结束所需的时间。理论上它需要无限长的时间，但一般认为当被控量已进入其稳态值的 ±5% 范围内，就算过渡过程已经结束。因此，调节时间就是从扰动开始到被控制量进入新稳态值的 ±5% 范围内的这段时间，在图中以 t_s 表示。调节时间是衡量控制系统快速性的一个指标。

过渡过程的振荡频率也可以作为衡量控制系统快速性的指标。

以上列举的都是单项性能指标。通常还使用误差积分指标衡量控制系统性能的优良程度。它是过渡过程中被控量偏离其新稳态值的误差沿时间坐标的积分。无论是误差幅度大或是调节时间长，都会使误差积分增大。因此，它是一类综合指标，希望它越小越好。误差积分可以有各种不同的形式，常用的有以下几种：

(1) 误差积分（IE）

$$IE = \int_0^\infty e(t)\mathrm{d}t \tag{3-3}$$

(2) 绝对误差积分（IAE）

$$IAE = \int_0^\infty |e(t)|\mathrm{d}t \tag{3-4}$$

(3) 平方误差积分（ISE）

$$ISE = \int_0^\infty e^2(t)\mathrm{d}t \tag{3-5}$$

(4) 时间与绝对误差乘积积分（ITAE）

$$ITAE = \int_0^\infty t|e(t)|\mathrm{d}t \tag{3-6}$$

以上各式中，$e(t)=y(t)-y(\infty)$，如图 3-1 所示。

采用不同的积分公式意味着估计整个过渡过程优良程度时的侧重点不同。例如 ISE 着重于抑制过渡过程中的大误差，而 ITAE 则着重惩罚过渡过程拖得过长。可以根据生产过程的要求，特别是结合经济效益的考虑加以选用。

误差积分指标有一个缺点，它们并不能保证控制系统具有合适的衰减率，而衰减率是首先关注的指标。例如，一个等幅振荡的过程，其 IE 却等于零，显然极不合理。为此，通常的做法是首先规定衰减率的要求。在这个前提下，系统仍然可能有一些灵活的余地，这时再考虑使误差积分为最小。

3.2 过程控制系统工程设计概述

单回路控制系统亦称单回路调节系统，简称单回路系统，一般是指针对一个被控过程（调节对象），采用一个测量变送器检测被控量，采用一个调节器保持一个被控量恒定（或在很小范围内变化），其输出也只控制一个执行器（调节阀）。如图 3-2 所示，系统只有一个闭环回路。图中，$W_c(s)$ 为调节器的传递函数；$W_v(s)$ 为调节阀的传递函数；$W_0(s)$ 为被控过程的传递函数；$W_m(s)$ 为测量变送器的传递函数。

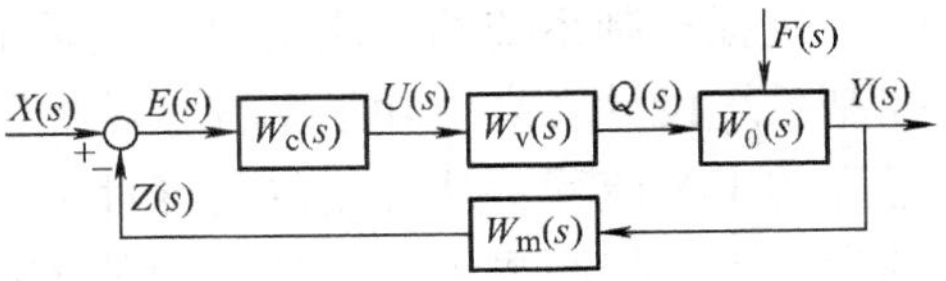

图 3-2　单回路控制系统框图

单回路系统结构简单，投资少，易于调整和投运，又能满足很多工业生产过程的控制要求，因此应用十分广泛，尤其适用于被控过程的纯时滞和惯性较小、负荷和扰动变化比较平缓，或者对被控质量要求不高的场合，约占目前工业控制系统的80%以上。

单回路控制系统虽然简单，但它的分析、设计方法是其他各种复杂过程控制系统分析、设计的基础。因此，学习和掌握单回路控制系统的工程设计方法是非常重要的。

本章围绕单回路控制系统设计，重点介绍过程控制系统工程设计中的一般共性问题，如控制方案设计，变送器、调节器、执行器选择，调节器参数整定以及系统设计原则的应用等。这些工程设计原则同样适用于复杂过程控制系统的工程设计。

要分析、设计和应用好一个过程控制系统，应该在对被控过程做全面了解，对工艺过程、设备等做深入分析的基础上，应用自动控制原理与技术，拟定一个合理、正确的控制方案，选择合适的检测变送器、调节器、执行器，从而达到保证产品质量、提高产品产量、降耗节能、低碳环保和提高管理水平等目的。

3.2.1 系统设计要求

工业生产对过程控制的要求是多种多样的，但可归纳为三方面要求，即安全性、稳定性和经济性。

安全性是指在整个生产过程中，确保人员、设备的安全（并兼顾环境卫生、生态平衡等社会安全性要求），这是最重要也是最基本的要求。通常采用参数超限报警、事故报警、联锁保护等措施加以保证。

稳定性是指系统在一定的外界扰动下，在系统参数、工艺条件一定的变化范围内能长期、稳定运行的能力。依据自动控制理论，这就要求系统除了满足绝对稳定性外，还必须具有适当的稳定裕量；其次要求系统具有良好的动态响应特性（如过渡过程时间短、稳态误差小等）。

经济性是指在提高产品质量、产量的同时，低碳环保、降耗节能，提高经济效益与社会效益。通过采用先进的控制手段对生产过程进行优化控制是满足工业生产对经济性要求不断提高的重要途径。

在工程上，对过程控制系统的以上要求往往是相互矛盾的。因此，设计时应根据实际情况，分清主次，以保证满足最重要的质量、指标要求，并留有余地。

在现代工业生产过程中，各子过程之间联系紧密，各个设备的生产操作也是相互联系、相互影响的，所以首先必须明确局部生产过程自动化和全局自动化间的关系。在进行总体设计和系统布局时，应该全面地考虑各子过程和各生产设备的相互联系，综合各个生产操作之间的相互影响，合理设计各控制系统。要从生产过程的全局去分析问题和解决问题，从物料平衡和能量平衡关系去设计各个过程控制系统。所设计的过程控制系统应该包含产品质量控制、物料或能量控制、条件控制等，以全局的设计方法来正确处理整个系统的布局，统筹兼顾。

过程控制系统的品质是由组成系统的结构和各个环节的特性所决定的。因此，对于过程控制系统设计者来说除了掌握自动控制理论、自动化装置与仪表知识外，还要十分熟悉生产过程的工艺流程，从控制的角度理解它的静态与动态特性，并能针对不同的被控过程、不同的生产工艺控制要求，设计不同的控制系统。在需要并有可能时还可对被控过程（如工艺设备、管线）作必要的改动。例如工业生产中常见的热交换过程，通常要求进行温度控制，这类过程的特性比较复杂，时滞特性相当明显，不同的过程在控制方式和控制品质方面差异很大。通常裂解炉、烧结炉要求恒温控制，而热处理炉要求按一定的温度和时间关系进行程序控制。又如液位过程特性差异很大，其时间常数有的只有几秒钟，而有的可达数小时。像锅炉水位控制系统，即使是同一种设备，由于其大小、容量和控制要求不同，对其设计的过程控制系统也是千差万别的。再如燃烧过程控制，由于使用的燃料（有煤、原油、天然气、工厂排出的可燃废气等）和工业设备不同，对过程控制系统的要求也不一样。在燃气过程中，要求防止产生燃烧中的脱火和熄火现象。对于燃烧过程，还要求设计增加负荷时先增空气后增燃料、减负荷时先减燃料后减空气等逻辑控制。总之，过程控制系统设计应根据过程特性、扰动情况以及限制条件等，正确运用自动控制理论和控制技术，才能设计一个性能优良、技术上可行并且合理满足工艺要求的过程控制系统。

3.2.2　系统设计步骤

从过程控制系统设计任务提出到系统投入运行，是一个从理论设计到实践，再从实践到理论设计的多次反复的过程。在过程控制系统的工程设计中，往往要多次运用试探法和综合法并借助计算机来模拟仿真。以下是过程控制系统设计中大致要经历的几个步骤。

（1）建立被控过程的数学模型

一般来说，建立被控过程的数学模型是过程控制系统设计的第一步。过程控制系统设计中，首先要解决如何用恰当的数学关系式（或方程式）即所谓数学模型来描述被控过程的特性。只有掌握了过程的数学模型（或深入地了解了过程特性），才能深入分析过程的特性和选择正确的控制方案。

（2）选择控制方案

根据设计任务和技术指标要求，经过调查研究，综合考虑安全性、稳定性、经济性和技术实施的可行性、简单性，进行反复比较，选择合理的控制方案。过程控制方案初步确定后，应用控制理论并借助计算机辅助分析进行系统静态、动态特性分析计算，判定系统的稳定性、过渡过程等特性是否满足系统的性能指标要求。

（3）控制设备选型

根据控制方案和过程特性、工艺要求，选择合适的测量变送器、控制规律、执行器（调节阀）等。

（4）实验（和仿真）

实验（和仿真）是检验系统设计正确与否的重要手段。有些在系统设计过程中难以考虑的因素，可以在实验中考虑，同时通过实验可以检验系统设计的正确性，以及系统的性能。若系统性能指标不能令人满意，则必须进行再设计，直到获得满意的结果为止。

3.2.3　系统设计内容

过程控制系统设计包括系统的方案设计、工程设计、工程安装和仪表调校和调节器参数整定四个主要内容。

控制方案设计是系统设计的核心。若控制方案设计不正确，则无论选用何种先进的过程控制仪表或计算机系统，其安装如何细心，都不可能使系统在工业生产过程中发挥良好的作用，甚至系统不能运行。

工程设计是在控制方案正确设计的基础上进行的。它包括仪表或计算机系统选型、控制室操作台和仪表盘设计、供电供气系统设计、信号及联锁保护系统设计等。

过程控制系统的正确安装是保证系统正常运行的前提。系统安装完后，还要对每台仪表（计算机系统的每个环节）进行单校和对各个控制回路进行联校。

调节器参数整定是系统运行在最佳状态的重要保证，是过程控制系统设计的重要环节之一。

3.2.4 系统设计中的若干问题

在进行过程控制系统设计时，要针对工程的实际情况和要求，对下列问题作合理考虑与正确处理。

（1）超限报警与联锁保护

对于生产过程中的关键参数，应根据工艺要求设置高、低限报警值，当参数超过报警值时，立即进行超限声、光报警，提醒操作人员密切注意监视生产状况，以便及时采取措施恢复系统的正常运行。避免事故的发生。例如，加热炉热油出口温度的设定值为300℃，工艺要求其高、低值分别为305℃和295℃。

联锁保护是指当生产出现异常时，为保证设备、人身的安全，使各个设备按一定次序紧急停止运转。例如，加热炉运行中出现严重故障必须紧急停止运行时，应立即先停燃油泵，然后关掉燃油阀，经过一定时间后，停止引风机，最后再切断热油阀。设计一可靠的联锁保护能确保系统严格按以上顺序运行，从而避免事故发生。若采用手工操作，在忙乱中可能错误地发生先关热油阀以致烧坏热油管，或者先停引风机而使炉内积累大量燃油气，以致再次点火时出现爆炸事故。

（2）其他系统安全保护对策

系统运行的环境条件是过程控制系统设计时所必须考虑和解决的重要问题。在某些工业现场的危险环境条件下，如石油、化工生产过程中的高温、高压、易燃、易爆、强腐等，还必须采取相应的安全保护对策，如采用系统可靠性设计，选用本质安全防爆、防腐的仪表及装置等。

3.3 控制方案设计

设计过程控制系统时，控制方案的设计是核心。设单回路系统结构已确定，如图3-2所示，控制方案设计所包含的内容是，依据生产工艺要求合理选择系统性能指标，合理选择被控量 $Y(s)$ 和控制量 $Q(s)$，合理设计（选择）调节器的控制规律 $W_c(s)$，并兼顾被控过程参数的测量与变送环节 $W_m(s)$、执行器 $W_v(s)$ 的选择。对复杂过程（多回路系统、多输入多输出系统）的控制方案设计，除上述共性内容外，根据实际生产过程，选择合适的控制系统结构是最重要的，有关这方面内容将在后续章节中详细介绍。

3.3.1 控制系统的性能评价

过程控制系统在运行中有两种状态。一种是稳态，此时系统没有受到任何外来干扰或外来干扰恒定，同时给定值亦保持不变，因而被控量也不会随时间变化，整个系统处于平衡稳定的工况。另一种是动态，当系统受到变化的外来干扰的影响或者在改变了给定值后，原来的稳态遭到破坏，系统中各组成部分的输入、输出都相继发生变化，被控量也将偏离原稳态值而随时间变化。设置控制系统的目的就是希望在经过一段时间后，被控量能稳定在新的给定值或其附近。这种从一个稳态达到另一个稳态的历程称为过渡过程。由于被控过程总是不时受到各种外来干扰的影响，即系统经常处于动态的过渡过程中，因而评价一个过程控制系统的性能、质量，主要看它在受到外来扰动作用或给定值发生变化后，能否迅速地、准确地、平稳地（而不是剧烈振荡地）回复（或趋近）到原（或新）给定值上。控制性能的评价是控制方案设计的依据，通常采用衰减比、衰减率、最大动态偏差、超调量、残余偏差、调节时间、振荡频率或误差积分等。

3.3.2 被控量的选择

选择被控量是控制方案设计中的重要一环，对于稳定生产、提高产品的产量和质量、节能、改善劳动条件和保护环境卫生等具有决定性意义。若被控量选择不当，则无论组成什么样的控制系统，选用多么先进的过程检测控制设备，均不能达到预期的控制效果。

对于一个生产过程来说，影响操作的因素是很多的。但是，并非对所有影响因素都需加以控制。所以，必须根据工艺要求，深入分析工艺过程，找出对产品的产量和质量、安全生产、经济运行、环境保护等具有决定性作用，能较好反映工艺生产状态变化的参数（这些参数又是人工控制难以满足要求，或操作十分紧张、劳动强度很大，客观上要求进行自动控制的参数）作为被控量。

被控量的选择一般有两种方法。一是选择能直接反映生产过程中产品产量和质量又易于测量的参数作为被控量，称为直接参数法。例如，可选水位作为蒸汽锅炉水位控制系统的直接参数，因为水位过高过低均会造成严重生产事故，直接与锅炉安全运行有关。

当选择直接参数有困难时（如直接参数检测很困难或根本无法进行检测），可以选择那些能间接反映产品产量和质量又与直接参数有单值对应关系、易于测量的参数作为被控量，称为间接参数法。例如，精馏塔是利用混合物各成分挥发度不同，将混合物分离成较纯组分产品或中间产品的设备。精馏过程要求产品达到规定的纯度，并希望在额定生产负荷下，尽可能地节省能源。这样，塔顶馏出物（或塔底残液）的浓度应选作被控量，因为它最直接地反映了产品的质量。但是，目前对成分的测量尚有一定的困难，于是一般采用塔顶（或塔底）温度代替浓度作为被控量。必须指出，当选取间接参数作为被控量时，间接参数必须与直接参数有单值函数关系，而且间接参数要有足够的灵敏度，同时还应考虑到工艺的合理性等。

应当指出，直接参数或间接参数的选择并不是唯一的（更不是随意的），要通过对过程特性的深入分析，才能作出正确的选择。

归纳起来，选取被控量的一般原则为：

1）选择对产品的产量和质量、安全生产、经济运行和环境保护具有决定性作用的、可直接测量的工艺参数为被控量。

2）当不能用直接参数作为被控量时，应该选择一个与直接参数有单值函数关系的间接参数作为被控量。

3）被控量必须具有足够高的灵敏度。

4）被控量的选取，必须考虑工艺过程的合理性和所用检测仪表的性能。

3.3.3 控制量的选择

在一些生产过程中，控制量的选择是很明显的（唯一确定的），如锅炉水位控制系统，控制量只能选给水量。但是在另一些生产过程中，可能有几个控制量可供选择，这就要通过分析比较不同的控制通道（控制量对被控量的作用通道，如图 3-2 中 $Q(s)\to Y(s)$）和不同的扰动通道（扰动量对被控量的作用通道，如图 3-2 中的 $F(s)\to Y(s)$）对控制质量的影响而作出合理的选择。所以选择正确的控制量，就是选择了正确的控制通道。

下面从过程特性对控制质量的影响入手，讨论选择控制量的一般原则。

1. 过程静态特性的分析

设单回路控制系统的框图如图 3-3 所示。图中 $W_c(s)$ 为调节器与执行机构的传递函数；$W_0(s)$ 为控制通道的传递函数；$W_f(s)$ 为扰动通道的传递函数。并设

$$\begin{cases} W_c(s)=K_c \\ W_0(s)=\dfrac{K_0}{T_0s+1} \\ W_f(s)=\dfrac{K_f}{T_fs+1} \end{cases} \tag{3-7}$$

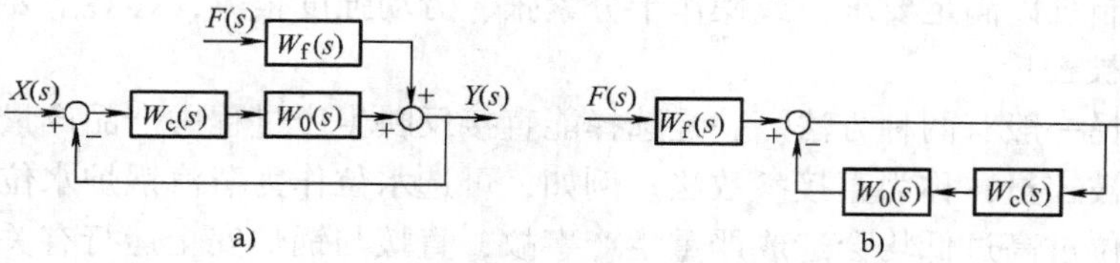

图 3-3 单回路控制系统框图

被控量 $Y(s)$ 对扰动 $F(s)$ 的闭环传递函数为

$$\frac{Y(s)}{F(s)}=\frac{(T_0s+1)K_f}{(T_0s+1)(T_fs+1)+K_0K_c(T_fs+1)} \tag{3-8}$$

由于系统是稳定的，所以在阶跃扰动作用下，系统稳态值可应用终值定理求得

$$Y(\infty)=\lim_{t\to\infty}Y(t)=\lim_{s\to 0}s\frac{K_f(T_0s+1)}{s[(T_0s+1)(T_fs+1)+K_0K_c(T_fs+1)]}=\frac{K_f}{1+K_0K_c} \tag{3-9}$$

由式（3-9）可见，过程静态特性对控制质量有很大的影响，是选择控制量的一个重要依据。扰动通道静态放大系数 K_f 越大，则系统的稳态误差也越大，这表示相同的阶跃扰动作用下，将使被控量偏离给定值增大，从而显著地降低了控制质量。控制通道的静态放大系数 K_0 越大，表示控制作用越灵敏，克服扰动的能力越强，控制效果越显著。因此，确定控制量时，使控制通道的放大系数 K_0 大于扰动通道的放大系数 K_f 是合理的。当这一要求不能满足时，可通过调节 K_c 的值来补偿，使 K_0K_c 值远大于 K_f。

2. 过程动态特性的分析

（1）扰动通道动态特性对控制质量的影响

1）时间常数 T_f 的影响。图 3-3 所示的单回路控制系统，被控量对扰动的闭环传递函数为

$$\frac{Y(s)}{F(s)}=\frac{W_f(s)}{1+W_c(s)W_0(s)} \tag{3-10}$$

设 $W_f(s)$ 为一个单容过程，其传递函数为

$$W_f(s)=\frac{K_f}{T_f s+1}$$

则式（3-10）可写成

$$\frac{Y(s)}{F(s)}=\frac{K_f}{T_f}\frac{1}{\left(s+\frac{1}{T_f}\right)[1+W_c(s)W_0(s)]} \tag{3-11}$$

由式（3-11）可见，由于扰动通道为一个一阶惯性环节，所以使系统特征方程式中增加了一个极点（$-1/T_f$），如图3-4中的根平面所示。随着时间常数 T_f 的增大，极点 α 将向 jω 轴靠近，从而过渡过程时间加长，但由于过渡过程将乘上一个 $1/T_f$ 的数值（见式（3-11）），使整个过渡过程的幅值减小 T_f 倍，从而使其超调量随着 T_f 的增大而减小。这点是很容易理解的。因为 $W_f(s)$ 为一惯性环节，它对扰动 $F(s)$起着滤波作用，抑制扰动对被控量的影响。所以，扰动通道的时间常数 T_f 越大，容积越多，则扰动对被控量的影响也越小，控制质量也越好。

2）时滞 τ_f 的影响。如图3-5所示，当扰动通道有纯时滞时，系统对扰动的闭环传递函数为

$$\frac{Y(s)}{F(s)}=\frac{W_f(s)e^{-\tau_f s}}{1+W_c(s)W_0(s)} \tag{3-12}$$

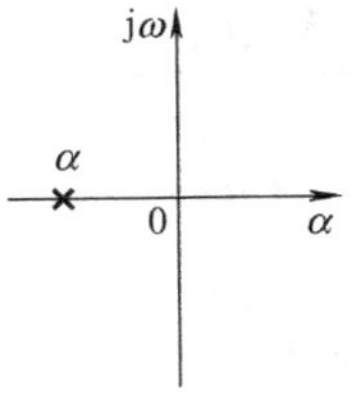

图3-4　复平面

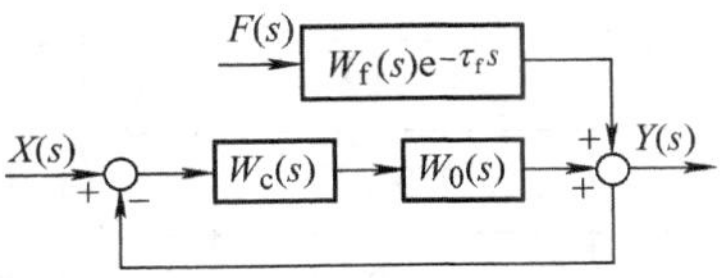

图3-5　系统框图

比较式（3-10）与式（3-12），并根据拉普拉斯变换的平移定理，可得到图3-3与图3-5系统在单位阶跃干扰作用下，被控量的时间响应 $y(t)$ 与 $y_\tau(t)$ 间的关系为

$$y_\tau(t)=y(t-\tau_f) \tag{3-13}$$

由此可见，干扰通道存在纯时滞时，理论上不影响控制质量，仅使被控量对干扰的响应在时间上比无时滞存在时推迟了 τ_f。

3）扰动作用点位置。扰动引入系统的位置不同，对被控量的影响也不同。如图3-6所示，串联工作的三个水箱，为了实现3#水箱水位不变，设计图3-6a所示的控制系统。其中扰动 f_1、f_2、f_3 由三处分别引入系统，其框图如图3-6b所示。设三个水箱均为一阶惯性环节，由前所述，它对扰动 f 起着滤波作用，所以扰动引入系统的位置离被控量越近，则对其影响越大；相反，扰动离被控量越远（如 f_1 要通过三个串联的一阶惯性环节），则对其影响越小。

（2）控制通道动态特性对控制系统的影响

设控制系统的临界放大系数为 K_{max}，临界振荡频率为 ω_c（系统处于稳定边界下的放大

系数和振荡频率，可通过系统开环传递函数的频率特性求出）。$K_{\max}$、ω_c 及 $K_{\max}\omega_c$ 在一定程度上代表了被控过程的控制性能（$K_{\max}$越大，可选放大系数 K 越大，从而系统稳态误差越小；ω_c 越大可选系统工作频率 ω 越大，过渡过程越快），为研究控制通道动态特性（即时间常数和时滞）对系统控制质量的影响提供了方便。表 3-1 给出了不同被控过程的 $K_{\max}$ 和 ω_c，可见控制通道中时间常数大、阶次高、有纯时滞环节都将使过程的 $K_{\max}$和 ω_c 值变小，从而使控制性能变差。由此可得出结论，应选择时间常数较小、纯时滞小的通道作为控制通道。

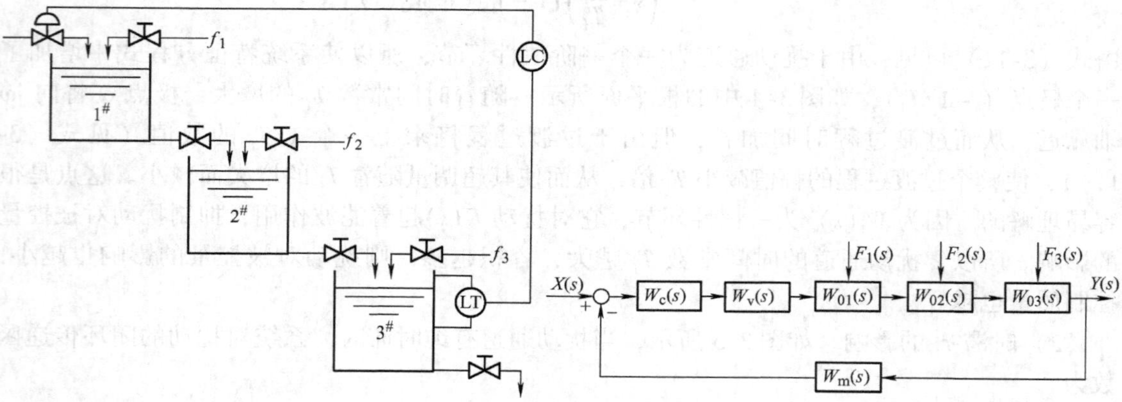

a)　　b)

图 3-6　液位控制系统

表 3-1　不同过程特性的 $K_{\max}$、ω_c、$K_{\max}\omega_c$

系统参数 \ 被控过程 $W_0(s)$	$\frac{1}{(s+1)^3}$	$\frac{1}{(s+1)^5}$	$\frac{1}{(5s+1)^3}$	$\frac{e^{-s}}{(s+1)^3}$
$K_{\max}$	7.942	3.198	7.942	2.512
$\omega_c/(\mathrm{rad\cdot s^{-1}})$	1.72	0.73	0.35	0.9
$K_{\max}\omega_c/(\mathrm{rad\cdot s^{-1}})$	13.66	2.334	2.78	2.26

1）时间常数 T_0 的影响。控制通道时间常数的大小反映了控制作用的强弱，反映了调节器的校正作用克服扰动对被控量影响的快慢。若控制通道时间常数 T_0 太大，则控制作用太弱，被控量变化缓慢，控制不能及时，系统过渡时间长，控制质量下降；若控制通道时间常数 T_0 太小，虽控制作用强，控制及时，克服扰动影响快，过渡过程时间短，但易引起系统振荡，使系统稳定性下降，亦不能保证控制质量。所以在系统设计时，要求控制通道时间常数 T_0 适当小一点，使其校正及时，又能获得较好的控制影响。

2）时滞的影响。控制通道的时间滞后包括纯时滞 τ_0 和容量时滞 τ_c 两种。它们对控制质量会造成不利的影响，尤其是 τ_0 影响最坏。

在图 3-7 所示系统中，设 $W_c(s)=K_c$，$W_0(s)=\dfrac{K_0}{T_0s+1}$（被控过程时滞 $\tau_0=0$），则系统开环传递函数为

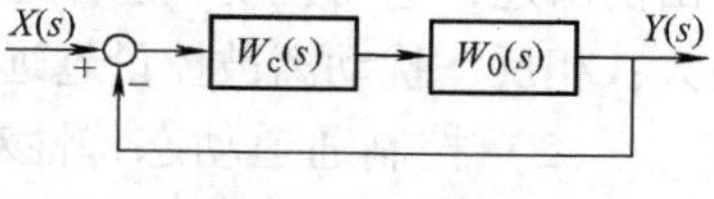

图 3-7　单回路系统

$$W_k(s)=W_c(s)W_0(s)=\frac{K_cK_0}{T_0s+1} \tag{3-14}$$

根据奈奎斯特判据，无论系统开环放大系数 K_cK_0 为多大，闭环系统总是稳定的，其频率特性如图 3-8 所示。

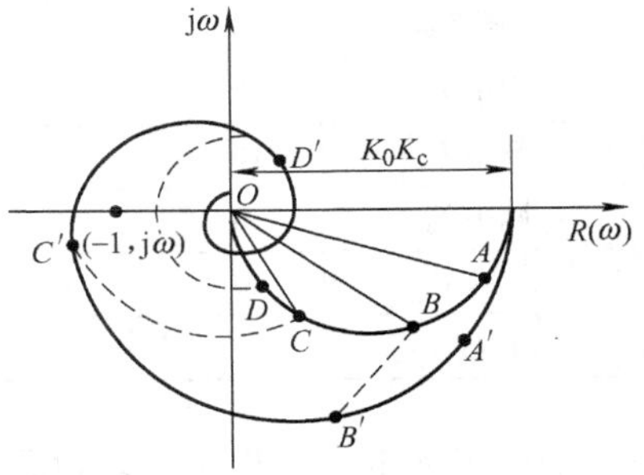

图 3-8　频率特性

若上述系统中，$W_c(s)=K_c$，$W_0(s)=\frac{K_0}{T_0s+1}e^{-\tau_0 s}$（时滞 $\tau_0\neq 0$），则系统开环传递函数为

$$W'_k(s)=\frac{K_cK_0}{T_0s+1}e^{-\tau_0 s} \tag{3-15}$$

由于存在 τ_0，将使相角滞后增加 $\omega\tau_0$ 弧度，其频率特性可按如下方法求得（见图 3-8）。

在 $\tau_0=0$ 时的 $W_k(j\omega)$ 曲线上取 ω_1、ω_2、…各点，如点 A 处，频率为 ω_1，取 $W_k(j\omega_1)$ 的幅值，但相角滞后增加 $\omega_1\tau_0$ 弧度，从而定出新的 $W'_k(j\omega_1)$ 点 A'。同理可得出 ω_2、ω_3、…时各相应点 B'、C'、…，将 A'、B'、C'、…各点连接起来即为 $W'_k(j\omega)$ 的幅相频率特性。由此曲线可见，当 $\tau_0\neq 0$ 时，随着 K_cK_0 的增大，$W'_k(j\omega)$有可能包围（-1，$j\omega$）点。τ_0 值越大，则这种可能越大。可见，纯时滞 τ_0 的存在将降低系统的稳定性。

当控制通道存在纯时滞时，调节器的校正作用将要滞后一个时间 τ_0，从而使超调量增加，使被控量的最大偏差增大，引起系统动态指标下降。

控制通道的容量时滞 τ_c 同样会造成控制作用不及时，使控制质量下降。但是 τ_c 的影响比纯时滞 τ_0 对系统的影响要缓和些。另外，若引入微分作用，对于克服 τ_c 对控制质量的影响有显著的效果。

3）时间常数分配的影响。控制系统的开环传递函数（包括调节器、调节阀、被控过程以及测量变送器）大多可表示为多个一阶环节的串联。如某系统（见图 3-2）的开环传递函数为

$$W_c(s)W_0(s)W_m(s)W_v(s)=\frac{K_cK_0K_mK_v}{(T_1s+1)(T_2s+1)(T_3s+1)} \tag{3-16}$$

其中，$T_1=10s$，$T_2=5s$，$T_3=2s$。若每次改变其中一个或两个时间常数，可求得一组 K_{max}、ω_c、$K_{max}\omega_c$ 值，见表 3-2。

从表 3-2 中的数值变化可以看出，减小过程中最大的时间常数 T_1，反而引起控制质量下降；相反，增大最大时间常数 T_1，虽 ω_c 略有下降，但 K_{max}增长，有助于提高控制指标；而减小 T_2 或 T_3 都能提高控制性能指标，若同时减小 T_2、T_3，则提高性能指标的效果更好。

在选择控制通道（以及选择调节阀、测量变送器和设计调节器）时，使开环传递函数中（包括调节器、调节阀、被控过程以及测量变送器）的几个时间常数数值错开，减小中间的时间常数，可以提高系统的工作频率，减小过渡过程时间和最大偏差等，改善控制质量。

表 3-2　不同时间常数对控制质量的影响

参数 / 变化情况	T_1/s	T_2/s	T_3/s	K_{max}	ω_c/(rad·s^{-1})	$K_{max}\omega_c$/(rad·s^{-1})
原始数据	10	5	2	12.6	0.41	5.2
减小 T_1	5	5	2	9.8	0.49	4.8
减小 T_2	10	2.5	2	13.5	0.54	7.3
减小 T_3	10	5	1	19.8	0.57	11.3
增大 T_1	20	5	2	19.2	0.37	7.1
减小 T_2、T_3	10	2.5	1	19.3	0.74	14.2

在实际生产过程中，若过程本身存在多个时间常数，则最大的时间常数往往涉及生产设备的核心，不能轻易改动。但是减小第二、三个时间常数是比较容易实现的。所以，将几个时间常数错开的原则可以用来指导选择过程的控制通道。

3. 根据过程特性选择控制量的一般原则

通过上述分析，可总结出设计单回路控制系统时，选择控制量的一般原则是：

1）控制通道的放大系数 K_0 要适当大一些；时间常数 T_0 要适当小一些；纯时滞 τ_0 越小越好，在有纯时滞 τ_0 的情况下，τ_0 和 T_0 之比应小一些（小于1），若其比值过大，则不利于控制。

2）扰动通道的放大系数 K_f 应尽可能小；时间常数 T_f 要大；扰动引入系统的位置（指框图中的位置）要靠近调节阀。

3）当过程本身存在多个时间常数，在选择控制量时，应尽量设法把几个时间常数错开，使其中一个时间常数比其他时间常数大得多，同时注意减小第二、第三个时间常数。这一原则同样适用于调节器、调节阀和测量变送器时间常数的选择，调节器、调节阀和测量变送器（三者均为系统开环传递函数中的环节）的时间常数应远小于被控过程中最大的时间常数。

3.4　检测、变送器选择

被控量以及其他一些参数、变量的检测和将测量信号传送至调节器是设计过程控制系统中的重要一环。对被控量迅速、准确地测量是实现高性能控制的重要前提。

检测与变送器要根据被检测量的性质与系统设计的总体考虑来决定。被检测量性质的不同，准确度要求、响应速度要求的不同以及对控制性能要求的不同都影响检测、变送器的选择，要从工艺的合理性、经济性加以综合考虑。

3.4.1　测量元件的测量误差

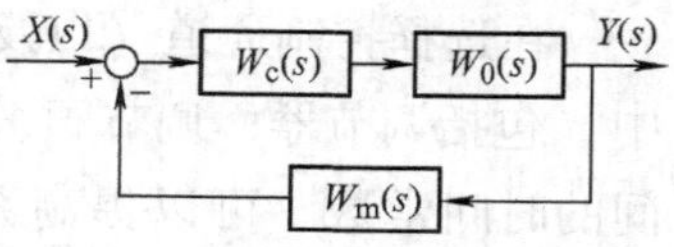

图 3-9　系统框图

控制理论已经证明，对单回路定值闭环控制系统，当调节器放大倍数较大（或含有积分）时，其稳态误差取决于反馈通道误差（测量误差）的大小。如图 3-9 所示系统，若调节器与执行机构 $W_c(s)=K_c$，被控过程 $W_0(s)=K_0/(T_0s+1)$，测量

变送器 $W_m(s)=K_m$，则

$$\frac{Y(s)}{X(s)}=\frac{W_c(s)W_0(s)}{1+W_c(s)W_0(s)W_m(s)}=\frac{K_cK_0}{T_0s+1+K_cK_0K_m} \tag{3-17}$$

当 K_c 很大时，有

$$\frac{Y(s)}{X(s)}\approx\frac{1}{K_m} \tag{3-18}$$

此式表明，当存在测量误差即当 $K_m=K_{m0}+\Delta K_m$（K_{m0} 为测量元件的标称放大系数）时，被控量与给定值间不再只有固定的对应关系（差一个系数），而将随测量误差 ΔK_m 而变动。所以人们常说，高质量的控制离不开高质量的测量。

3.4.2 测量元件与变送器的响应速度

测量元件与变送器都有一定的时间常数，造成所谓的测量时滞与变送时滞问题。如热电阻温度检测需要建立热平衡，因而响应较慢产生测量时滞；又如气动组合仪表中，现场测量元件与控制室调节器间的信号通过管道传输则产生传送时滞。测量时滞与变送时滞使测量值与真实值（被控量）之间产生差异。如果调节器按此失真的信号发出控制信号，就不能有效地发挥调节作用，因此也就不能达到预期的控制要求。为克服其不良影响，在系统设计中，应尽可能选用快速测量元件并尽量减小信号传送时间（如缩短气动传输管道），一般选其时间常数为控制通道时间常数的 1/10 以下为宜。

3.4.3 正确采用微分超前补偿

当系统中存在较大的测量时滞时（如温度与蒸汽压力测量，存在相当大的容量时滞），为了获得真实的参数值，可在变送器的输出端串入一微分环节，如图 3-10 所示，这时，输出与输入间的关系为

$$\frac{P(s)}{T(s)}=\frac{K_m(T_Ds+1)}{T_ms+1} \tag{3-19}$$

如能使 $T_D=T_m$，则有 $P(s)=K_mT(s)$，从而输出与输入间成简单的正比关系，消除了测量时滞产生的动态误差。

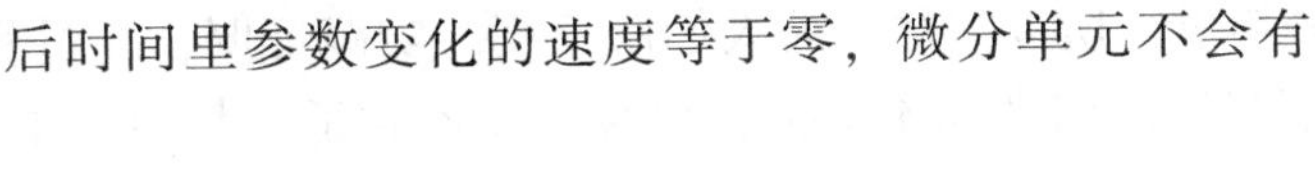

图 3-10 微分单元

但微分超前控制的使用要慎重，因为要使 $T_D=T_m$ 是极为困难的，而微分作用将放大测量、变送回路中的高频噪声干扰，使系统变得不稳定。另外，微分作用对于纯时滞是无能为力的。因为在纯滞后时间里参数变化的速度等于零，微分单元不会有输出，当然起不到作用。

3.4.4 合理选择测量点位置

测量点位置的选择，应尽可能减小参数测量时滞与传送时滞，同时也要考虑安装方便。以生产硫酸的硫铁矿焙烧为例，硫铁矿从焙烧炉下部送入，在一、二次风的助燃下焙烧硫铁

矿，产生的 SO_2 气体从炉顶排出，如图 3-11 所示。在矿石含硫量、含水量、一、二次风量均不变的条件下，炉膛温度与 SO_2 浓度有一定的对应关系，因而测量温度能反应 SO_2 的浓度变化。但由于焙烧炉炉膛庞大，一般沿炉膛安装几支热电偶，经验表明，在接近炉膛上部的温度检测点的温度能较准确地反映 SO_2 的浓度变化，且响应最快。因此选择这个检测点是最适合的。

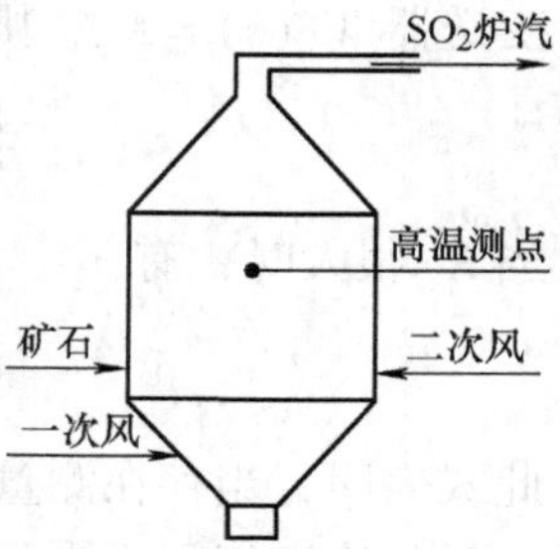

图 3-11　焙烧炉合适检测点示意图

3.4.5　测量信号的处理

（1）测量信号校正

在检测某些过程参数时，测量值往往要受到其他一些参数的影响，为了保证其测量精度，必须要考虑信号的校正问题。

例如，发电厂过热蒸汽流量测量，通常用标准节流元件。在设计参数下运行时，这种节流装置的测量精度较高，当参数偏离给定值时，测量误差较大，其主要原因是蒸汽密度受压力和温度的影响较大。为此，必须对其测量信号进行压力和温度校正（补偿）。

（2）测量信号噪声（扰动）的抑制

在测量某些参数时，由于其物理或化学特点，常常产生具有随机波动特性的过程噪声。若测量变送器的阻尼较小，其噪声会叠加于测量信号之中，影响系统的控制质量，所以应考虑对其加以抑制。例如，测量流量时，常伴有噪声，故应引入阻尼器来加以抑制。

有些测量元件本身具有一定的阻尼作用，测量信号的噪声基本上被抑制，如用热电偶或热电阻测温时，由于其本身的惯性作用，测量信号无噪声。

（3）对测量信号进行线性化处理

在检测某些过程参数时，测量信号与被测参数之间成某种非线性关系。这种非线性特性，一般由测量元件所致。通常线性化问题在变送器内解决，或将测量信号送入数字调节器，通过数字运算来线性化。如热电偶测温时，热电动势与温度是非线性的，当配用相应分度的温度变送器时，其输出的测量信号就已线性化了，即变送器的输出电流与温度成线性关系。因此是否要进行线性化处理，具体问题要作具体分析。

3.5　执行器的选择

在过程控制中，执行器（亦称执行机构）大多采用调节阀，控制各种气体或液体的流量与流速，是过程控制系统的一个重要组成部分，其特性好坏对控制质量的影响很大。而由于其结构较简单又较粗糙，所以往往不被人们所重视。实践证明，在过程控制系统设计中，若调节阀特性选用不当，阀门动作不灵活，口径大小不合适，都会严重影响控制质量。所以，应根据生产过程的特点、被控介质的情况（尤其关注高温、高压、剧毒、易燃易爆、易结晶、强腐蚀、高粘度等介质）和安全运行需要，并从系统设计的总体考虑，选用合适的执行器。在过程控制中，使用最多的是气动执行器，其次是电动执行器，较少采用液动执行器。三种执行器的特点比较见表 3-3。

表 3-3　各类执行器的特点

类　别 / 内　容	电动执行器	气动执行器	液动执行器
输入信号	DC 0 ~ 10mA 或 DC 4 ~ 20mA	20 ~ 100kPa	—
结构	复杂	简单	较复杂
体积	小	中	大
信号管线配置	简单	较复杂	复杂
推力	小	中	大
动作滞后	小	大	小
维修	复杂	简单	较复杂
适用场合	隔爆型，适用于防火防爆场合	适用于防火防爆场合	要注意火花
价格	贵	便宜	贵

从提高过程控制质量和系统安全角度还应包括以下内容。

3.5.1　选择合适的调节工作区间

在过程控制系统设计中，调节阀的公称直径 D_g、阀座直径 d_g 必须很好地选择，在正常工况下要求调节阀开度处于 15% ~85% 之间。因为调节阀口径选得过小，当系统受到较大扰动时，调节阀可能运行在全开或接近全开的非线性饱和工作状态，使系统暂时失控；调节阀口径选得过大，系统运行中阀门会经常处于小开度的工作状态，不但调节不灵敏，而且易造成流体对阀芯、阀座的严重冲蚀，在不平衡力作用下产生振荡现象，甚至引起调节阀失灵。

3.5.2　选择合适的流量特性

调节阀流量特性的选择一般分两步进行。首先根据过程控制系统的要求，确定工作流量特性，然后根据流量特性曲线的畸变程度，确定理想流量特性，以作为向生产厂家订货的内容。

在过程控制系统的工程设计中，既要解决理想流量特性的选取，也要考虑阻力比 S 值的选取。

在具体选择调节阀的流量特性时，根据被控过程特性来选择调节阀的工作流量特性，其目的是使系统的开环放大系数为定值。若过程特性为线性时，可选用线性流量特性的调节阀；若过程特性为非线性时，应选用对数流量特性的调节阀。

同时，考虑工艺配管情况，当阻力比 S（调节阀全开时的压差与系统总压差之比）确定后，可以从所需的工作流量特性出发，决定理想流量特性。当 $S=1\sim0.6$ 时，理想流量特性与工作流量特性几乎相同；当 $S=0.3\sim0.6$ 时，调节阀流量特性无论是线性的或对数的，均应选择对数的理想流量特性；当 $S\leqslant0.3$ 时，一般已不适用于自动控制。

调节阀的流量特性是指被控介质流过阀门的相对流量与阀门的相对开度之间的关系，分直线流量特性、抛物线流量特性、对数（等百分比）流量特性和快开流量特性四种。

理想流量特性是在阀门前后压差保持恒定的条件下得到的流量特性。在实际工业生产过程中，调节阀安装在工艺管道中，其两端压差不可能保持恒定，此时调节阀的相对开度与相对流量的关系称为工作流量特性。

3.5.3 选择合适的调节阀开关形式

调节阀开、关形式的选择主要考虑在不同工艺条件下保证生产的安全。以气动调节阀为例，在选用时，应考虑以下情况。

1）考虑事故状态时人身、工艺设备的安全。当过程控制系统发生故障（如气源中断、调节器损坏）时，调节阀所处的状态不致影响人身和工艺设备的安全。例如，锅炉供水调节阀一般采用气关式，一旦事故发生，可保证事故状态下调节阀处于全开位置，使锅炉不致因水中断而烧干，甚至引起爆炸危险。又如，进加热炉的燃气或燃油的调节阀应采用气开式，一旦事故发生，调节阀处于全关状态，切断进炉燃料，避免炉温继续升高，烧坏炉管，造成设备事故。

2）考虑在事故状态下减少经济损失，保证产品质量。精馏塔是工业生产中的重要设备之一，其进料调节阀一般选用气开式，这样，在事故状态下调节阀关闭，停止进料，以减少原料损耗；而回流量调节阀一般选用气关式，在事故状态下使调节阀全开，保证回流量，以防止不合格产品的蒸出。

3）考虑介质的性质。对装有易结晶、易凝固物料的装置，蒸汽流量调节阀需选用气关式。一旦事故发生，使其处于全开状态，以防止物料结晶、凝固和堵塞给重新开工带来麻烦。甚至损害设备

3.6 调节器的选择

在采用数字调节器时，控制信号是由计算机的数字运算产生的。在过程控制发展史中，调节器（控制规律）的发展起了决定性作用，并由此来划分过程控制的各个阶段。可见调节器的选型与控制规律的确是系统设计中最重要的环节，必须充分重视。调节器的选型主要根据被控过程的特性、工艺对控制品质的要求、系统的总体设计（包括经济性）来综合考虑。

3.6.1 调节器的控制规律

1. 根据 τ_0/T_0 比值来选择调节器的控制规律

当已知过程的数学模型并可用 $W_0(s)=K_0/(T_0s+1)e^{-\tau_0 s}$ 近似描述时，则可根据纯滞后时间 τ_0 与时间常数 T_0 的比值 τ_0/T_0 来选取调节器的控制规律。经验表明：当 $\tau_0/T_0<0.2$ 时，选用比例或比例积分控制规律；当 $0.2<\tau_0/T_0<1.0$ 时，选用比例积分或比例积分微分控制规律；当 $\tau_0/T_0>1.0$ 时，采用单回路控制系统往往已不能满足工艺要求，应根据具体情况采用后面将要介绍的串级、前馈等控制方式。

2. 根据过程特性来选择调节器的控制规律

若过程的数学模型比较复杂或无法准确建模，可根据什么控制规律适用于什么过程特性与工艺要求来选择。常用的各种控制规律的控制特点扼要归纳如下：

（1）比例控制规律（P）

采用P控制规律能较快地克服扰动的影响，使系统稳定下来，但有余差。它适用于控制通道时滞较小、负荷变化不大、控制要求不高、被控量允许在一定范围内有余差的场合。如贮槽液位控制、压缩机贮气罐的压力控制等。

（2）比例积分控制规律（PI）

在工程上比例积分控制规律是应用最广泛的一种控制规律。积分能消除余差，它适用于控制通道时滞较小、负荷变化不大、被控量不允许有余差的场合。如某些流量、液位要求无残余偏差（余差）的控制系统。

（3）比例微分控制规律（PD）

微分具有超前作用，对于具有容量时滞的控制通道，引入微分控制规律（微分时间设置得当）对于改善系统的动态性能指标，有显著的效果。因此，对于控制通道的时间常数或容量时滞较大的场合，为了提高系统的稳定性、减小动态偏差等可选用比例微分控制规律，如温度或成分控制。但对于纯时滞较大，测量信号有噪声或周期性扰动的系统，则不宜采用微分控制。

（4）比例积分微分控制规律（PID）

PID控制规律是一种较理想的控制规律，它在比例的基础上引入积分，可以消除余差，再加入微分作用，又能提高系统的稳定性。它适用于控制通道时间常数或容量时滞较大、控制要求较高的场合。如温度控制、成分控制等。

应该强调，控制规律要根据过程特性和工艺要求来选取，绝不是说PID控制规律具有较好的控制性能，不分场合均可选用，如果这样，则会给其他工作增加复杂性，并带来参数整定的困难。当采用PID调节器还达不到工艺要求的控制品质时，则需要考虑其他的控制方案。

3.6.2 调节器的作用方式

由前所述，调节器有正作用和反作用两种方式，其确定原则是使整个单回路构成负反馈系统。因而，调节器正、反作用的选择与被控过程的特性及调节阀的开、关形式有关。被控过程的特性也分正、反两种，即当被控过程的输入（通过调节阀的物料或能量）增加（或减小）时，其输出（被控量）亦增加（或减小），此时称此被控过程为正作用；反之为反作用。组成过程控制系统各环节的极性是这样规定的：

正作用调节器，即当系统的测量值增加时，调节器的输出也增加，其静态放大系数 K_c 取负。

反作用调节器，即当系统的测量值增加时，调节器的输出减小，其静态放大系数 K_c 取正。

气开式调节阀，其静态放大系数 K_v 取正，气关式调节阀，其静态放大系数 K_v 取负。正作用被控过程，其静态放大系数 K_0 取正，反作用被控过程，其静态放大系数 K_0 取负。

确定调节器正、反作用次序一般为：首先根据生产工艺安全等原则确定调节阀的开、关形式。然后按被控过程特性，确定其正、反作用，最后根据上述组成该系统的开环传递函数各环节的静态放大系数极性相乘必须为正的原则来确定调节器的正、反作用方式。

3.7 数字调节器的模拟化设计

目前，在过程控制系统中，数字调节器均采用微型计算机或单片计算机实现。图 3-12 为过程控制系统结构。

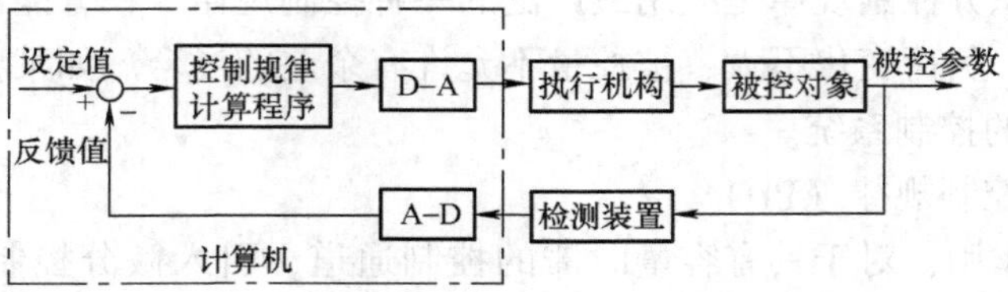

图 3-12　过程控制系统结构

工业生产过程中，绝大多数被控过程具有连续性，而数字调节器的特性是离散的，由此组成了一个既有连续部分又有离散部分的混合系统。对于这样的系统，可以从两个不同的角度来看。如图 3-12 所示，一方面，由于被控过程、计算机的输入和输出都是模拟量，所以，该系统可以看成是一个连续变化的模拟系统，因而可以用拉普拉斯变换来进行分析；另一方面，由于控制规律计算采用数字量，所以，这一系统又具有离散系统的特性，因而也可以用 Z 变换来进行分析。这也提示人们，数字调节器可采用两种设计途径或两类设计方法。一种是在一定条件下，将基于数字调节器的过程控制系统近似地看成模拟系统，用连续系统的理论来进行动态分析和设计，再将设计结果转变成计算机的控制算法，这种方法称为模拟化的设计方法，又称间接设计法。另一种，将过程控制系统经过适当变换，变成纯粹的离散系统，用 Z 变换等工具进行分析设计，直接设计出控制算法，该方法为离散化设计方法，又叫直接设计法。本书仅讨论数字调节器的模拟化设计方法，有关数字调节器的直接设计法请参阅有关计算机控制技术书籍。

模拟化设计方法的基本思路是，当系统的采样频率足够高时，采样系统的特性接近于连续变化的模拟系统，因而可以忽略采样开关和保持器，将整个系统看成是连续变化的模拟系统。设计的实质是将模拟调节器离散化，用数字调节器取代模拟调节器。设计的基本步骤是，根据系统已有的连续模型，按连续系统理论设计模拟调节器，然后，按照一定的对应关系将模拟调节器离散化，得到等价的数字调节器，从而确定计算机的控制算法。

3.7.1 离散化方法——差分变换法

首先将原始的连续传递函数 $W_c(s)$ 转换成微分方程，再用差分方程近似该微分方程。常用的差分近似方法有两种，即后向差分和前向差分。为便于编程，离散化只采用后向差分法。下面介绍一阶后向差分法和二阶后向差分法。

（1）一阶后向差分

一阶导数采用近似式（式中 T 为采样周期，下同）

$$\frac{\mathrm{d}u(t)}{\mathrm{d}t} \approx \frac{u(k)-u(k-1)}{T} \tag{3-20}$$

(2) 二阶后向差分

二阶导数采用近似式

$$\frac{\mathrm{d}^2u(t)}{\mathrm{d}t} \approx \frac{\dot{u}(k)-\dot{u}(k-1)}{T} = \left[\frac{u(k)-u(k-1)}{T} - \frac{u(k-1)-u(k-2)}{T}\right]/T$$
$$= \frac{u(k)-2u(k-1)+u(k-2)}{T^2} \tag{3-21}$$

例 3-1 求 $W_c(s)=\dfrac{1}{T_1s+1}$的差分方程。

解 由 $W_c(s)=\dfrac{U(s)}{E(s)}=\dfrac{1}{T_1s+1}$，有 $(T_1s+1)U(s)=E(s)$

化成微分方程为

$$T_1\frac{\mathrm{d}u(t)}{\mathrm{d}t}+u(t)=e(t)$$

用一阶后向差分近似代替微分得

$$\frac{\mathrm{d}u(t)}{\mathrm{d}t}=\frac{u(k)-u(k-1)}{T}$$

代入上式得

$$\frac{T_1}{T}[u(k)-u(k-1)]+u(k)=e(k)$$

整理得

$$u(k)=\frac{T_1}{T+T_1}u(k-1)+\frac{T}{T+T_1}e(k) \tag{3-22}$$

3.7.2 零阶保持器法

零阶保持器法，又称阶跃响应不变法，其基本思想是：离散近似后的数字控制的阶跃响应序列与模拟调节器的阶跃响应的采样值相等，即

$$W_c(z)\frac{1}{1-z^{-1}}=Z\left[W_c(s)\frac{1}{s}\right]$$

$$W_c(z)=(1-z^{-1})Z\left[W_c(s)\frac{1}{s}\right] \tag{3-23}$$

或者

$$W_c(z)=Z\left[\frac{1-\mathrm{e}^{-TS}}{s}W_c(z)\right]=Z[H(s)W_c(s)] \tag{3-24}$$

式中，$Z[\cdot]$表示 Z 变换；$H(s)$ 即$\dfrac{1-\mathrm{e}^{-TS}}{s}$称为零阶保持器；$T$ 为采样周期。零阶保持器法的物理解释如图 3-13 所示。

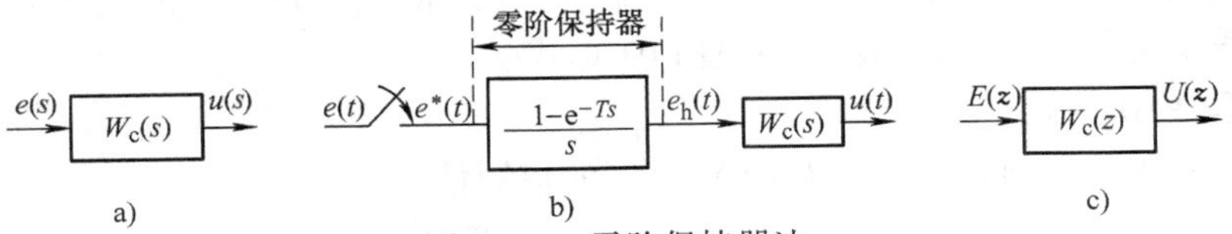

图 3-13 零阶保持器法

a) 连续系统 b) 带采样和零阶保持 c) 等效离散系统

例 3-2 用零阶保持器法求 $W_c(s) = \frac{1}{T_1 s+1}$的差分方程。

解 由式（3-24），有

$$W_c(z) = Z\left[\frac{1-e^{-TS}}{s}\frac{1}{T_1 s+1}\right] = \frac{(1-e^{-T/T_1})z^{-1}}{1-e^{-T/T_1}z^{-1}}$$

从而得

$$u(k) = e^{-T/T_1}u(k-1) + (1-e^{-T/T_1})e(k-1) \tag{3-25}$$

3.7.3 数字 PID 控制算法

PID 控制一直是应用最为广泛的控制规律。虽然近 30 年来随着计算机应用的普及，一批复杂的、只有计算机才能完成的控制算法在过程控制系统中得以推广应用，但 PID 仍然是应用最广泛的控制算法。

在模拟过程控制系统中，PID 控制算式为

$$u(t) = K_C\left[e(t) + \frac{1}{T_I}\int e(t)\mathrm{d}t + T_D\frac{\mathrm{d}e(t)}{\mathrm{d}t}\right] \tag{3-26}$$

将积分与微分项分别改写成差分方程，得

$$\int e(t)\mathrm{d}t \approx \sum_{j=0}^{k} Te(j) \tag{3-27}$$

$$\frac{\mathrm{d}e(t)}{\mathrm{d}t} \approx \frac{e(k)-e(k-1)}{T} \tag{3-28}$$

式中，T 为采样周期（或称调节周期）；k 为采样序号，$k=0, 1, 2, \cdots$；$e(k-1)$、$e(k)$ 为第（$k-1$）和第 k 次采样所得的偏差信号。

将式（3-27）和式（3-28）代入式（3-26），可得数字 PID 算式为

$$u(k) = K_C\left\{e(k) + \frac{T}{T_I}\sum_{j=0}^{k} e(j) + \frac{T_D}{T}[e(k) - e(k-1)]\right\} \tag{3-29}$$

式中，$u(k)$ 为第 k 时刻的控制输出（控制信号）。

1. 位置型 PID 算式

模拟调节器的调节动作是连续的，任何瞬间的控制信号 $u(t)$ 都对应于执行机构（如调节阀）的位置。由式（3-29）可知，数字 PID 调节器的输出 $u(k)$ 也和阀位对应，故称此式为位置型 PID 算式。

必须指出，数字 PID 调节器的控制信号 $u(k)$ 通常都送给 D-A 转换器，它首先将 $u(k)$ 保存起来，再将 $u(k)$ 变换成模拟量（如 DC 0 ~ 10mA 或 DC 4 ~ 20mA），然后作用于执行机构，直到下一个控制时刻到来为止。因此，D-A 转换器具有零阶保持器的功能。

计算机实现位置型算式不够方便，这是因为要累加偏差 $e(j)$，不仅要占用较多的存储单元，而且不便于编程。为此，给出增量型 PID 算式。

2. 增量型 PID 算式

根据式（3-29）不难写出第（$k-1$）时刻的控制信号 $u(k-1)$，即

$$u(k-1) = K_C\left\{e(k-1) + \frac{T}{T_I}\sum_{j=0}^{k-1} e(j) + \frac{T_D}{T}[e(k-1) - e(k-2)]\right\} \tag{3-30}$$

将式（3-29）减式（3-30）得 k 时刻控制量的增量 $\Delta u(k)$ 为

$$\begin{aligned}\Delta u(k) &= K_C\left\{e(k) - e(k-1) + \frac{T}{T_I}e(k) + \frac{T_D}{T}[e(k) - 2e(k-1) + e(k-2)]\right\} \\ &= K_C[e(k) - e(k-1)] + K_Ie(k) + K_D[e(k) - 2e(k-1) + e(k-2)]\end{aligned} \tag{3-31}$$

式中，K_C 为比例增益，$K_C = \dfrac{1}{\delta}$；K_I 为积分增益，$K_I = K_C\dfrac{T}{T_I}$；K_D 为微分增益，$K_D = K_C\dfrac{T_D}{T}$。

由于式（3-31）中的 $\Delta u(k)$ 对应于第 k 时刻阀位的增量，故称此式为增量型 PID 算式。而第 k 时刻的实际控制信号为

$$u(k) = u(k-1) + \Delta u(k) \tag{3-32}$$

综上所述，计算 $\Delta u(k)$ 和 $u(k)$ 要用到也仅需用到第（$k-1$）、($k-2$)时刻的历史数据 $e(k-1)$、$e(k-2)$和 $u(k-1)$，这三个历史数据需存于内存储器。

由此可见，采用增量型计算式的优点：编程简单，占用存储单元少，运算速度快。

为了编程方便，也可将式（3-31）整理成如下形式：

$$\Delta u(k) = q_0e(k) + q_1e(k-1) + q_2e(k-2) \tag{3-33}$$

其中

$$q_0 = K_C\left(1 + \frac{T}{T_I} + \frac{T_D}{T}\right)$$

$$q_1 = -K_C\left(1 + \frac{2T_D}{T}\right)$$

$$q_2 = K_C\frac{T_D}{T}$$

增量型 PID 算式仅仅是计算方法上的改进，并没有改变位置型 PID 算式（3-29）的本质。因为式（3-31）的 $u(k)$ 对应于式（3-29），此时 $u(k)$ 仍通过 D-A 转换器作用于执行机构。如果只输出式（3-31）的增量 $\Delta u(k)$，那么必须采用具有保持历史位置功能的执行机构。比如用步进电动机作为执行机构时，应将 $\Delta u(k)$ 变换成驱动脉冲，驱动步进电动机从历史位置正转或反转若干度，相当于完成式（3-32）的功能。

3.7.4　数字 PID 控制算法的改进

用计算机实现 PID 控制，不仅能实现模拟 PID 控制规律，而且能进一步与计算机的逻辑判断功能结合起来，对 PID 控制算法作改进，使 PID 控制更加灵活多样，满足不同过程控制的需要。

1. 积分项的改进

在 PID 控制中，积分的作用是消除残差。为了提高控制性能，对积分项可采取以下四条改进措施。

（1）积分分离

在一般的 PID 控制中，当有较大的扰动或大幅度改变给定值时，因为有较大的偏差，以及系统有惯性和滞后，故在积分项的作用下，往往会产生较大的超调和长时间的波动。特别对于温度、成分等变化缓慢的过程，这一现象更为严重。为此，可采用积分分离措施。即当 $|e(k)| > \beta$ 时，用 PD 控制；当 $|e(k)| \leqslant \beta$ 时，用 PID 控制。

积分分离值 β 应根据具体被控过程及要求确定。若 β 值过大，达不到积分分离的目的，

若β过小，一旦被控量y无法跳出积分分离区，只进行PD控制，将会出现残差。

（2）抗积分饱和

由于长期存在偏差或偏差较大，计算出的控制量有可能溢出，或小于零。所谓溢出就是计算机运算出的控制量$u(k)$超出D-A转换器所能表示的数值范围。例如，当8位D-A转换器的数值范围为00H～FFH（H表示十六进制）。一般执行机构有两个极限位置，如调节阀全开或全关。设$u(k)$为FFH时，调节阀全开；反之，当$u(k)$为00H时，调节阀全关，执行机构已到极限位置仍然不能消除偏差，由于积分作用，PID差分方程式所得的运算结果将继续增大或减小，这就称为积分饱和。作为防止积分饱和的办法之一，可对运算出的控制量$u(k)$限幅。若以8位D-A转换器为例：

当$u(k)<0$时，取$u(k)=0$；

当$u(k)>\text{FFH}$，取$u(k)=\text{FFH}$。

（3）消除积分不灵敏区

PID数字调节器的增量型算式（3-31）中积分作用的输出为

$$\Delta u_{\mathrm{I}}(k)=K_{\mathrm{C}}\frac{T}{T_{\mathrm{I}}}e(k) \tag{3-34}$$

由于计算机字长的限制，当运算结果小于字长所能表示数的精度时，计算机就作为“零”将此数丢掉，从式（3-34）可知，当计算机的运算字长较短、采样周期T_{I}也短、而积分时间T_{I}又较长时，$\Delta u_{\mathrm{I}}(k)$容易出现小于字长的精度而丢数，此时也就无积分作用。这就称为积分不灵敏区。

为了消除积分不灵敏区，通常采用以下措施：

1）增加D-A转换位数，加长运算字长，这样可提高运算精度。

2）当积分项$\Delta u_{\mathrm{I}}(k)$连续出现小于输出精度ε的情况时，不要把它们作为“零”舍掉，而是把它们一次次累加起来，即

$$S_i=\sum_{j=1}^{n}\Delta u_{\mathrm{I}}(j) \tag{3-35}$$

直到累加值S_i大于ε时，才输出S_i。

（4）带积分不灵敏区

与消除积分不灵敏区恰好相反，对那些不要求准确控制（容许在设定值上下较大范围内变化）的过程，如液位控制，为了避免控制阀频繁动作反而引起系统振荡，可采取带不灵敏区的算式，即

$$u(k)=\begin{cases}\Delta u(k), & |e(k)|>\beta\\ 0, & |e(k)|\leqslant\beta\end{cases} \tag{3-36}$$

式中，β为不灵敏区宽度。

2. 微分项的改进

微分项是PID数字调节器响应最敏感的一项，应尽量减少数据误差和噪声，以消除不必要的扰动。为此可作以下两项改进。

（1）偏差平均（偏差滤波）

$$\bar{e}(k)=\frac{1}{m}\sum_{j=1}^{n}e(j) \tag{3-37}$$

式中，平均项数 m 的选取，取决于被控过程的特性。一般流量信号取 10 项，压力信号取 5 项，温度、成分等缓慢变化的信号取 2 项或不平均。

（2）测量值微分（微分先行）

当控制系统的给定值发生阶跃变化时，微分动作将导致控制输出 $u(k)$ 的大幅度变化，这样不利于生产的稳定操作。因此，在微分项中不考虑给定位微分，只对测量值（被控量）进行微分。

3.7.5 数字 PID 调节器的工程实现

从工程应用角度看，采用计算机实现数字 PID 控制，仅仅完成 PID 运算（及其改进运算）是不够的，还必须考虑其他工程实际问题。

计算机中的数字 PID 控制是由一段 PID 程序来实现的。除了 PID 计算本身外，PID 控制程序中还包括给定量处理、被控量处理、偏差处理、控制量处理以及自动/手动切换 5 部分，如图 3-14 所示，下面逐一扼要介绍。

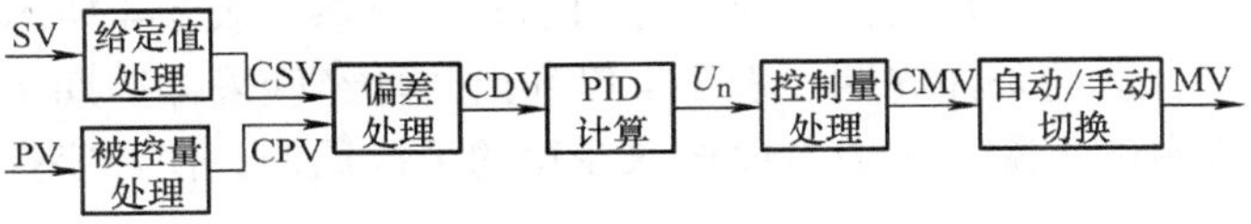

图 3-14　PID 控制模块框图

（1）给定值处理

该部分通常包括给定值选择（内给定还是外给定）与给定值变化率限制（防止比例、微分饱和）等。

（2）被控量处理（检测量处理）

该部分通常包括数字滤波、数据处理（包括非线性补偿）以及高、低限报警等。

（3）偏差处理

该部分通常包括数据处理、输入补偿（非线性补偿或设置非线性特性如带死区、带饱和）与上限报警等。

（4）控制量处理

该部分通常包括输出补偿（扩大 PID 功能，实现复杂控制）、输出保持与安全输出限制（包括输出幅值限制、变化率限制、事故状态输出）等。

（5）自动/手动切换

自动/手动切换是指正常运行时，系统处于自动状态，而在调试阶段或出现故障时，系统处于手动状态。要求尽量做到无平衡、无扰动切换，即在进行手动到自动或自动到手动切换之前，无需由人工进行手动输出控制信号与自动控制信号之间的对位平衡操作，保证切换时不对执行机构的现有位置产生扰动。

3.7.6 采样周期的选取

如前所述，数字调节器采用模拟器设计方法的前提是采样频率足够高，即采样周期足够短。但过短的采样周期不仅使计算机的硬件开销（A-D、D-A 的转换速度与 CPU 的运算速度）增加，而且由于执行机构（如气动调节阀）的响应速度较低，并不能提高系统的动态特性，因此必须从技术和经济两方面综合考虑采样频率的选取。

选取采样周期时，一般应考虑下列几个因素：

1）采样周期应远小于过程的扰动周期。

2）采样周期应比过程的时间常数小得多，否则采样值无法反映瞬变过程。

3）执行器的响应速度。如果执行器的响应速度比较慢，那么过短的采样周期将失去意义。

4）过程所要求的调节品质。在计算机速度允许的情况下，采样周期越短，调节品质越好。

5）性能价格比。从控制性能来考虑，希望采样周期短。但这会使计算机的运算速度、A-D 和 D-A 的转换速度相应地提高，从而导致计算机费用的增加。

6）计算机所承担的工作量。如果控制的回路多，计算量大，则采样周期要加长；反之，可以缩短。

由上述分析可知，采样周期受各种因素的影响，有些是相互矛盾的，必须视具体情况和主要的要求作出折中的选择。在具体选择采样周期时，可参照表 3-4 所示的经验数据，再通过现场试验最后确定合适的采样周期。表 3-4 仅列出几种经验采样周期 T 的上限，随着计算机技术的进步及其成本的下降，一般可以选取较短的采样周期，使数字控制系统更接近连续控制系统。

表 3-4　经验采样周期

被控量	流量	压力	液位	温度	成分
采样周期/s	1～2	3～5	6～8	10～15	15～20

3.8　过程控制系统投运和调节器参数整定

在过程控制系统方案设计、设备选型、安装调校就绪后，下一步要进行的就是系统的投运与调节器参数的整定。若一切顺利则系统可投入正常生产，若品质指标达不到要求，则需按照再次整定调节器参数、修改控制规律、检查设备选型是否符合要求（如调节阀特性选用是否恰当，口径是否过大或过小等）、修改控制方案的顺序反复进行，直到找出原因与解决办法使系统满足生产要求。需要着重指出的是，方案设计或设备选型不当，将造成人力、物力的极大浪费。因此，控制方案的正确设计与设备的正确选型是非常重要的。

3.8.1　控制系统投运

在控制系统安装就绪后，或者老系统经过改造或经过停车检修之后，再将其逐步投入生产的过程就称为系统的投运。为了保证过程控制系统顺利投运，要求操作人员在系统投运之前，必须对构成系统的各种仪表设备（调节器、调节阀、测量变送器等）、连接管线、供电、供气情况等进行全面检查和调校。

过程控制系统中实际使用的仪表设备的原理、安装和使用方法虽不完全相同，手动/自动的切换顺序也不完全一样，但投运顺序大同小异。过程控制系统的各个组成部分投运的一般步骤如下：

(1) 检测系统投入运行

根据工业生产过程的实际情况，将温度、压力、流量、液位等检测系统投入运行，观察测量指示是否正确。

(2) 调节阀手动操作

在手动操作时应事先了解调节阀在正常工况下的开度。然后手动操作，使系统的被控量在给定值附近稳定下来，并使生产达到稳定工况，为切换到自动控制做好准备。

(3) 调节器投运（手动→自动）

完成以上两步后，就满足了工艺开车的需要。待工况稳定后，即可将系统由手动操作切换到自动运行。为此，首先再检查调节器的正、反作用开关等位置是否正确。然后将调节器PID参数值设置在合适位置，当被控量与给定值一致，即当偏差为零时，将调节器由手动切换到自动（无扰动切换），实现自动控制。同时观察被控量的记录曲线是否符合工艺要求，若还不够理想，则调整PID参数，直到满意为止。调整PID参数常称为调节器参数整定。

应当指出，当系统正确投运、调节器参数经过整定后，其品质指标仍然达不到要求，或系统出现异常时，需将系统由自动切换到手动，再行研究解决。系统由自动控制切换到手动操作的步骤如下：系统先由自动控制转入手动，再进行手动操作。

3.8.2 调节器参数整定

过程控制系统采用的调节器通常都有一个或多个需要调整的参数，及调整这些参数的相应机构（如旋钮、开关等）或相应设备（如计算机控制系统中的组态软件、可编程序控制器中的编程器）。通过调整这些参数使调节器特性与被控过程特性配合好，获得满意的系统静态与动态特性的过程称为调节器参数整定。由于人们在参数调整中，总是力图达到最佳的控制效果，所以常称为“最佳整定”，相应的调节器参数称为“最佳整定参数”。

衡量调节器参数是否最佳，需要规定一个明确的反映控制系统质量的性能指标。需要指出的是，不同生产过程对于控制过程的品质要求完全不一样，因而对系统整定时性能指标的选择有较大的灵活性。作为系统整定的性能指标，应能综合反映系统控制质量，同时又便于分析与计算。

调节器参数的整定方法很多，归纳起来可分为两大类：理论计算整定法与工程整定法。顾名思义，理论计算整定法是在已知过程的数学模型基础上，依据控制理论，通过理论计算来求取“最佳整定参数”；而工程整定法是根据工程经验，直接在过程控制系统中进行的调节器参数整定方法。从原理上讲，理论计算整定法要比工程整定法更能实现调节器参数的“最佳整定”，但无论是用解析法或实验测定法求取的过程数学模型都只能近似地反映过程的动态特性，因而理论计算所得到的整定参数值可靠性不够高，在现场使用中还需进行反复调整。相反工程整定法虽未必能达到“最佳整定参数”，但由于其无需知道过程的完整数学模型，使用者不需要具备理论计算所必需的控制理论知识，因而简便、实用，易于被工程技术人员所接受并优先采用。工程整定法在实际工程中被广泛采用，并不意味着理论计算整定法就没有价值了，恰恰相反，通过理论计算，有助于人们深入理解问题的实质，减少整定工作中的盲目性，较快地整定到最佳状态，尤其在较复杂的过程控制系统中，理论计算更是不可缺少的。此外，理论计算推导出的一些结果正是工程整定法的理论依据。

与数字调节器的模拟化方法类似，数字调节器的参数整定一般亦是首先按模拟PID控制量整定的方法选择数字 PID 参数，然后再作适当调整，并适当考虑采样周期（采样周期远小于时间常数）对整定参数的影响。为此以下仅介绍模拟调节器的参数整定方法。由于理论计算整定法，如根轨迹法、频率特性法等在自动控制原理课程中已作了较深入的讨论，因此下面仅给出几种常用的工程整定方法。

1. 动态特性参数法

所谓动态特性参数法，就是根据系统开环广义过程（包括调节阀 $W_v(s)$、被控过程 $W_0(s)$和测量变送 $W_m(s)$）阶跃响应特性进行近似计算的方法。如图 3-15 所示，在调节阀 $W_v(s)$ 的输入端加一阶跃信号，记录测量变送器 $W_m(s)$ 的输出响应曲线，根据该曲线求出代表广义过程的动态特性参数（τ——过程的滞后时间，T——过程的时间常数，ε——过程响应速度），然后根据这些参数的值，分别应用相应公式计算出调节器的整定参数值。

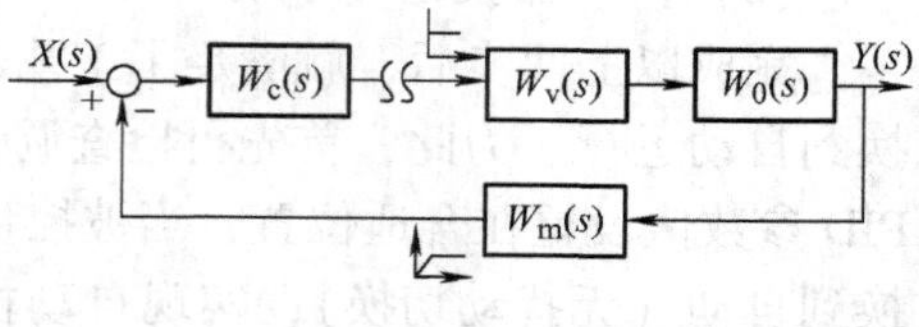

图 3-15　求广义过程阶跃响应曲线示意图

当广义过程无自平衡能力时，其阶跃响应曲线如图 3-16 所示，其近似传递函数可表示为

$$W(s)=\frac{\varepsilon}{s\left(1+\frac{\tau}{n}s\right)^{n}},\ n\geqslant 3 \qquad (3\text{-}38)$$

或

$$W(s)=\frac{\varepsilon}{s}e^{-\tau s} \qquad (3\text{-}39)$$

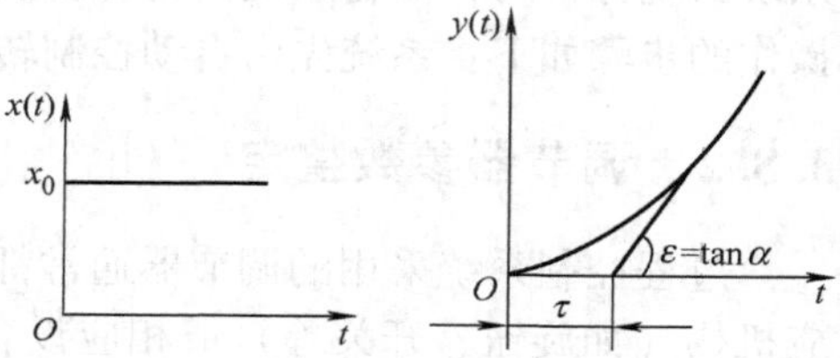

图 3-16　无自平衡过程的阶跃响应曲线

可用表 3-5 中的整定计算公式（衰减率 $\psi=0.75$，衰减率定义参见式（3-1））。

表 3-5　无自平衡过程的整定计算公式（$\psi=0.75$）阶跃响应曲线

调节规律	$W_c(s)$	δ	T_I	T_D
P	$\frac{1}{\delta}$	$\varepsilon\tau$		
PI	$\frac{1}{\delta}\left(1+\frac{1}{T_I s}\right)$	$1.1\varepsilon\tau$	3.3τ	
PID	$\frac{1}{\delta}\left(1+\frac{1}{T_I s}+T_D s\right)$	$0.85\varepsilon\tau$	2τ	0.5τ

当广义过程有自平衡能力时，其阶跃响应曲线如图 3-17 所示，其近似传递函数可表示为

$$W(s)=\frac{\frac{y_\infty}{x_0}}{(1+Ts)^{n}},\ n\geqslant 3 \qquad (3\text{-}40)$$

有明显纯时滞（包括 $\tau/T\leqslant 0.2$ 时）

$$W(s)=\frac{\frac{y_\infty}{x_0}}{(1+Ts)}e^{-\tau s} \qquad (3\text{-}41)$$

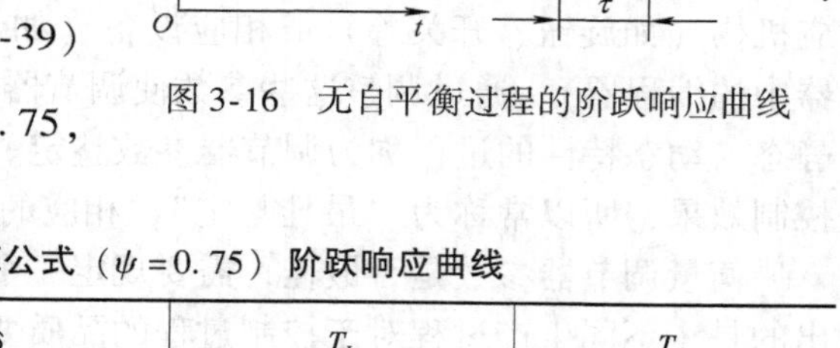

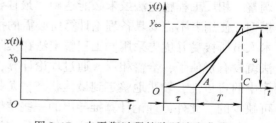

图 3-17　自平衡过程的阶跃响应曲线

衰减率 $\psi=0.75$ 时，可用表 3-6 中的整定计算公式。

表 3-6 自平衡过程的整定计算公式（$\psi=0.75$，ρ 为自平衡率）

调节规律	$W_c(s)$	$\frac{\tau}{T}\leqslant 0.2$			$0.2\leqslant\frac{\tau}{T}\leqslant 1.5$		
		δ	T_I	T_D	δ	T_I	T_D
P	$\frac{1}{\delta}$	$\frac{1}{\rho}\frac{\tau}{T}$			$2.6\frac{1}{\rho}\frac{\frac{\tau}{T}-0.08}{\frac{\tau}{T}+0.7}$		
PI	$\frac{1}{\delta}\left(1+\frac{1}{T_I s}\right)$	$1.1\frac{1}{\rho}\frac{\tau}{T}$	3.3τ		$2.6\frac{1}{\rho}\frac{\frac{\tau}{T}-0.08}{\frac{\tau}{T}+0.6}$	$0.8T$	
PID	$\frac{1}{\delta}\left(1+\frac{1}{T_I s}+T_D s\right)$	$0.85\frac{1}{\rho}\frac{\tau}{T}$	2τ	0.5τ	$2.6\frac{1}{\rho}\frac{\frac{\tau}{T}-0.15}{\frac{\tau}{T}+0.08}$	$0.81T+0.19\tau$	$0.25T_I$

例 3-3 已知单回路控制系统的被控过程为

$$W_0(s)=\frac{1}{(1+T_0 s)^3}$$

现采用动态特性参数法整定调节器参数，测得滞后时间 $\tau=21\text{s}$，时间常数 $T=100\text{s}$，自平衡率 $\rho=1$，分别采用 P、PI、PID 调节器，试求 $\psi=0.75$ 时调节器的整定参数值。

解：由于 $\frac{\tau}{T}=0.21$，故应用表 3-6 中 $0.2<\frac{\tau}{T}\leqslant 1.5$ 时的公式计算。

（1）比例调节

比例度为
$$\delta=2.6\frac{1}{\rho}\frac{\frac{\tau}{T}-0.08}{\frac{\tau}{T}+0.7}=2.6\times\frac{0.21-0.08}{0.21+0.7}=0.37$$

（2）比例积分调节

比例度为
$$\delta=2.6\frac{1}{\rho}\frac{\frac{\tau}{T}-0.08}{\frac{\tau}{T}+0.6}=2.6\times\frac{0.21-0.08}{0.21+0.6}=0.42$$

积分时间为
$$T_I=0.8T=0.8\times 100\text{s}=80\text{s}$$

（3）比例积分微分调节

比例度为
$$\delta=2.6\frac{1}{\rho}\frac{\frac{\tau}{T}-0.15}{\frac{\tau}{T}+0.08}=2.6\times\frac{0.21-0.15}{0.21+0.08}=0.16$$

$$T_I=0.81T+0.19\tau=0.81\times 100\text{s}+0.19\times 21\text{s}=84.99\text{s}$$

$$T_D=0.25T_I=0.25\times 84.99\text{s}=21.25\text{s}$$

2. 稳定边界法（临界比例度法）

稳定边界法是目前应用较广的一种整定参数的方法。其特点是直接在闭环的控制系统中进行整定，而不需要进行过程特性的试验。具体整定步骤如下：

1）将调节器的积分时间 T_I 置于最大（$T_I=\infty$），微分时间 T_D 置零（$T_D=0$），比例度 δ 置较大数值，将系统投入闭环运行，然后将调节器比例度 δ 由大逐渐减小，得到图 3-18 所示的临界振荡过程。这时候的比例度叫做临界比例度 δ_k，振荡的两个波峰之间的时间即为临界振荡周期 T_k。

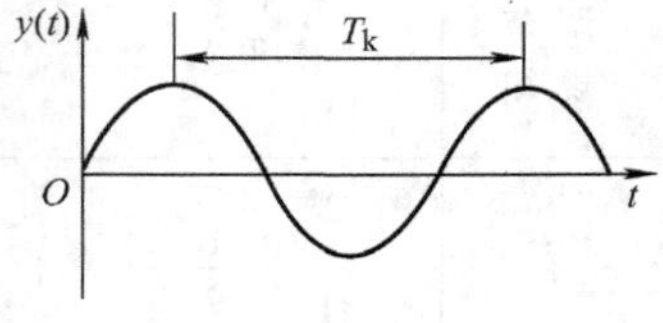

图 3-18　等幅振荡过程

2）根据 δ_k 和 T_k 值．运用表 3-7 中的经验公式，计算出调节器各个参数 δ、T_I 和 T_D 的数值。

3）根据上述计算结果设置调节器的参数值。观察系统的响应过程，若曲线不符合要求，再适当调整整定参数值。

稳定边界法简单方便，容易掌握和判断。但是，若生产过程不允许反复振荡（例如锅炉给水控制系统和燃烧控制系统），就不能应用这种方法。

表 3-7　临界比例度法整定计算公式

调节器参数 / 控制规律	δ	T_I	T_D
P	$2\delta_k$		
PI	$2.2\delta_k$	$T_k/1.2$	
PID	$1.6\delta_k$	$0.5T_k$	$0.25T_I$

3. 阻尼振荡法（衰减曲线法）

阻尼振荡法是在稳定边界法（临界比例度法）的基础上提出来的。下面先介绍 4∶1 衰减曲线法，整定步骤为：

1）在闭环系统中，置调节器积分时间为最大（$T_I=\infty$），微分时间 T_D 置零（$T_D=0$），比例度 δ 取较大数值，反复做给定值扰动试验，并逐渐减少比例度，直至记录曲线出现 4∶1 的衰减为止，如图 3-19 所示。这时的比例度称为 4∶1 衰减比例度 δ_s，两个相邻波峰间的距离称为 4∶1 衰减周期 T_s。

2）根据 δ_s 和 T_s 值按表 3-8 中的经验公式，计算出调节器各个参数 δ、T_I 和 T_D 的数值。

表 3-8　4∶1 衰减比阻尼振荡整定计算公式

调节器参数 / 控制规律	δ	T_I	T_D
P	δ_s		
PI	$1.2\delta_s$	$0.5\delta_s$	
PID	$0.8\delta_s$	$0.3\delta_s$	$0.1\delta_s$

3）根据上述计算结果设置调节器的参数值，观察系统的响应过程。如果不够理想，再适当调整整定参数值，直到控制质量符合要求为止。

对大多数控制系统，4∶1 衰减过程是最佳整定。但在有些过程中，例如热电厂锅炉的燃烧控制系统，希望衰减越快越好，则可采用 10∶1 的衰减过程，如图 3-20 所示。在这种情况下，由于衰减很快，第二个波峰常常不容易分辨，使得测取衰减周期很困难，可通过测取从施加给定值扰动开始至达到第一个波峰的上升时间 T_r，然后根据 δ_s 和 T_r 的值，运用表 3-9 中的经验公式计算出调节器参数 δ、T_I 和 T_D 的值。具体整定步骤与 4∶1 衰减曲线法完全相同。

表 3-9　10∶1 衰减比阻尼振荡整定计算公式

调节器参数 / 控制规律	δ	T_I	T_D
P	δ_s		
PI	$1.2\delta_s$	$2T_r$	
PID	$0.8\delta_s$	$1.2T_r$	$0.4T_r$

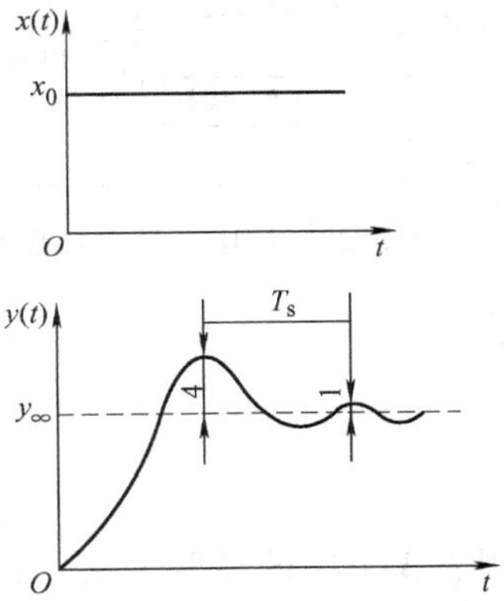

图 3-19　4∶1 衰减曲线

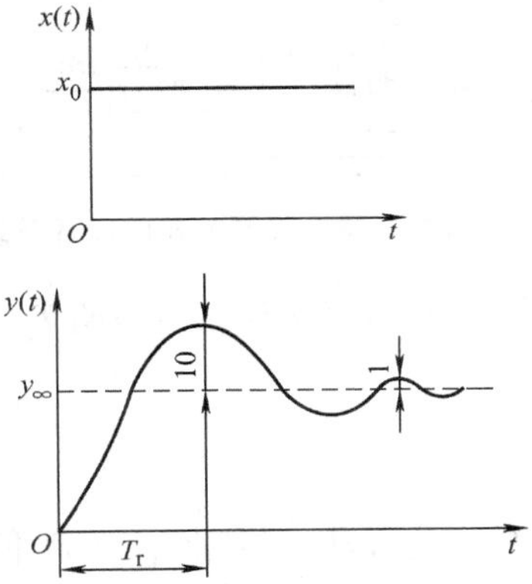

图 3-20　10∶1 衰减曲线

阻尼振荡法对多数系统均可适用，但对于外界扰动频繁，以及记录曲线不规则的情况，由于不能得到正确的 δ_s 和 T_s 或 T_r 值，故不能应用此法。

4. 现场经验整定法（凑试法）

现场经验整定法，是人们在长期的工程实践中，从各种控制规律对系统控制质量的影响的定性分析中总结出来的一种行之有效，并且得到广泛应用的工程整定方法。

在现场应用中，调节器的参数按先比例、后积分、最后微分的顺序置于某些经验数值后，把系统连接成闭环系统，然后再作给定值扰动，观察系统过渡过程曲线。若曲线还不够理想，则改变调节器参数 δ、T_I 和 T_D 的值，进行反复凑试，直到控制质量符合要求为止。

在具体整定时，先令 PID 调节器的 $T_I=\infty$，$T_D=0$，使其成为纯比例调节器。比例度 δ 按经验数据设置，整定纯比例控制系统的比例度，使系统达到 4∶1 衰减振荡的过渡过程曲线，然后，再加积分作用。在加积分作用之前，应将比例度加大为原来的 1.2 倍。将积分时间 T_I 由大到小调整，直到系统得到 4∶1 衰减振荡的过渡过程曲线为止。若系统需引入微分作用，微分时间按 $T_D=(1/3\sim1/4)T_I$ 计算，这时可将比例度调到原来的数值（或更小一些，再将微分时间由小到大调整，直到过渡过程曲线达到满意为止。在凑试过程中，若要改变 T_I、T_D，应保持 T_D/T_I 的比值不变。

5. 极限环自整定法

在稳定边界法中，使调节器在纯比例作用下工作，并逐渐减小比例度δ可使系统处于稳定边界。但在实际整定中，获得稳定边界即使系统处于临界振荡（等幅振荡）状态相当费时，对于有显著干扰的慢过程，不但费时而且困难。若如图 3-21 所示，用一滞环宽度为h，幅值为d的继电器来替代调节器，则比较容易获得极限环。利用继电器的非线性来获得极限环（等幅振荡），然后根据极限环的幅值与振荡周期来计算调节器参数的方法就称为极限环法。它属于调节器参数自整定方法中的一种（许多计算机控制系统中已具有参数自整定的功能）。整定步骤如下：

1）如图 3-22 所示，将继电器接入闭环系统。先通过人工控制使系统进入稳定状态，将整定开关 S 拨向 T，接通继电器，使系统处于等幅振荡，获得极限环。

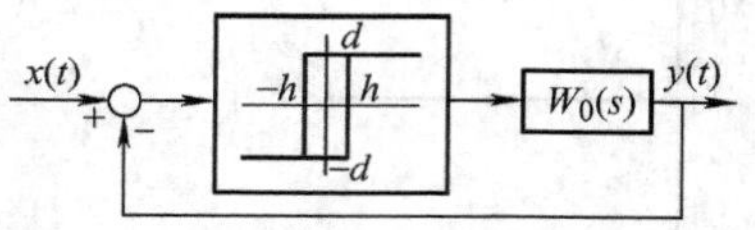

图 3-21　采用继电器替代调节器的闭环系统

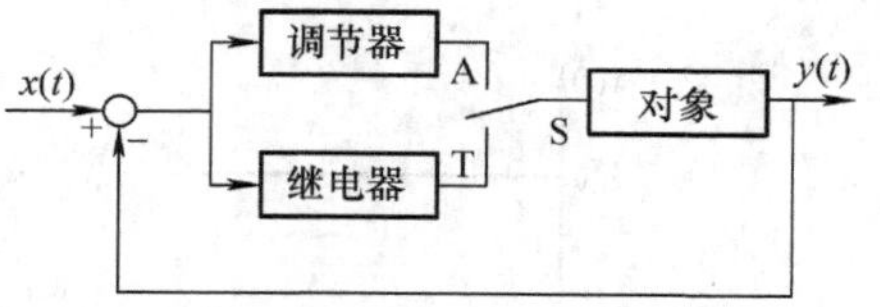

图 3-22　继电器型自整定原理图

2）测出极限环的幅值a和振荡周期T_k，并根据

$$\delta_k = \frac{\pi}{4d}a \tag{3-42}$$

算出临界比例度δ_k。

3）类似于稳定边界法，根据δ_k与T_k值，运用表 3-7 中的经验公式，计算出调节器各个参数δ、T_I和T_D的值。

3.9 单回路控制系统工程设计实例

3.9.1 喷雾式干燥设备控制系统设计

图 3-23 所示为牛奶类乳化物干燥过程中的喷雾式干燥工艺设备。由于乳化物属胶体物质，激烈搅拌易固化，不能用泵输出，故采用高位槽的办法。浓缩的乳液由高位槽流经过滤器 A 或 B，除去凝结块等杂质，再至干燥器顶部从喷嘴喷出。空气由鼓风机送至换热器（用蒸汽加热），热空气与鼓风机直接送来的空气混合后，经风管进入干燥器，从而蒸发乳液中的水分，成为奶粉，并随湿空气一起送出，进行分离。生产工艺对干燥后的产品质量要求很高，水分含量不能波动太大。因而对干燥的温度要求严格控制。试验表明，若温度波动小于±2℃，则产品符合质量要求。

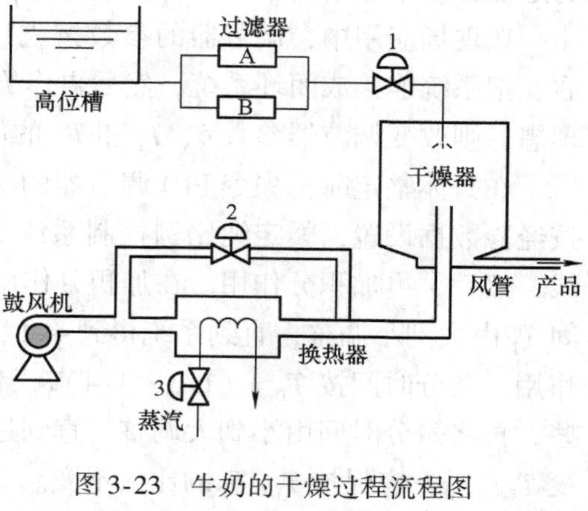

图 3-23　牛奶的干燥过程流程图

1. 被控量与控制量选择

（1）被控量选择

由于产品水分含量测量十分困难（测水分精度不高），而根据生产工艺，产品质量（水分含量）与干燥温度密切相关，因而选干燥器的温度为被控量（间接参数）。

（2）控制量选择

影响干燥器温度的因素有乳液流量 $f_1(t)$、旁路空气量 $f_2(t)$、热蒸汽量 $f_3(t)$，因而有三个变量可作为控制量，在图中用调节阀 1、2、3 分别控制这三个变量。三种不同的控制方案，分别如图 3-24a、b、c 所示（注：在控制量选定后，只用一个调节阀，控制一个量）。

比较三种控制方案，采用乳液流量作控制量（见图 3-24a），乳液直接进入干燥器，控制通道时滞最小，对干燥温度的校正作用最灵敏，而扰动通道不仅时滞大而且位置最靠近调节阀，从控制品质考虑，应当选该方案。但乳液流量是生产负荷（亦是产量），若作为控制量，则系统不可能始终在最大的（而且是稳定的）负荷点工作，从而限制了装置的生产能力。此外在乳液管线上装了调节阀，容易使浓缩乳液结块，降低产品质量。因而选乳液流量为控制量工艺上不合理。综合考虑，一般不采用该控制方案。

比较分析图 3-24b 与图 3-24c，在这两种控制方案中，乳液流量 $f_1(t)$ 作为扰动量，其对控制系统的影响（扰动通道）是相同的，差别在于控制通道与另一扰动通道不同。由于换热器为一双容过程，时间常数大，因而采用风量为控制量时，图 3-24b 控制系统的控制通道时间常数小，扰动通道时间常数则大；采用蒸汽量为控制量时（见图 3-24c），控制通道时间常数大，扰动通道时间常数反而小。此外采用风量为控制量时，扰动作用点位置靠近调节阀。根据第 3.3 节分析的被控量选择原则，选择旁路空气量为控制量的方案为最佳。

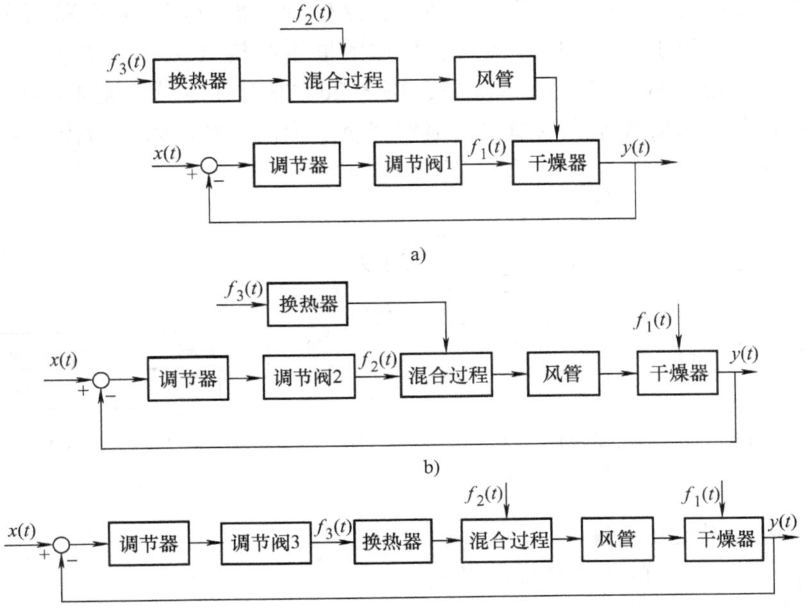

图 3-24　干燥设备控制方案比较示意图

a）乳液流量 $f_1(t)$ 作控制量　b）空气量 $f_2(t)$ 作控制量　c）蒸汽量作控制量

2. 过程检测、控制设备的选用

（1）测温元件及变送器

被控温度在600℃以下，选用Pt100热电阻温度计。为提高检测精度，应用三线制接法。

（2）调节阀

根据生产工艺安全原则及被控介质特点，选气关形式。根据过程特性与控制要求选用对数流量特性的调节阀。

（3）调节器

根据生产工艺要求，选用带热电阻三线制输入，控制信号4～20mA输出的数字式调节器。根据过程特性与工艺要求，可选用PI或PID控制规律。根据构成负反馈的原则，确定调节器正、反作用方向。

3.9.2 贮槽液位控制系统设计

在工业生产过程中，图3-25所示的液体贮槽如进料罐、成品罐、中间缓冲容器、水箱等设备应用十分普遍，为了保证生产正常进行，物料进出需均衡，以保证过程的物料平衡。因此，工艺要求液位贮槽内的液位需维持在某给定值上下，或在某一小范围内变化，并保证物料不产生溢出。

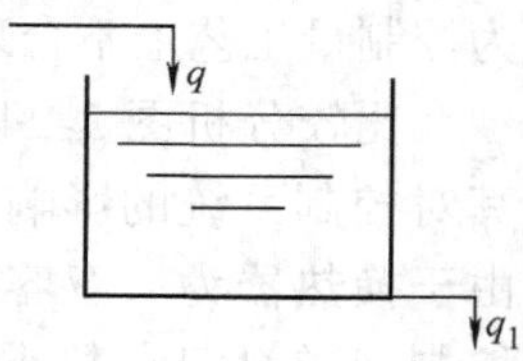

图3-25 贮槽

1. 选择被控量

根据工艺可知，贮槽的液位要求维持在某给定值上下，所以直接选取液位为被控量（直接参数）。

2. 选择控制量

从生产过程看，影响贮罐液位的有两个量：一是流入贮槽的流量；二是流出贮槽的流量。调节这两个流量的大小都可改变液位高低，这样构成液位控制系统就有两种控制方案，如图3-26所示。有趣的是这两种方案具有相像的框图结构（见图3-27）以及相近的系统特性。但在突然停电、停气的事故情况下，图3-26a控制方案最多流光贮槽中的液体，而图3-26b控制方案将形成长流水的情况，浪费严重。因而选择流入量为控制量更合理一些。

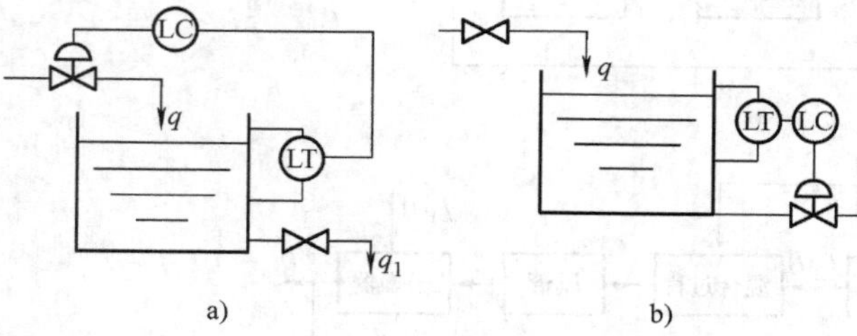

图3-26 液位控制系统

a）调流入量q b）调流出量q_1

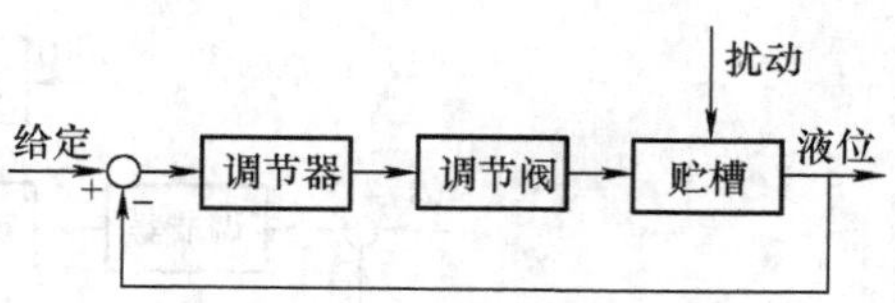

图3-27 液位控制系统框图

3. 选用过程检测控制设备

1）采用图3-27所示的单闭环控制系统。

2）选用基于节流变压降原理的差压变送器来实现贮槽液位的测量和变送。

3）根据生产工艺安全原则选择调节阀。若采用图3-26a控制方案，为保证不引起物料量溢出，应选用气开式调节阀；若采用图3-26b控制方案，为保证不产生物料量溢出，应选用气关式调节阀。贮槽具有单容特性，为了能够快速准确地控制好液位，选用对数流量特性的调节阀比较好。

4）控制规律选择。若贮槽是为了起缓冲作用而控制液位的，则对液位的控制要求不太高，调节器采用宽比例度的比例作用即可；当容器作为计量槽使用时，则需精确控制液位，为了消除余差，调节器采用比例积分控制规律。

思考题与习题

3-1　什么叫单回路系统？一个单回路闭环控制系统由哪几部分组成？各部分作用是什么？

3-2　为什么不同的过程特性与工艺要求需设计不同的控制方案？怎样理解被控过程特性是过程控制系统设计的基础？

3-3　什么是过程的控制通道和扰动通道？它们的数学模型是否相同？为什么？

3-4　通常过程控制系统设计步骤应包括哪些？结合控制原理说明进行系统静态、动态特性分析计算时应包含哪些主要内容？

3-5　单回路闭环控制系统方案设计包括哪些主要内容？怎样理解方案设计是系统设计的核心？

3-6　被控过程的什么参数在一定程度上代表了被控过程的控制性能？怎样根据这个控制性能来选择控制量？当过程由多个特性相近的一阶惯性环节串联时，其时间常数该如何处理？

3-7　在控制系统的设计中，被控量的选择应遵循哪些原则？控制量的选择应遵循哪些原则？

3-8　什么是直接参数与间接参数？这两者有何关系？选择被控参数应遵循哪些基本原则？

3-9　为什么选择控制量时，对于由几个一阶环节组成的过程应尽量将几个时间常数错开？如果不错开又会怎么样？

3-10　如何减小测量时滞与传送时滞？

3-11　为什么要对测量信号进行校正、噪声抑制、测量信号线性化处理？

3-12　气动调节阀执行机构的正、反作用形式是如何定义的？在结构上有何不同？

3-13　简述气动阀门定位器的工作原理及其使用场合。

3-14　什么是调节阀的理想流量特性和工作流量特性？在工程设计中怎样选用？

3-15　某温度控制系统采用直线流量特性的调节阀，在运行过程中，调节阀开度小的时候系统输出振荡，开度大的时候系统输出迟钝，请分析原因并说明如何改进？

3-16　调节阀气开、气关形式的选择应从什么角度出发？

3-17　调节器的正、反作用是如何确定的，请举例说明。

3-18　题图3-1为蒸汽加热器。试：

（1）说明影响物料出口温度的主要因素有哪些。

（2）设计一个温度控制系统，并选择被控量与控制量。

（3）选择调节阀的气开、气关形式及调节器的正、反作用。

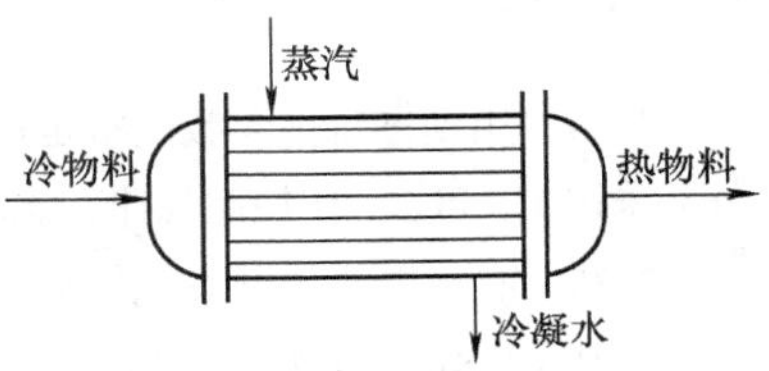

题图3-1　蒸汽加热器

3-19　选择调节阀时口径过大或过小会产生什么问题？正常工况下调节阀的开度应以多大范围为宜？

3-20　某温度控制系统已经正常运行了很长时间，大修后调节阀由原来的25mm口径改为40mm口径，控制系统会出现什么现象？应如何解决？

3-21　从控制理论看，过程控制系统在整个工作范围内具有良好的控制品质的条件是什么？在工程上如何满足这一要求？

3-22　什么是调节器的控制规律？P、I、D控制规律各有何特点？

3-23　原比例控制系统增加积分作用后，对系统控制性能有什么影响？

3-24　原比例控制系统增加微分作用后，对系统控制性能有什么影响？

3-25　什么是调节器参数的工程整定？常用的调节器参数整定方法有哪几种？

3-26　选择调节器控制规律的依据是什么？若已知过程的数学模型，怎样来选择 PID 控制规律？

3-27　一个自动控制系统，在比例控制的基础上分别增加：①适当的积分作用；②适当的微分作用。试问：

（1）这两种情况对系统的稳定性、最大动态偏差、余差分别有何影响？

（2）为了得到相同的系统稳定性，应如何调整调节器的比例度 δ，并说明理由。

3-28　位置型 PID 算式和增量型 PID 算式有何区别？它们各有什么优缺点？

3-29　已知模拟调节器的传递函数 $W_0(s)=(1+0.17s)/(0.08s)$。采用数字 PID 算式实现，试分别写出相应的位置型 PID 和增量型 PID 算式。设采样周期 $T=0.2\text{s}$。

3-30　如题图 3-2 所示，冷物料通过加热器用蒸汽对其进行加热，在事故状态下，为了保护加热器设备的安全，即耐热材料不被损坏，试确定蒸汽管道上调节阀的气开、气关形式和调节器的正、反作用。

3-31　在某锅炉运行过程中，必须满足汽-水平衡关系，故汽包液位是一个十分重要的指标。当液位过低时，汽包中的水易被烧干引起生产事故（甚至会产生爆炸危险），故设计题图 3-3 所示的液位控制系统。试画出该系统的框图，并确定调节阀的气开、气关形式和调节器的正、反作用方式。

3-32　单回路控制系统的调节器参数整定有哪些主要方法？特点如何？

3-33　如题图 3-4 所示，用泵将水打入水槽（泵 1 和泵 2 互为备用），要求流量控制范围为 $Q_{\min}\sim Q_{\max}$，且无残差。试设计一个简单的流量控制系统，并指出所用调节器类型。

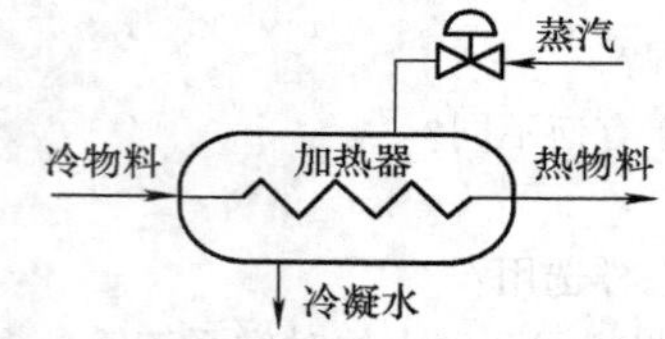

题图 3-2　蒸汽加热器

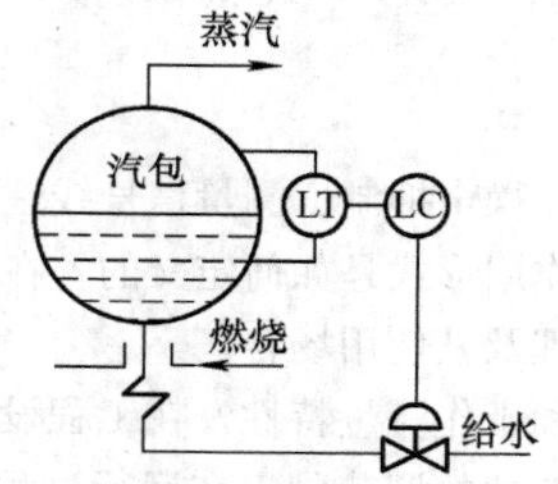

图 3-3　液位控制系统

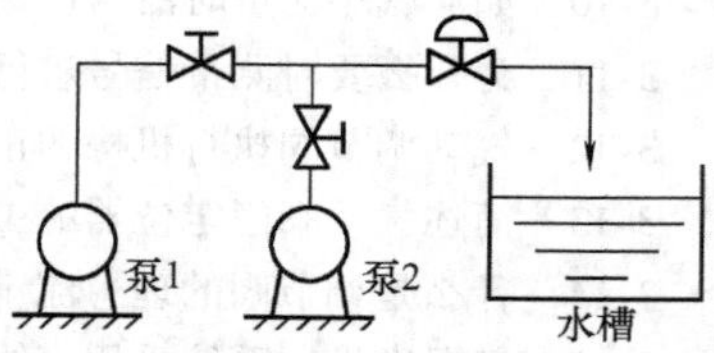

题图 3-4　流量系统

3-34　用动态特性参数法整定单回路系统调节器参数，测得 $\tau=10\text{s}$，$T_0=100\text{s}$，自平衡率 $\rho=1$，若调节器采用 P、PI、PID 控制规律，试求 $\psi=0.75$ 时调节器的参数整定值。

3-35　有一温度控制系统，当广义过程控制信号电流为 DC 5mA 时，被控温度的测量值为 85℃，当输入电流从 DC 5mA 突然增至 DC 6mA，待响应达到稳定时，被控温度的测量值为 89℃。设仪表量程为 50 ~ 100℃，由实验测得过程的时间常数 $T_0=2.3\text{min}$。求 $\psi=0.75$ 时，比例积分调节器的整定参数值。

3-36　题图 3-5 为一贮槽，其流入量为 q_1，流出量为 q_2，用户要求其液位 H 保持在某一给定值上，试设计各种可能的过程控制系统。

3-37　题图 3-6 为一贮槽加热器，其流入量为 q_1，温度为 T_1，贮槽用蒸汽加热，其流出量为 q_2，温度为 T_2。假设槽内搅拌均匀，认为流出量的温度即为槽内介质的温度。生产要求 T_2 保持在某给定值上，当 q_1 或 T_1 变化时，试设计过程控制系统。

3-38　在生产过程中，要求控制水箱液位，故设计了如题图 3-7 所示的液位定值控制系统。如果水箱受到一个单位阶跃扰动 f 的作用，试求：

（1）当调节器为比例作用时，系统的稳态误差。

（2）当调节器为比例积分作用时，系统的稳态误差。

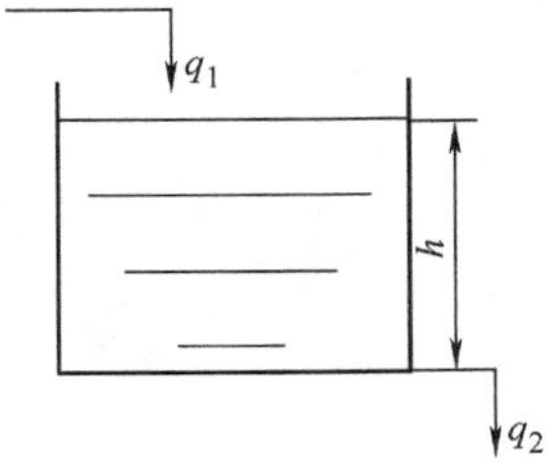

题图 3-5　贮槽

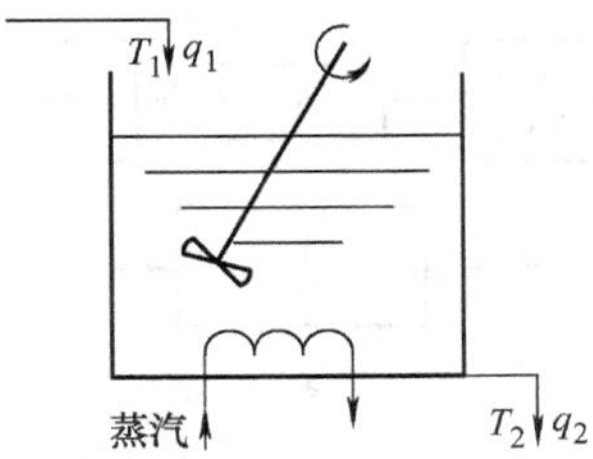

题图 3-6　贮槽加热器

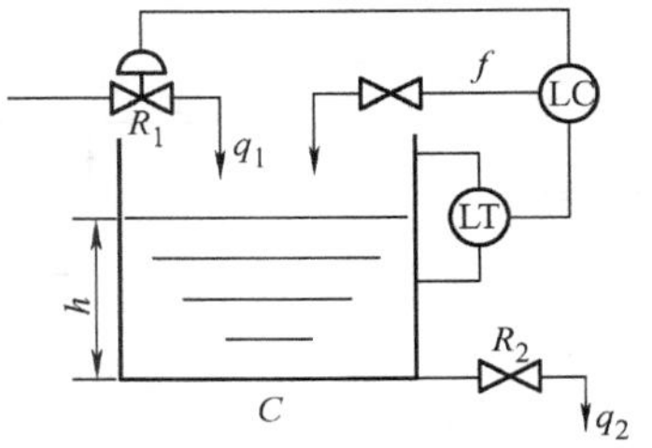

题图 3-7　水箱液位控制

3-39　某水槽液位控制系统如题图 3-8 所示。已知：$F=1000\text{cm}^2$，$R=0.03\text{s/cm}^2$，调节阀为气关式，其静态增益 $|K_v|=28\text{cm}^3/\text{s}\cdot\text{mA}$，液位变送器静态增益 $K_m=1\text{mA/cm}$。

（1）画出该系统的传递函数框图。

（2）采用比例调节器，其比例度 $\delta=40\%$，试分别求出扰动 $\Delta Q_d=56\text{cm}^3/\text{s}$ 以及给定值扰动 $\Delta r=0.5\text{mA}$ 时，被控量 h 的残差。

（3）若 δ 改为 120%，其他条件不变，h 的残差又是多少？

（4）比较（2）、（3）计算结果，总结 δ 值对于系统残差的影响。

（5）液位调节器改用 PI 调节器后，h 的残差又是多少？

3-40　某气罐压力控制系统如题图 3-9 所示，其传递函数为 $G_p(s)=0.003/(30s+1)\text{MPa}/1\%$，调节阀转换系数 $K_v=10\%/\text{mA}$。压力变送器量程为 0～2MPa，调节器为比例控制规律。若 $\delta=20\%$，试求扰动 $\Delta D=50\%$ 时被控量 p 的残差。如果气罐压力允许波动范围为 ±0.2MPa，问该系统能否满足控制要求。

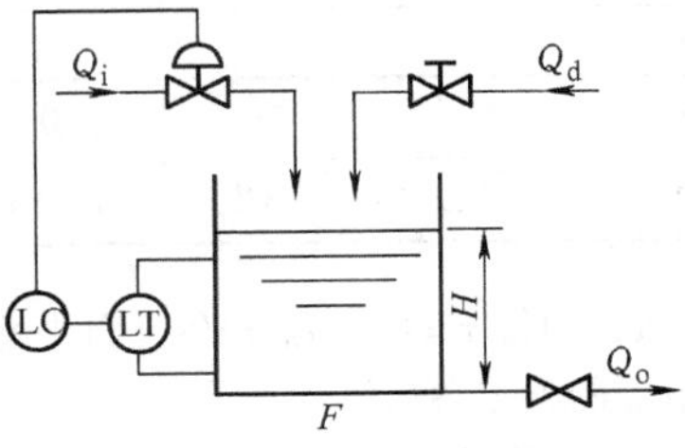

题图 3-8　水槽液位控制系统

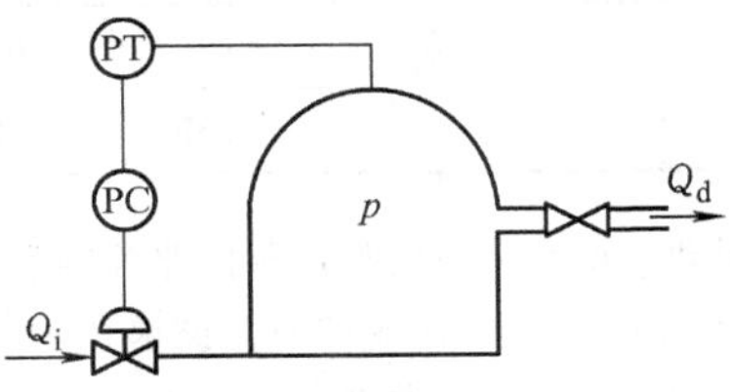

题图 3-9　气罐压力控制系统

3-41　动态特性参数法、稳定边界法和衰减曲线法是怎样确定调节器参数的？它们各有什么特点？分别适用于什么场合？

3-42　从某温度控制系统的阶跃响应中测得 $K=10$，$T=2\text{min}$，$\tau=0.1\text{min}$，应用动态特性参数法计算 PID 调节器的整定参数。

3-43　对象传递函数 $W(s)=8e^{-\tau s}/(Ts+1)$，其中 $\tau=3\text{min}$，$T=6\text{min}$，调节器采用 PI 控制规律。试用稳定边界法估计调节器的整定参数。

3-44　已知对象传递函数 $W(s)=10/[s(s-2)(2s+1)]$，试用稳定边界法整定比例调节器的参数。

3-45　对题图 3-10a、b 所示的控制系统，试用稳定边界法整定调节器的参数。

3-46　某控制系统广义过程传递函数为 $W(s)=50/[s(s+5)(s+10)]$，时间常数以分钟（min）为单位。调节器为 PI 作用。

（1）试用稳定边界概念确定临界比例度 δ_k 和临界振荡周期 T_k。

（2）试用稳定边界法计算调节器整定参数。

3-47　已知单回路控制系统被控过程的传递函数为 $W_0(s)=1/(1+T_0s)^5$，用动态特性参数法整定调节器参数，测得 $\tau=41\text{s}$，$T=100\text{s}$，自平衡率 $\rho=1$，如果调节器为 P、PI，试求 $\psi=0.75$ 时，调节器的整定参数值。

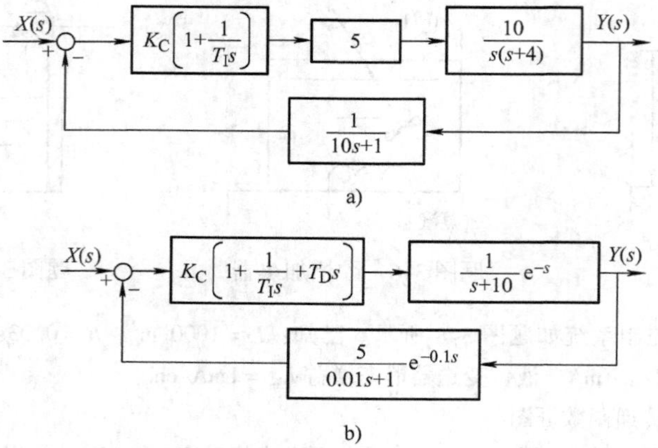

题图 3-10　控制系统框图

3-48　什么叫动态特性参数法、稳定边界法、衰减曲线法和现场经验法？试比较其特点。

3-49　对某过程控制通道作一阶跃响应试验，输入阶跃信号 $\Delta u=5$，阶跃响应记录数据见下表。

（1）若过程用一阶惯性加纯时滞环节来描述，试求 K_0、T_0、τ_0。

（2）采用动态特性参数法整定调节器参数，求 δ、T_I 与 T_D。

时间/min	0	5	10	15	20	25	30	35	40
被控量 y	0.650	0.651	0.652	0.668	0.735	0.817	0.881	0.979	1.075

时间/min	45	50	55	60	65	70	75	80	85
被控量 y	1.151	1.213	1.239	1.262	1.311	1.329	1.338	1.350	1.351

3-50　用动态特性参数法整定单回路控制系统调节器参数，测得 $\tau=8\text{s}$，$T_0=80\text{s}$，自平衡率 $\rho=1$，当调节器采用 P、PI、PID 控制规律时，试求 $\psi=0.75$ 时，调节器的整定参数值。

3-51　已知过程传递函数 $W_0(s)=10/[(s+2)(2s+1)]$，试用稳定边界法整定比例调节器的参数。

3-52　过程传递函数 $W_0(s)=8e^{-\tau_0 s}/(T_0 s+1)$，其中 $\tau_0=3\text{s}$，$T_0=6\text{s}$，调节器采用 PI 规律，试用稳定边界法估算调节器的整定参数。

3-53　什么叫调节器参数的自整定？基于极限环的自整定方法有哪些优缺点？

第4章 串级控制系统

【本章内容要点】

1. 影响被控量（被控参数）的因素有很多，单闭环控制系统将所有对被控量（被控参数）的扰动都包含在一个回路中，理论上都可以由调节器予以克服。但是，控制通道的时间常数和容量时滞较大时，控制作用不及时，系统克服扰动的能力较差，往往不能满足生产工艺要求。

2. 串级控制系统在结构上比单回路控制系统多了一个副回路，形成了两个闭环。主回路（外环）是一个定值控制系统，副回路（内环）为一个随动控制系统。在控制过程中，副回路起着对被控量的“粗调”作用，而主回路则完成对被控量的“细调”任务。

3. 副回路对包含的二次扰动以及非线性与参数、负荷变化有很强的抑制能力与一定的自适应能力。因此，副回路应包括生产过程中变化剧烈、频繁且幅度大的主要扰动。

4. 主、副过程时间常数之比应在3～10范围之内。副过程时间常数比主过程小得太多，虽然副回路反应灵敏，控制作用快，但副回路包含的扰动少，对于过程特性的改善也就减少了。相反，如果副回路的时间常数接近于甚至大于主过程的时间常数，副回路反应就比较迟钝，不能及时有效地克服扰动。

5. 与单回路控制系统相比，串级控制系统多用了一个测量变送器与一个调节器，但控制效果却有显著的提高。其原因是在串级控制系统中增加了一个包含二次扰动的副回路，从而改善了被控过程的动态特性，提高了系统的工作频率，增强了对二次扰动和一次扰动的克服能力，对副回路参数变化具有一定的自适应能力。

6. 串级控制系统能克服被控过程的容量时滞、克服被控过程的纯时滞、克服被控过程的非线性、抑制大幅度剧烈变化的扰动等，其整定有两步整定法、逐步逼近法。

4.1 串级控制基本概念

单回路控制系统解决了工业生产过程中大量的参数定值控制问题，在大多数情况下，这种简单系统能满足生产工艺的要求。但是，当被控过程的时滞或扰动量很大，或者工艺对控制质量的要求很高或很特殊时，采用单回路控制系统就无法满足生产的要求。此外，随着现代工业生产过程的发展，对产品的产量、质量，对提高生产效率、节能降耗以及环境保护提出了更高的要求，这使工业生产过程对操作条件要求更加严格，对工艺参数要求更加苛刻，从而对控制系统的精度和功能要求更高。在这样的情况下，产生了串级控制系统。

4.1.1 串级控制系统的结构

串级控制系统是改善控制质量的有效方法之一，在过程控制中得到了广泛的应用，下面以工业生产中常见的加热炉控制为例，介绍串级控制思想是如何提出的，以及串级控制系统的结构、基本术语与工作过程。

加热炉是工业生产中常用的设备，工艺要求被加热物料的温度为某一定值。因此，常选取炉出口温度为被控参数，燃料量为控制参数，构成如图 4-1a 所示的单回路系统。影响炉出口温度的因素有很多，主要有被加热物料的流量和初温 $f_1(t)$，燃料热值的变化、压力的波动、流量的变化 $f_2(t)$，烟囱挡板位置的改变、抽力的变化 $f_3(t)$ 等。图 4-1a 所示系统的特点是所有对被控参数的扰动都包含在这个回路中，理论上都可以由温度调节器予以克服。但是，控制通道的时间常数和容量时滞较大，控制作用不及时，系统克服扰动的能力较差，不能满足生产工艺要求。

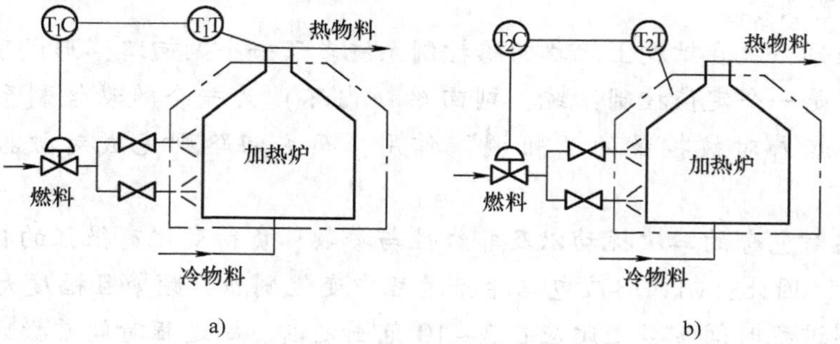

图 4-1 加热炉温度控制系统

a）单回路系统（控制出口温度） b）单回路系统（控制炉膛温度）

另一种控制方案是选择炉膛温度为被控参数，设计图 4-1b 所示控制系统。此时炉出口温度为间接被控量。该系统的特点是能及时有效地克服扰动 $f_2(t)$、$f_3(t)$，但是扰动 $f_1(t)$ 未包括在系统内，系统不能克服扰动 $f_1(t)$ 对炉出口温度的影响，仍然不能达到生产工艺要求。

若充分利用上述两种方案的优点，即选取炉出口温度为主被控量（简称主参数），炉膛温度为副被控量（简称副参数），将炉出口温度调节器的输出作为炉膛温度调节器的给定值，就构成了图 4-2 和图 4-3 所示的炉出口温度与炉膛温度的串级控制系统。这样，扰动 $f_2(t)$、$f_3(t)$ 对出口温度的影响主要由炉膛温度调节器（称为副调节器）构成的控制回路（称为副回路）来克服，扰动 $f_1(t)$ 对炉出口温度的影响由出口温度调节器（称为主调节器）构成的控制回路（称为主回路）来消除。

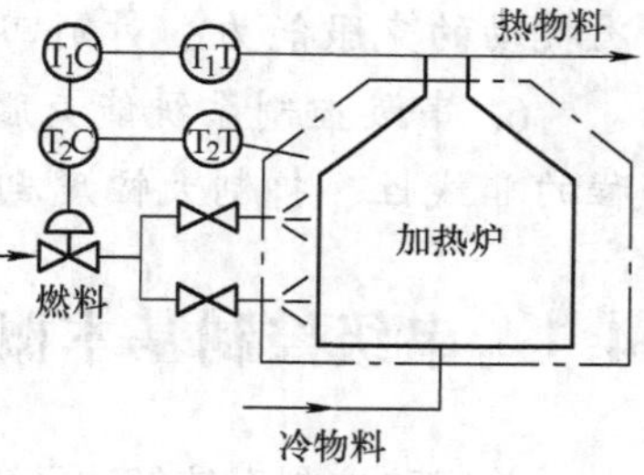

图 4-2 串级控制系统

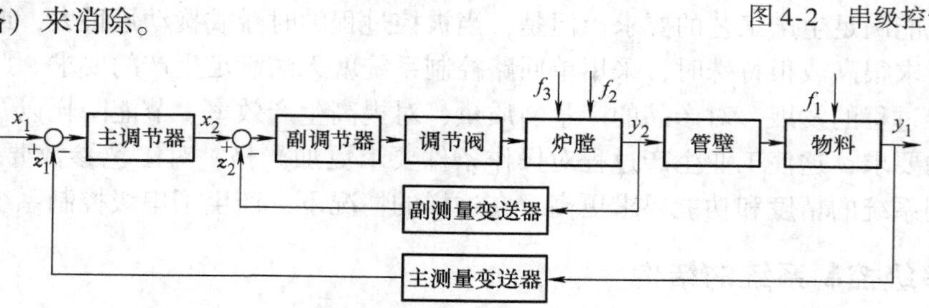

图 4-3 串级控制系统框图

4.1.2 串级控制系统的工作过程

加热炉串级控制系统的工作过程是：当处在稳定工况时，被加热物料的流量和温度不变，燃料的流量与热值不变，烟囱抽力也不变，炉出口温度和炉膛温度均处于相对平衡状态，调节阀保持一定的开度，此时炉出口温度稳定在给定值上，当扰动破坏了平衡工况时，串级控制系统便开始了其控制过程。根据不同的扰动，分三种情况讨论。

1. 燃料压力、热值变化 $f_2(t)$ 和烟囱抽力变化 $f_3(t)$ ——二次扰动或副回路扰动

扰动 $f_2(t)$ 和 $f_3(t)$ 先影响炉膛温度，于是副调节器立即发出校正信号，控制调节阀的开度，改变燃料量，克服上述扰动对炉膛温度的影响。如果扰动量不大，经过副回路的及时控制一般不影响炉出口温度；如果扰动的幅值较大，虽然经过副回路的及时校正，仍影响炉出口温度，此时再由主回路进一步调节，从而完全克服上述扰动，使炉出口温度调回到给定值上来。

2. 被加热物料的流量和初温变化 $f_1(t)$ ——一次扰动或主回路扰动

扰动 $f_1(t)$ 使炉出口温度变化时，主回路产生校正作用，克服 $f_1(t)$ 对炉出口温度的影响，由于副回路的存在加快了校正作用，使扰动对炉出口温度的影响比单回路系统时要小。

3. 一次扰动和二次扰动同时存在

假设加热炉串级系统中调节阀为气开式，主、副调节器均为反作用。如果一、二次扰动的作用使主、副被控参数同时增大或同时减小，主、副调节器对调节阀的控制方向是一致的，即大幅度关小或开大阀门，加强控制作用，使炉出口温度很快调回到给定值上。如果一、二次扰动的作用使主、副被控参数一个增大（炉出口温度升高），另一个减小（燃料量减少，即炉膛温度降低），此时主、副调节器控制调节阀的方向是相反的，调节阀的开度只要作较小变动即满足控制要求。

4.2 串级控制系统特点与分析

串级控制系统与单回路控制系统相比有一个显著的区别，即在结构上多了一个副回路，形成了两个闭环——双闭环（或称为双环）。主回路（外环）是一个定值控制系统，而副回路（内环）则为一个随动控制系统。以加热炉串级控制系统为例，在控制过程中，副回路起着对炉出口温度的“粗调”作用，而主回路则完成对炉出口温度的“细调”任务。

与单回路控制系统相比，串级控制系统多用了一个测量变送器与一个调节器，增加的投资并不多（对一些带有串级控制的数字调节器来说，仅增加了一个测量变送器），但控制效果却有显著的提高。其原因是在串级控制系统中增加了一个包含二次扰动的副回路，使系统具有以下特点：

1）改善了被控过程的动态特性，提高了系统的工作频率。

2）大大增强了对二次扰动的克服能力。

3）提高了对一次扰动的克服能力。

4）对副回路参数变化具有一定的自适应能力。

4.2.1 改善了被控过程的动态特性

图4-4为串级控制系统框图。与单回路控制系统相比，它用一个闭合的副回路代替了原来的部分被控过程 $W_{02}(s)$。将副回路记作 W'_{02}，则串级控制系统可简化为图4-5所示的等效单回路系统，图中 $W'_{02}(s)W_{01}(s)$ 为主调节器的等效被控过程的传递函数。

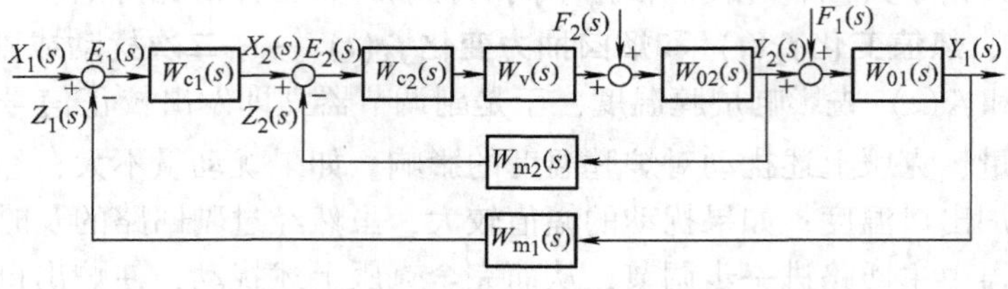

图4-4　串级控制系统框图

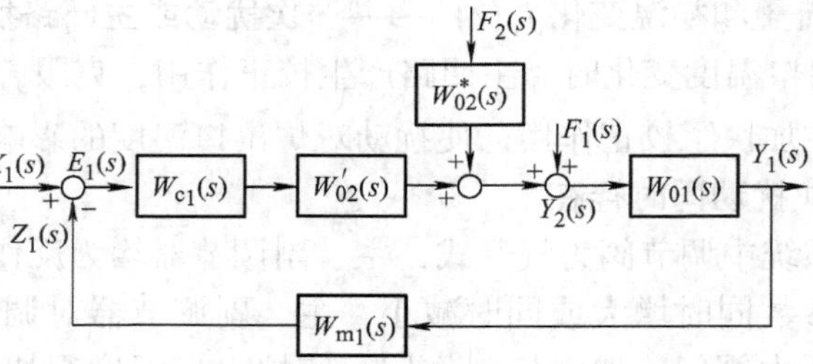

图4-5　串级控制系统的等效框图

由图4-4可写出

$$W'_{02}(s)=\frac{Y_2(s)}{X_2(s)}=\frac{W_{c2}(s)W_v(s)W_{02}(s)}{1+W_{c2}(s)W_v(s)W_{02}(s)W_{m2}(s)} \tag{4-1}$$

假设 $W_{02}(s)=\dfrac{K_{02}}{T_{02}s+1}$，副调节器传递函数 $W_{c2}(s)=K_2$，调节阀与副测量变送器传递函数分别为 $W_v(s)=K_v$ 和 $W_{m2}(s)=K_{m2}$。

经整理后可得

$$W'_{02}(s)=\frac{K'_{02}}{T'_{02}s+1} \tag{4-2}$$

式中，K'_{02} 为等效被控过程的放大系数，$K'_{02}=\dfrac{K_{c2}K_vK_{02}}{1+K_{c2}K_vK_{02}K_{m2}}$；$T'_{02}$ 为等效被控过程的时间常数，$T'_{02}=\dfrac{T_{02}}{1+K_{c2}K_vK_{02}K_{m2}}$。

将 $W_{02}(s)$ 与 $W'_{02}(s)$ 比较，可见

$$\left.\begin{aligned}K'_{02}<K_{02}\\T'_{02}<T_{02}\end{aligned}\right\} \tag{4-3}$$

上述分析表明，T'_{02} 仅为 T_{02} 的 $1/[1+K_{c2}K_vK_{02}K_{m2}]$。而且随着 K_{c2} 的增大，这种效果更显著。如果匹配得当，副回路可近似作为1:1的环节。这样对主调节器来说，其等效被控过程只剩下不包括在副回路之内的一部分被控过程，所以其容量时滞减小了，过程的动态特性得到显著改善，使系统的响应加快，控制更为及时，从而提高了系统的控制质量。

如上所述，在串级控制系统中，由于增加了一个副回路，使等效被控过程的时间常数减

小了，从而改善了系统的动态特性。这种改善还可以从另外一个角度来理解，即串级控制系统的工作频带明显比单回路系统的频带要宽。

由图4-5可知，串级系统的特征方程为

$$1 + W_{c1}(s)W'_{02}(s)W_{01}(s)W_{m1}(s) = 0 \tag{4-4}$$

设 $W_{01}(s) = \frac{K_{01}}{T_{01}s+1}$，主调节器与主测量变送器的传递函数分别为 $W_{c1}(s) = K_{c1}$ 和 $W_{m1}(s) = K_{m1}$，将以上各传递函数代入式（4-4），可得

$$1 + K_{c1}\frac{K'_{02}}{T'_{02}s+1}\frac{K_{01}}{T_{01}s+1}K_{m1} = 0$$

经整理后为

$$s^2 + \frac{T_{01}+T'_{02}}{T_{01}T'_{02}}s + \frac{1+K_{c1}K'_{02}K_{01}K_{m1}}{T_{01}T'_{02}} = 0 \tag{4-5}$$

令

$$\begin{cases} 2\xi\omega_0 = \dfrac{T_{01}+T'_{02}}{T_{01}T'_{02}} \\ \omega_0^2 = \dfrac{1+K_{c1}K'_{02}K_{01}K_{m1}}{T_{01}T'_{02}} \end{cases} \tag{4-6}$$

则串级控制系统的特征方程式可写成如下标准形式：

$$s^2 + 2\xi\omega_0 s + \omega_0^2 = 0 \tag{4-7}$$

式中，ξ 为串级控制系统的衰减系数；ω_0 为串级控制系统的自然频率。

式（4-7）的特征根为

$$s_{1,2} = \frac{-2\xi\omega_0 \pm \sqrt{4\xi^2\omega_0^2 - 4\omega_0^2}}{2} = -\xi\omega_0 \pm \omega_0\sqrt{\xi^2-1} \tag{4-8}$$

从控制理论可知，当 $0<\xi<1$ 时，系统出现振荡，而振荡频率即为系统的工作频率，即

$$\omega_c = \omega_0\sqrt{1-\xi^2} = \frac{\sqrt{1-\xi^2}}{2\xi}\frac{T_{01}+T'_{02}}{T_{01}T'_{02}} \tag{4-9}$$

同理，可求得单回路控制系统的工作频率为

$$\omega_d = \omega_0\sqrt{1-\xi'^2} = \frac{\sqrt{1-\xi'^2}}{2\xi'}\frac{T_{01}+T_{02}}{T_{01}T_{02}} \tag{4-10}$$

如果通过调节器的参数整定，使串级控制系统与单回路控制系统具有相同的衰减率，即 $\xi=\xi'$，则

$$\frac{\omega_c}{\omega_d} = \frac{1+\dfrac{T_{01}}{T'_{02}}}{1+\dfrac{T_{01}}{T_{02}}} \tag{4-11}$$

由于 $\frac{T_{01}}{T'_{02}} > \frac{T_{01}}{T_{02}}$，所以 $\omega_c > \omega_d$。

以上结论虽然是依据简单的被控过程（一阶惯性环节）和简单的调节规律（比例控制）推导得出的，但是可以证明，这些结论对于高阶被控过程和其他调节规律也是正确的。

4.2.2 大大增强对二次扰动的克服能力

图4-4中，二次扰动 $F_2(s)$ 作用于副回路。在扰动 $F_2(s)$ 的作用下，副回路的传递函数为

$$W_{02}^* = \frac{Y_2(s)}{F_2(s)} = \frac{W_{02}(s)}{1 + W_{c2}(s)W_v(s)W_{02}(s)W_{m2}(s)} \tag{4-12}$$

为了便于分析问题，将图4-4等效为图4-5，这样系统输出对输入的传递函数为

$$\frac{Y_1(s)}{X_1(s)} = \frac{W_{c1}(s)W'_{02}(s)W_{01}(s)}{1 + W_{c1}(s)W'_{02}(s)W_{01}(s)W_{m2}(s)} \tag{4-13}$$

而对二次扰动 $F_2(s)$ 的传递函数为

$$\frac{Y_1(s)}{F_2(s)} = \frac{W_{02}^*(s)W_{01}(s)}{1 + W_{c1}(s)W'_{02}(s)W_{01}(s)W_{m2}(s)} \tag{4-14}$$

对于一个控制系统来说，当它在给定信号作用下，其输出量能复现输入量的变化，即 $Y_1(s)/X_1(s)$ 越接近于“1”时，则系统的控制性能越好；当它在扰动作用下，其控制作用能迅速克服扰动的影响，即 $Y_1(s)/F_2(s)$ 越接近于“零”时，则系统的控制性能越好，系统的抗干扰能力就越强。对于图4-5所示的串级控制系统，其抗干扰的能力可用下式表示：

$$Q_{c2}(s) = \frac{Y_1(s)/X_1(s)}{Y_1(s)/F_2(s)} = W_{c1}(s)W'_{02}(s)/W_{02}^*(s) \tag{4-15}$$

代入式（4-1）与式（4-12），有

$$Q_{c2}(s) = W_{c1}(s)W_{c2}(s)W_v(s) \tag{4-16}$$

为了与单回路控制系统比较，用同样方法可得出单回路控制系统（见图4-6）输出 $Y(s)$ 对输入 $X(s)$ 的传递函数，即

$$\frac{Y(s)}{X(s)} = \frac{W_c(s)W_v(s)W_{02}(s)W_{01}(s)}{1 + W_c(s)W_v(s)W_{02}(s)W_{01}(s)W_m(s)} \tag{4-17}$$

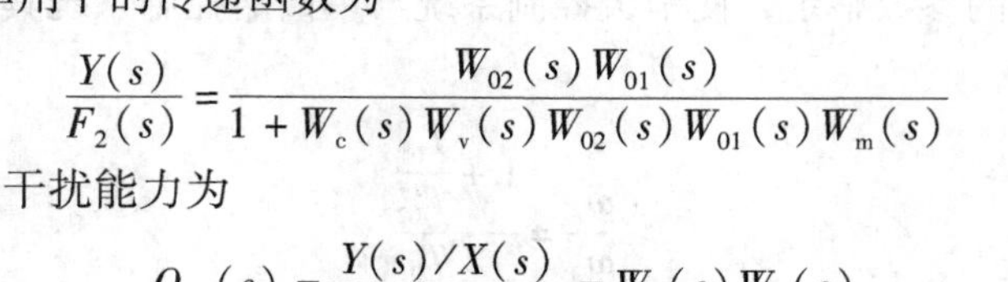

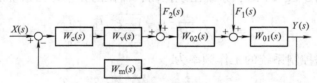

图4-6 单回路控制系统的等效图

输出对扰动 $F_2(s)$ 作用下的传递函数为

$$\frac{Y(s)}{F_2(s)} = \frac{W_{02}(s)W_{01}(s)}{1 + W_c(s)W_v(s)W_{02}(s)W_{01}(s)W_m(s)} \tag{4-18}$$

单回路控制系统的抗干扰能力为

$$Q_{d2}(s) = \frac{Y(s)/X(s)}{Y(s)/F_2(s)} = W_c(s)W_v(s) \tag{4-19}$$

由此得，串级控制系统与单回路控制系统的抗二次扰动能力之比为

$$\frac{Q_{c2}(s)}{Q_{d2}(s)} = \frac{W_{c1}(s)W_{c2}(s)}{W_c(s)} \tag{4-20}$$

设串级与单回路控制系统均采用比例调节器，其比例放大系数分别为 K_{c1}、K_{c2} 与 K_c，则式

(4-20) 可写为

$$\frac{Q_{c2}(s)}{Q_{d2}(s)}=\frac{K_{c1}K_{c2}}{K_c} \tag{4-21}$$

在一般情况下，有

$$K_{c1}K_{c2}>>K_c$$

由上述分析可知，由于串级控制系统副回路的存在，能迅速克服进入副回路的二次扰动，从而大大减小了二次扰动的影响，提高了控制质量。

4.2.3 提高对一次扰动的克服能力

由以上分析知，对串级控制系统，输出 $Y_1(s)$ 对一次扰动 $F_1(s)$ 的传递函数为

$$\frac{Y_1(s)}{F_1(s)}=\frac{W_{01}(s)}{1+W_c(s)W'_{02}(s)W_{01}(s)W_{m1}(s)} \tag{4-22}$$

其抗干扰能力为

$$Q_{c1}(s)=\frac{Y_1(s)/X_1(s)}{Y_1(s)/F_1(s)}=W_{c1}(s)W'_{02}(s) \tag{4-23}$$

相应地，对单回路控制系统，输出 $Y(s)$ 对一次扰动 $F_1(s)$ 的传递函数为

$$\frac{Y(s)}{F_1(s)}=\frac{W_{01}(s)}{1+W_c(s)W_v(s)W_{02}(s)W_{01}(s)W_m(s)} \tag{4-24}$$

其抗干扰能力为

$$Q_{d1}(s)=\frac{Y(s)/X(s)}{Y(s)/F_1(s)}=W_v(s)W_c(s)W_{02}(s) \tag{4-25}$$

两者抗一次扰动能力之比为

$$\frac{Q_{c1}(s)}{Q_{d1}(s)}=\frac{W_{c1}(s)W'_{02}(s)}{W_c(s)W_v(s)W_{02}(s)}=\frac{W_{c1}(s)W_{c2}(s)}{W_c(s)(1+W_{c2}(s)W_v(s)W_{02}(s)W_{m2}(s))} \tag{4-26}$$

设 $W_c(s)=W_{c1}(s)$，注意到一般情况下 $W_{c2}(s)$很大，则有

$$\frac{Q_{c1}(s)}{Q_{d1}(s)}\approx\frac{W_{c2}(s)}{W_{c2}(s)W_v(s)W_{02}(s)W_{m2}(s)}=\frac{1}{W_v(s)W_{02}(s)W_{m2}(s)} \tag{4-27}$$

考虑到在一般情况下 $W_v(s)W_{02}(s)W_{m2}(s)$ 小于1，因此串级控制系统的抗一次扰动的能力要比单回路控制系统略强一些。

4.2.4 对副回路参数变化具有一定的自适应能力

在生产过程中，常含有非线性与未建模动态，工作点也常随负荷与操作条件发生变化，使过程特性发生变化。对于包含在副回路内的非线性与参数、负荷变化，串级控制系统具有一定的自适应能力，这一点是不难理解的。

4.3 串级控制系统的设计

4.3.1 主、副回路设计

串级控制系统的主回路是一个定值控制系统。对于主参数的选择和主回路的设计按照单

回路控制系统的设计原则进行。串级控制系统的设计主要是副参数的选择和副回路设计以及主、副回路关系的考虑。下面介绍其设计原则。

1. 副回路应包括尽可能多的扰动

在 4.2 节的分析中已得出结论，副回路对于包含在其内的二次扰动以及非线性与参数、负荷变化有很强的抑制能力与一定的自适应能力，因此副回路应包括生产过程中变化剧烈、频繁且幅度大的主要扰动。

如图 4-2 所示的以炉出口温度为主参数、以炉膛温度为副参数的串级控制系统，如果燃料的流量和热值变化是主要扰动，上述方案是正确且合理的。此外，副回路还可包括炉膛抽力变化等多个扰动。当然，并不是说在副回路中包括的扰动越多越好，而应该是合理。因为包括的扰动越多，其通道就越长，时间常数就越大，这样副回路就会失去快速克服扰动的作用。此外，若所有扰动均包含在副回路内，则主调节器就失去了作用，亦不成为串级控制系统了。所以必须结合具体情况进行设计。

2. 应使主、副过程的时间常数适当匹配

在选择副参数、进行副回路的设计时，必须注意主、副过程时间常数的匹配问题。因为它是串级控制系统正常运行的主要条件，是保证安全生产、防止共振的根本措施。

原则上，主、副过程时间常数之比应在 3～10 范围之内。如果副过程的时间常数比主过程小得太多，这时虽副回路反应灵敏，控制作用快，但副回路包含的扰动少，对于过程特性的改善也就减少了；相反，如果副回路的时间常数接近于甚至大于主过程的时间常数，这时副回路虽对改善过程特性的效果较显著，但副回路反应较迟钝，不能及时有效地克服扰动。如果主、副过程的时间常数比较接近，这时主、副回路的动态联系十分密切，当一个参数发生振荡时，会使另一个参数也发生振荡，这就是所谓的“共振”，它不利于生产的正常进行。串级控制系统主、副过程时间常数的匹配是一个比较复杂的问题。在工程上，应该根据具体过程的实际情况与控制要求来定。

4.3.2 主、副调节器控制规律选择

在串级控制系统中，主、副调节器所起的作用是不同的。主调节器起定值控制作用，副调节器起随动控制作用，这是选择控制规律的出发点。

主参数是工艺操作的主要指标，允许波动的范围比较小，一般要求无静差，因此，主调节器应选 PI 或 PID 控制规律。副参数的设置是为了保证主参数的控制质量，可以在一定范围内变化，允许有余差，因此副调节器只要选 P 控制规律就可以了，一般不引入积分控制规律（若采用积分规律，会延长控制过程，减弱副回路的快速作用），也不引入微分控制规律（因为副回路本身起着快速作用，再引入微分规律会使调节阀动作过大，对控制不利）。

4.3.3 主、副调节器正反作用方式的确定

在单回路控制系统设计中已述，要使一个过程控制系统能正常工作，系统必须为负反馈。对于串级控制系统来说，主、副调节器中正、反作用方式的选择原则是，使整个控制系统构成负反馈系统，即其主通道各环节放大系数极性乘积必须为正值。各环节放大系数极性的规定与单回路系统设计相同。下面以图 4-2 所示炉出口温度与炉膛温度串级控制系统为例，说明主、副调节器中正、反作用方式的确定。

从生产工艺安全出发，燃料油调节阀选用气开式，即一旦调节器损坏，调节阀处于全关状态，以切断燃料油进入加热炉，确保其设备安全，故调节阀的 K_v 为正。若调节阀开度增大，燃料油增加，炉膛温度升高，故副过程的 K_{02} 为正。为了保证副回路为负反馈，则副调节器的放大系数 K_2 应取正，即为反作用调节器。由于炉膛温度升高，炉出口温度也升高，故主过程的 K_{01} 为正。为保证整个回路为负反馈，则主调节器的放大系数 K_1 应为正，即为反作用调节器。

要想判断串级控制系统主、副调节器正、反作用方式的确定是否正确，可作如下检验：当炉出口温度升高时，主调节器输出应减小，即副调节器的给定值减小，因此，副调节器输出减小，使调节阀开度减小。这样，进入加热炉的燃料油减少，从而使炉膛温度和出口温度降低。

4.4 串级控制系统调节器参数的整定

在串级控制系统中，两个调节器串联起来控制一个调节阀，显然这两个调节器之间是相互关联的。因此，串级控制系统主调节器的 $W_{c1}(s)$ 与副调节器的 $W_{c2}(s)$ 的参数整定也是相互关联的，需要相互协调、反复整定才能取得最佳效果。另一方面在整定主调节器的 $W_{c1}(s)$时，必须知道副调节器的 $W_{c2}(s)$ 的动态特性；而在整定副调节器的 $W_{c2}(s)$ 时，又必须知道主调节器的 $W_{c1}(s)$ 的动态特性。可见，控制系统调节器参数的整定要比单回路控制系统复杂。

从整体上来看，串级控制系统主回路是一个定值控制系统，要求主参数有较高的控制精度，其品质指标与单回路定值控制系统是一样的。但副回路是一个随动系统，只要求副参数能快速而准确地跟随主调节器的输出变化即可。

在工程实践中，串级控制系统常用的整定方法有两步整定法、逐步逼近法等。下面作一些介绍。

4.4.1 两步整定法

根据串级控制系统的设计原则，主、副过程的时间常数应适当匹配，要求其时间常数之比 T_{01}/T_{02}在 3 ~ 10 范围内。这样，主、副回路的工作频率和操作周期相差很大，其动态联系很小，可忽略不计。所以，副调节器参数按单回路系统方法整定之后，可以将副回路作为主回路的一个环节，按单回路控制系统的整定方法，整定主调节器的参数，而不再考虑主调节器参数变化对副回路的影响。

另外，在现代工业生产过程中，对于主参数的质量指标要求很高，而对副参数的质量指标没有严格要求。通常设置副参数的目的是为了进一步提高主参数的控制质量。在副调节器参数整定好后，再整定主调节器参数。这样，只要主参数的质量通过主调节器的参数整定得到保证，副参数的控制质量可以允许牺牲一些。

所谓两步整定法，就是第一步整定副调节器参数，第二步整定主调节器参数，两步整定法的整定步骤为：

1）在工况稳定、主回路闭合，主、副调节器都在纯比例作用的条件下，主调节器的比例度置于 100%，用单回路控制系统的衰减（如 4:1）曲线法整定，求取副调节器的比例度 δ_{2s} 和操作周期 T_{2s}。

2）将副调节器的比例度置于所求得的数值δ_{2s}上，把副回路作为主回路的一个环节，用同样方法整定主回路，求取主调节器的比例度δ_{1s}和操作周期T_{1s}。

3）根据求得的δ_{1s}、T_{1s}、δ_{2s}、T_{2s}数值，按单回路系统衰减曲线法整定公式计算主调节器的比例度δ、积分时间T_I和微分时间T_D的数值。

4）按先副后主、先比例后积分的整定顺序，设置主、副调节器的参数，再观察过渡过程曲线，必要时进行适当调整，直到系统质量达到最佳为止。

4.4.2 逐步逼近法

对主、副过程时间常数相差不大的串级控制系统，由于主回路与副回路的动态联系比较密切，则系统整定必须反复进行、逐步逼近。

所谓逐步逼近法，就是在主回路断开的情况下，先求取并整定副调节器的参数，再将串级控制系统主回路闭合以求取主调节器的整定参数值。而后，将主调节器的参数设置在所求数值上，再进行整定，第二次求出并整定副调节器的参数值。比较上述两次的整定参数值和控制质量，如果达到了控制品质指标，整定工作就此结束。否则，再按此法求取第二次主调节器的整定参数值，依次循环，直至求得合适的整定参数值。这样，每循环一次，其整定值与最佳参数更接近一步，故称逐步逼近法。具体整定步骤如下：

1）整定副环。主回路断开，将副回路作为一个单回路控制系统，并按照单回路控制系统的参数整定法（如衰减曲线法），求取副调节器的整定参数值，得到第一次整定值，记作$[W_{c2}(s)]^1$。

2）整定主环。设置副调节器参数$[W_{c2}(s)]^1$，将主回路闭合，副回路作为一个等效环节。仍按单回路控制系统的参数整定法（如衰减曲线法），求取主调节器的整定参数值，记作$[W_{c1}(s)]^1$。

3）再次整定副环。主调节器参数置于$[W_{c1}(s)]^1$上，主回路闭合（此时主副回路均已闭合）。再按上述方法求取副调节器的整定参数值$[W_{c2}(s)]^2$。至此，完成了一次逼近循环。若控制质量已达到工艺要求，整定即告结束。

4）重新整定主环。在两个闭合回路、副环调节器整定参数为$[W_{c2}(s)]^2$的情况下，重新整定主调节器，得到$[W_{c1}(s)]^2$。

5）一般情况下，完成第3）步甚至第2）步就已经满足品质要求了。若控制质量仍未达到工艺要求，按照上面3）、4）步继续进行，直到控制效果满意为止。采用逐步逼近法时，对于不同的过程控制系统和不同的品质指标要求，其逼近的循环次数是不同的，所以，往往费时较多。

4.5 串级控制系统的工业应用

4.5.1 克服被控过程的容量时滞

在现代工业生产过程中，一些以温度等作为被控参数的过程，往往其容量时滞较大，控制要求又较高。若采用单回路控制系统，其控制质量不能满足生产要求。因此，可以选用串级控制系统，以充分利用其改善过程的动态特性、提高其工作频率的特点。为此，可选择一个滞后较小的副参数，组成一个快速动作的副回路，以减小等效过程的时间常数，加快响应速度，从而取得较好的控制质量。

例如，图 4-2 所示的加热炉，由于主过程时间常数为 15min，扰动因素多，为了提高控制质量，选择时间常数和时滞较小的炉膛温度作为副参数，构成炉出口温度对炉膛温度的串级控制系统，这样可有效地提高控制质量，满足生产工艺要求。

4.5.2 克服被控过程的纯时滞

当工业过程纯时滞较长时，也可应用串级控制系统来改善其控制质量，即在离调节阀较近、纯时滞较小的地方，选择一个副参数，构成一个纯时滞较小的副回路，将主要扰动包括在副回路中。在其影响主参数前，由副回路实现对主要扰动的及时控制，从而提高控制质量。

例 4-1 网前箱温度串级控制。某造纸厂网前箱的温度控制系统如图 4-7 所示。纸浆用泵从贮槽送至混合器，在混合器内用蒸汽加热至 72℃左右，经过立筛、圆筛除去杂质后送到网前箱，再去铜网脱水。为了保证纸张质量，工艺要求网前箱温度保持在 61℃左右，允许偏差不得超过 1℃。

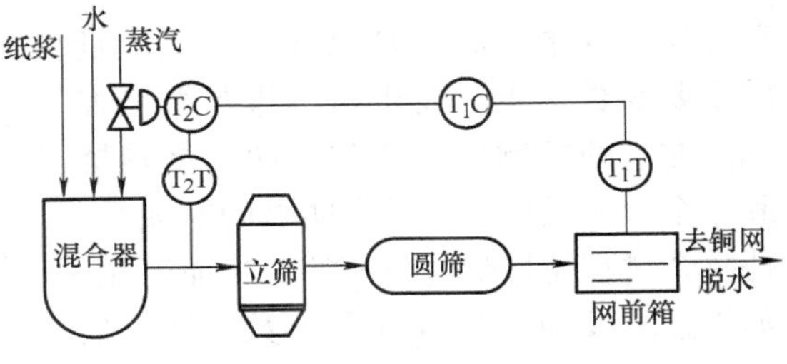

图 4-7 网前箱温度串级控制

若用单回路控制系统，从混合器到网前箱纯时滞达 90s，当纸浆流量波动 35kg/min 时，温度最大偏差达 8.5℃，过渡过程时间达 450s，控制质量差，不能满足工艺要求。

为了克服这个 90s 的纯时滞，在调节阀较近处选择混合器温度为副参数，网前箱出口温度为主参数，构成串级控制系统，将纸浆流量波动 35kg/min 的主要扰动包括在副回路中。当其波动时，网前箱温度最大偏差未超过 1℃，过渡过程时间为 200s，完全满足工艺要求。

4.5.3 抑制大幅度剧烈变化的扰动

串级控制系统的副回路对于进入其中的扰动具有较强的抑制能力，所以，在工业应用中只要将变化剧烈、而且幅度大的扰动包括在串级系统副回路之中，就可以大大减少其对主参数的影响。

例 4-2 某厂精馏塔塔釜温度的串级控制。精馏塔是石油、化工生产过程中的主要工艺设备。对于由多组分组成的混合物，利用其各组分不同的挥发度，通过精馏操作，可以将其分离成较纯组分的产品。由于塔釜温度是保证产品分离纯度的重要工艺指标，所以需对其实现自动控制。生产工艺要求塔釜温度控制在 ±1.5℃范围里。在实际生产过程中，蒸汽压力变化剧烈，而且幅度大，有时从 0.5MPa 突然降至 0.3MPa，压力变化了 40%。对于如此大的扰动作用，若采用单回路控制系统，调节器的比例放大系数调到 1.3，塔釜温度最大偏差为 10℃，不能满足生产工艺要求。

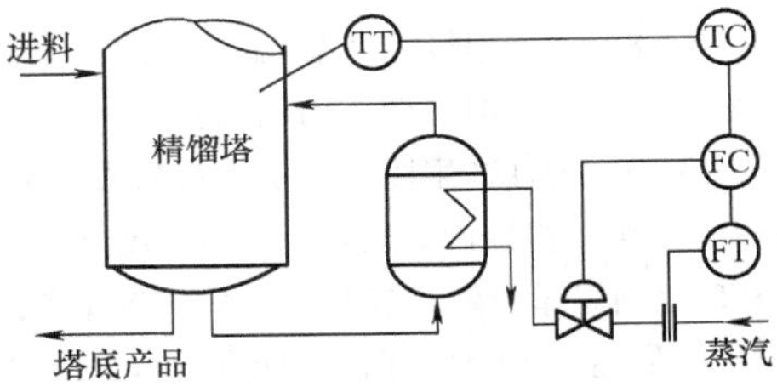

图 4-8 温度与流量串级控制

若采用图 4-8 所示的以蒸汽流量为副参数、塔釜温度为主参数的串级控制系统，将蒸汽压力变化这个主要扰动包括在副回路中，运用串级控制对进入副回路扰动有较强抑制能力的特点，将副调节器的比例放大系数调到5。实际运行表明，塔釜温度的最大偏差未超过1.5℃，完全满足了生产工艺要求。

4.5.4 克服被控过程的非线性

在过程控制中，一般工业过程都具有一定的非线性。当负荷变化时，过程特性会发生变化，易引起工作点的移动。这种特性的变化虽然可通过调节阀的特性来补偿，使广义过程的特性在整个工作范围内保持不变，然而这种补偿的局限性很大，不可能完全补偿，过程仍然有较大的非线性。此时单回路系统往往不能满足生产工艺要求，如果采用串级控制系统，那么它能适应负荷和操作条件的变化，自动调整副调节器的给定值，从而改变调节阀的开度，使系统运行在新的工作点上。当然，这会使副回路的衰减率有所变化，但对整个系统的稳定性影响却很小。

例如，图4-9所示为醋酸乙炔合成反应器，其中部温度是保证合成气质量的重要参数，工艺要求对其进行严格控制。在它的控制通道中包含两个换热器和一个合成反应器，具有明显的非线性，使整个过程特性随着负荷的变化而变化。如果选取反应器温度为主参数，换热器出口温度为副参数构成串级控制系统，将随负荷变化的那一部分非线性过程特性包含在副回路里，由于串级系统对于负荷变化具有一定的自适应能力，从而提高了控制质量。实践证明，系统的衰减率基本保持不变，主参数保持平衡，达到了工艺要求。

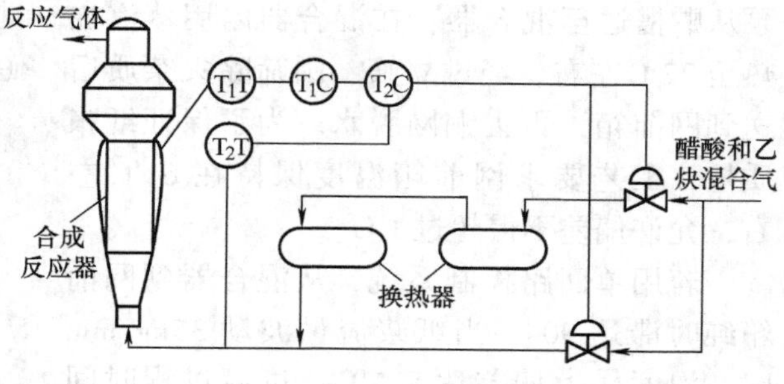

图4-9 合成反应器温度串级控制

思考题与习题

4-1 什么叫串级控制系统？串级控制系统通常可用在哪些场合？

4-2 与单回路系统相比，串级控制系统有哪些主要特点？

4-3 设计串级控制系统时，应解决好哪些问题？

4-4 与单回路系统相比，为什么说串级控制系统由于存在一个副回路而具有较强的抑制扰动的能力？

4-5 在副参数的选择和副回路的设计中应遵循哪些主要原则？

4-6 怎样确定主、副调节器的正反作用方式？试举例说明之。

4-7 为什么说串级控制系统具有改善过程动态特性的特点？T'_{02}和K'_{02}的减小与提高控制质量有何关系？

4-8 设计串级控制系统时，主、副过程时间常数之比（T_{01}/T_{02}）应在3～10范围内。试问当$T_{01}/T_{02}<3$及$T_{01}/T_{02}>10$时将会有何问题？

4-9 为什么串级控制系统参数的整定要比单回路系统复杂？怎样整定主、副调节器的参数？

4-10 在设计某加热炉出口温度（主参数）与炉膛温度（副参数）的串级控制方案中，主调节器采用PID控制规律，副调节器采用P控制规律，为了使系统运行在最佳状态，采用两步整定法整定主、副调节器参数，按1:1衰减曲线测得$\delta_{2s}=42\%$；$T_{2s}=25\text{s}$；$\delta_{1s}=75\%$；$T_{1s}=11\text{min}$。

试求主、副调节器的整定参数值。

4-11 在某生产过程中，冷物料通过加热炉进行加热，根据工艺要求，需对热物料的炉出口温度进行严格控制，在运行中发现燃料压力波动大，而且是一个主要扰动，故设计如题图 4-1 所示系统流程图，要求：

（1）根据系统控制流程图画出控制系统框图；

（2）试确定调节阀的气开、气关形式；

（3）确定主、副控制器的正、反作用。

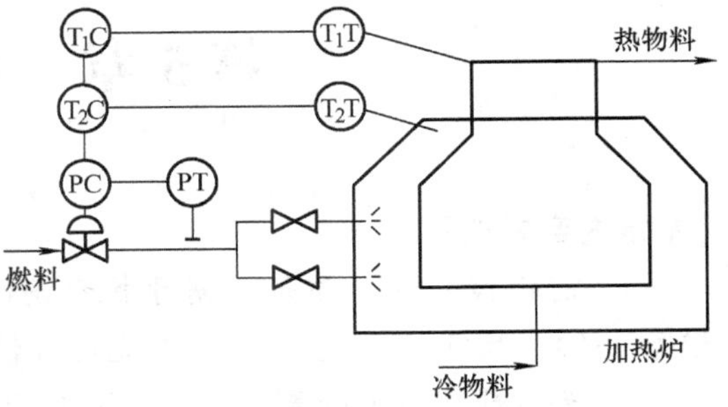

题图 4-1 加热炉温度控制

4-12 在现代化都市中，对于生活污水和工业污水等必须进行处理之后才能排入江河湖泊之中，以保护环境。为此，可采用如题图 4-2 所示的三个大容量的澄清池、过滤池和清水池进行处理。工艺要求（控制）清水池水位稳定在某一高度上。在污水处理过程中污水流量经常波动，是诸干扰因素中最主要的一个扰动。试设计一个串级过程控制系统。

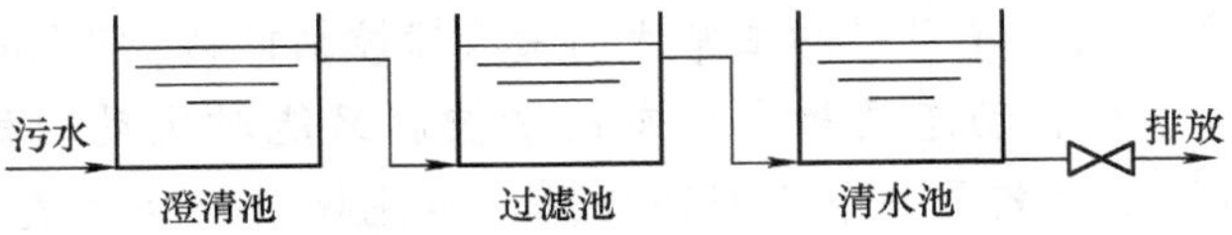

题图 4-2 污水处理控制

4-13 对于如题图 4-3 所示的加热串级控制系统。要求：

（1）画出该控制系统的框图，并说明主被控量、副被控量分别是什么。

（2）试确定调节阀的气开、气关形式。

（3）确定主、副控制器的正、反作用。

（4）温度变送器量程由原来 0～500℃ 改变为 200～300℃，控制系统会出现什么现象？应如何解决？

（5）流量变送器量程由原来的 0～250kg/h 改变为 0～400kg/h，控制系统会出现什么现象？应如何解决？

4-14 如题图 4-4 所示的加热炉出口温度控制系统控制流程图。

（1）画出控制系统框图，并确定控制系统各个环节的正、反作用。

（2）为了克服燃料油压力扰动对原料温度的影响，在（1）的基础上设计一个合理的串级控制系统。

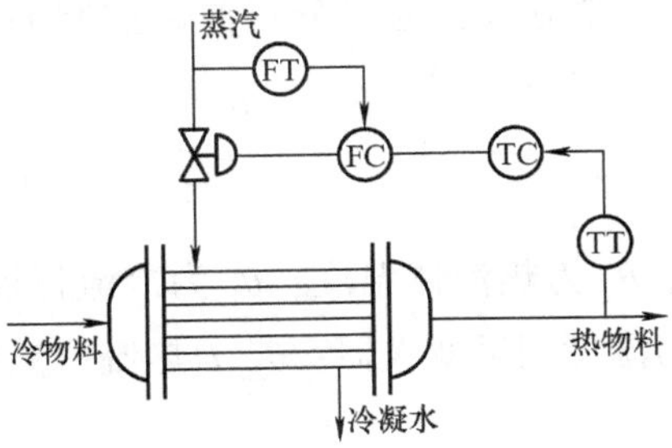

题图 4-3 加热器串级控制系统

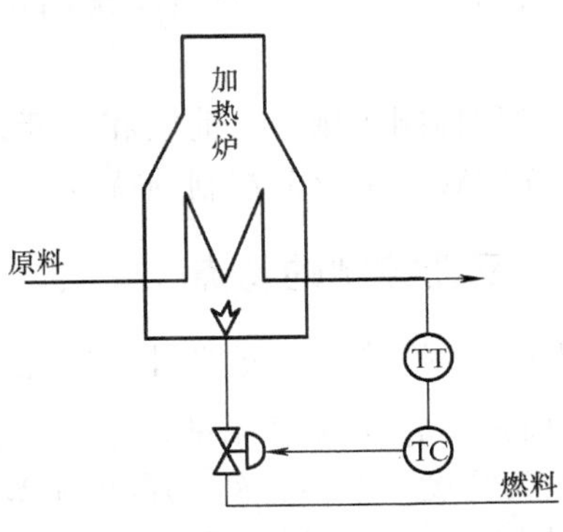

题图 4-4 加热炉出口温度控制系统

第5章 前馈控制系统

【本章内容要点】

1. 前馈控制的本质是“基于扰动消除扰动对被控量的影响”，即一旦扰动出现立刻进行补偿，故前馈控制又称为“扰动补偿”。反馈控制的本质是“基于扰动产生的偏差来消除扰动对被控量的影响”，在扰动出现后、偏差产生前，调节器没有控制作用。因此，前馈控制对抑制扰动引起的被控量的动、静态偏差比较有效。

2. 前馈控制只适用于克服可测不可控的扰动，而对系统中的其他扰动无抑制作用，前馈控制具有指定性补偿的局限性。为了克服这种局限性，通常将前馈、反馈两者结合起来，构成复合控制系统。可测不可控的主要扰动由前馈控制抑制，其他的由闭环控制解决。

3. 前馈控制具有静态和动态两种。静态前馈控制只能对扰动的稳态响应有良好的补偿作用，但静态前馈控制器只是一个比例调节器，实施起来十分方便。动态前馈控制几乎每时每刻都在补偿扰动对被控量的影响，故能极大提高控制过程的动态品质，是改善控制系统品质的有效手段，但控制器取决于被控对象的特性，往往比较复杂，难以实施。

4. 前馈控制属于开环控制，只要系统中各环节是稳定的，则控制系统必然稳定。

5.1 前馈控制的基本概念

到目前为止，所讨论的控制系统，如单回路控制系统、串级控制系统，都是有反馈的闭环控制系统，其特点是当被控过程受到扰动后，必须等到被控参数出现偏差时，调节器才动作，以补偿扰动对被控参数的影响。众所周知，被控参数产生偏差的原因是由于扰动的存在，倘若能在扰动出现时就进行控制，而不是等到偏差发生后再进行控制，这样的控制方案一定可以更快、更有效地消除扰动对被控参数的影响。前馈控制正是基于这种思路提出来的。

在过程控制领域中，前馈和反馈是两类并列的控制方式，为了分析前馈控制的基本原理，首先回顾一下反馈控制的特点。

5.1.1 反馈控制的特点

图5-1为换热器温度控制系统原理框图。图中，θ_2 为热流体温度；θ_1 为冷流体温度；q 为流体流量；q_D 为蒸汽流量；p_D 为蒸汽压力；TT为温度测量变送器；θ_{20}为热流体温度给定值；TC为温度调节器；K_v 为温度调节阀门。

在图5-1所示的温度反馈控制系统中，当扰动（如被加热的物料流量 q、入口温度 θ_1 或蒸汽压力 p_D 等的变化）发生后，将引起热流体出口温度 θ_2 发生变化，使其偏离给定值 θ_{20}，随之温度调节器按照被控量偏差值 $e=\theta_{20}-\theta_2$ 的大小和方向产生控制作用，通过调节阀的动作改变加热用蒸汽的流量 q_D，从而补偿扰动对被控量 θ_2 的影响。

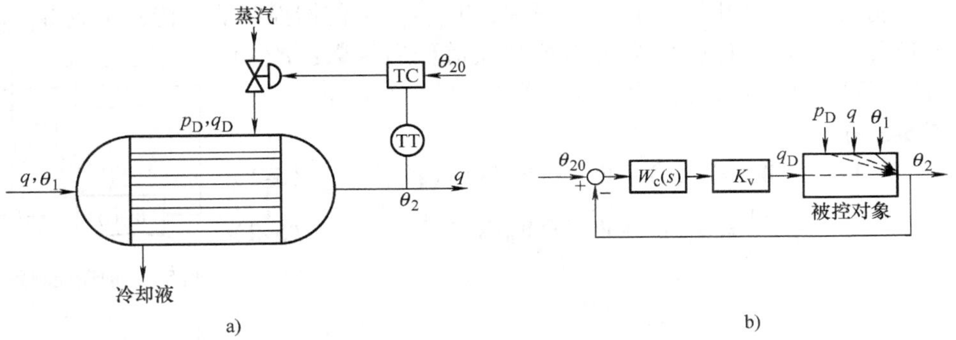

图 5-1　换热器温度反馈控制系统

a）原理示意图　b）系统框图

由此可归纳出反馈控制的特点如下：

1）反馈控制的本质是“基于偏差来消除偏差”。如果没有偏差出现，也就没有控制作用了。

2）无论扰动发生在哪里，总要等到引起被控量发生偏差后，调节器才动作，故调节器的动作总是落后于扰动的作用，是一种“不及时”的控制。

3）反馈控制系统，因构成闭环，故而存在稳定性的问题。即使组成闭环系统的每一个环节都是稳定的，闭环系统是否稳定，仍然需要作进一步的分析。

4）引起被控量发生偏差的一切扰动，均被包围在闭环内，故反馈控制可消除多种扰动对被控量的影响。

5）反馈控制系统中，调节器的控制规律通常是 P、PI、PD 和 PID 等。

5.1.2　前馈控制原理与特点

对图 5-1 所示的换热器，采用如图 5-2 所示的前馈控制系统。假设换热器的物料流量 q 是影响被控量 θ_2 的主要扰动，此时 q 变化频繁，变化幅值大，且对出口温度 θ_2 的影响力最显著。为此，采用前馈控制方式，即通过流量变送器测量物料流量 q，并将流量变送器的输出信号送到前馈补偿器，前馈补偿器根据其输入信号，按照一定的运算规律操作调节阀，从而改变加热用蒸汽流量 q_D，以补偿物料流量 q 对被控温度的影响。

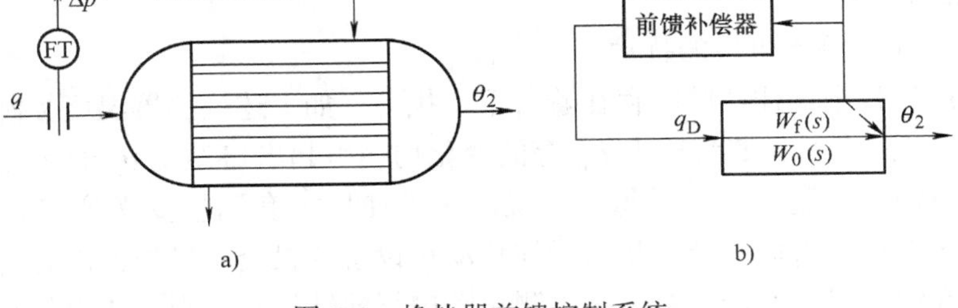

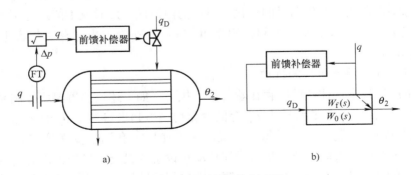

图 5-2　换热器前馈控制系统

a）系统控制流程图　b）控制系统框图

前馈控制系统框图如图5-3所示。图中，$W_m(s)$ 为前馈控制器，传递函数 $W_f(s)$ 为过程扰动通道传递函数；$W_0(s)$ 为过程控制通道传递函数；$F(s)$ 为系统可测不可控扰动；$Y(s)$ 为被控参数。

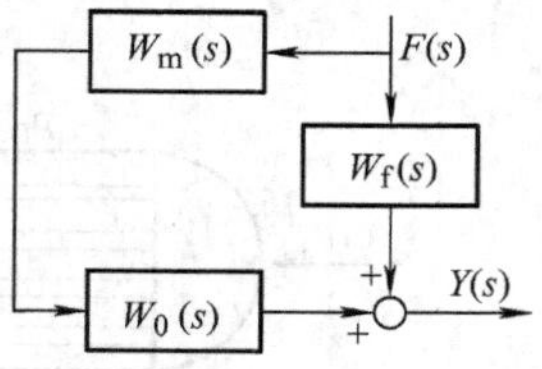

图5-3　前馈控制系统框图

由图5-3可知

$$Y(s)=W_f(s)F(s)+W_m(s)W_0(s)F(s) \tag{5-1}$$

故

$$\frac{Y(s)}{F(s)}=W_f(s)+W_m(s)W_0(s) \tag{5-2}$$

要使

$$\frac{Y(s)}{F(s)}=0$$

可得，前馈控制器模型为

$$W_m(s)=-\frac{W_f(s)}{W_0(s)} \tag{5-3}$$

由此，可将前馈控制器的特点归纳如下：

1）前馈控制是“基于扰动来消除扰动对被控量的影响”，故前馈控制又称为“扰动补偿”。

2）扰动发生后，前馈控制器“及时”动作，对抑制被控量由于扰动引起的动、静态偏差比较有效。

3）前馈控制属于开环控制，所以只要系统中各环节是稳定的，则控制系统必然稳定。

4）只适合用来克服可测而不可控的扰动，而对系统中的其他扰动无抑制作用。因此，前馈控制具有指定性补偿的局限性。

5）前馈控制器的控制规律，取决于被控过程的特性。因此，往往控制规律比较复杂。

5.1.3　前馈控制的局限性

由前馈控制的原理、特点可以看出，前馈控制虽然对可测不可控的扰动有很好的抑制作用，但同时也存在着很大的局限性。

（1）完全补偿难以实现

前馈控制只有在实现完全补偿的前提下，才能使系统得到良好的动态品质，但完全补偿几乎是难以做到的，因为要准确地掌握过程扰动通道特性 $W_f(s)$ 及控制通道特性 $W_0(s)$ 是不容易的。故而前馈模型 $W_m(s)$ 难以准确获得；且被控对象常含有非线性特性，在不同的工况下其动态特性参数将产生明显的变化，原有的前馈模型此时就不能适应了，因此无法实现动态上的完全补偿。即使前馈控制器模型 $W_m(s)$ 能准确求出，有时工程上也难以实现（必须采用计算机）。

（2）只能克服可测不可控的扰动

实际的生产过程中，往往同时存在着若干个扰动。如上述换热器温度控制系统中，物料流量 q、物料入口温度 θ_1、蒸汽压力 P_D 等的变化均会引起出口温度 θ_2 的变化。如果要对每一种扰动都实行前馈控制，就是对每一个扰动至少使用一套测量变送仪表和一个前馈控制器，这将使系统变得庞大而复杂，从而增加自动化设备的投资。另外，尚有一些扰动量至今仍然无法实现在线测量。而若仅对某些可测扰动进行前馈控制，则无法消除其他扰动对被控参数的影响。这些因素均限制了前馈控制的应用范围。

5.2 前馈控制系统的结构形式

在实际过程控制中，前馈控制有多种结构形式，下面仅介绍几种典型方案。

5.2.1 静态前馈控制系统

静态前馈控制是最简单的前馈控制结构，只要令图 5-3 中的前馈控制器传递函数（式 5-3）满足下式即可：

$$W_{m}(s) = -K_{m} = -\frac{K_{f}}{K_{0}} \tag{5-4}$$

式中，K_f、K_0 为干扰通道与控制通道的静态增益。

顾名思义，静态前馈控制只能对扰动的稳态（静态）响应有良好的补偿（控制）作用。由于静态前馈控制器为一比例调节器，实施起来十分方便，因而在扰动变化不大或对补偿（控制）要求不高的生产过程中，可采用静态前馈控制结构形式。

5.2.2 动态前馈控制系统

显然，静态前馈控制系统结构简单、易于实现，在一定程度上可改善过程品质，但在扰动作用下控制过程的动态偏差依然存在。对于扰动变化频繁和动态精度要求比较高的生产过程，此种静态前馈往往不能满足工艺上的要求，这时应采用动态前馈方案。

动态前馈的结构参见图 5-3，其中前馈控制器的传递函数由式（5-3）决定。对比式（5-3）与式（5-4）可见，静态前馈是动态前馈的一种特殊情况。

采用动态前馈后，由于它几乎每时每刻都在补偿扰动对被控量的影响，故能极大地提高控制过程的动态品质，是改善控制系统品质的有效手段。

动态前馈控制方案虽能显著地提高系统的控制品质，但是动态前馈控制器的结构往往比较复杂，需要专门的控制装置，甚至使用计算机才能实现，且系统运行、参数整定也比较复杂。因此，只有当工艺上对控制精度要求极高、其他控制方案难以满足时，才考虑使用动态前馈方案。

5.2.3 前馈-反馈复合控制系统

为了克服前馈控制的局限性，工程上将前馈、反馈两者结合起来。这样，既发挥了前馈作用可及时克服主要扰动对被控量影响的优点，又保持了反馈控制能克服多个扰动影响的特点，同时也降低了系统对前馈补偿器的要求，使其在工程上易于实现。这种前馈-反馈复合控制系统在过程控制中已被广泛地应用。

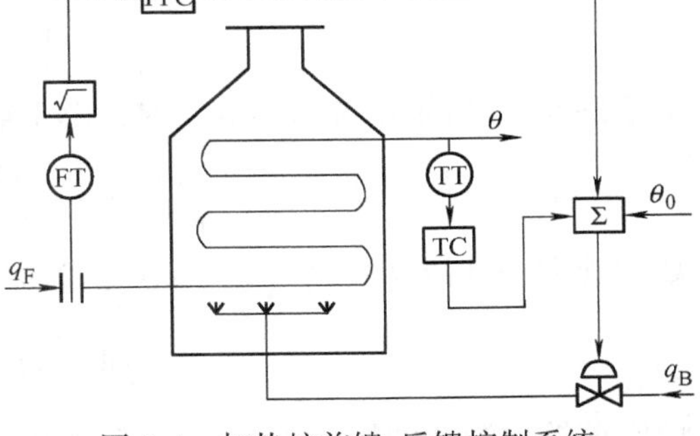

图 5-4　加热炉前馈-反馈控制系统

图 5-4 所示为炼油装置上加热炉的前馈-反馈控制系统。加热炉出口温度 θ 为被控量，燃料油流量 q_B 为控制量。由于进料流量 q_F 经常发生变化，因而对此主要扰动进行前馈控制。前馈控

制器（FFC）将在 q_F 变化时及时产生控制作用。通过改变燃料流量来消除进料流量对加热炉出口温度 θ 的影响。同时反馈控制温度调节器（TC）获得温度 θ 变化的信息后，将按照一定的控制规律对燃料流量 q_B 产生控制作用。两个通道作用的叠加将使 θ 尽快回到给定值。在系统出现其他扰动时，如进料的温度、燃料流量压力等变化时，由于这些信息未被引入前馈补偿器，故只能依靠反馈调节器产生的控制作用克服它们对被控温度的影响。

典型的前馈-反馈控制系统如图 5-5 所示。它是由一个反馈回路和一个外环补偿回路叠加而成的复合系统。

由图 5-5a 可知，在扰动 $F(s)$ 作用下，系统输出为

$$Y(s)=W_f(s)F(s)+W_m(s)W_0(s)F(s)-W_c(s)W_0(s)Y(s) \tag{5-5}$$

式（5-5）右边第一项是扰动量 $F(s)$ 对被控量 $Y(s)$ 的影响，第二项是前馈控制作用，第三项是反馈控制作用。

对图 5-5a 所示前馈-反馈控制系统，输出对扰动 $F(s)$ 的传递函数为

$$\frac{Y(s)}{F(s)}=\frac{W_f(s)+W_m(s)W_0(s)}{1+W_c(s)W_0(s)} \tag{5-6}$$

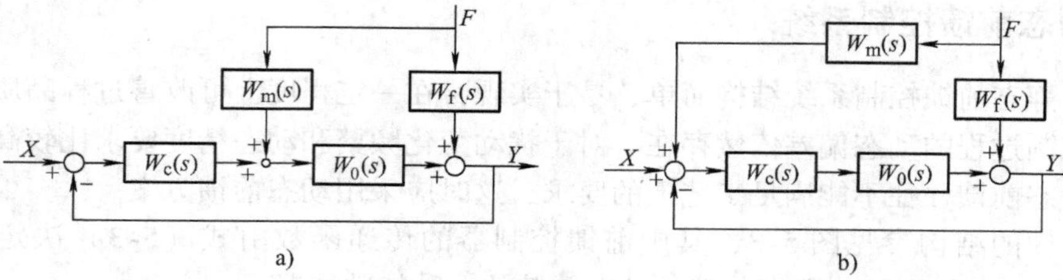

图 5-5　单回路前馈-反馈复合控制系统

a）前馈信号接在反馈控制器之后　b）前馈信号接在反馈控制器之前

注意到在单纯前馈控制下，扰动对被控量的影响为

$$\frac{Y(s)}{F(s)}=W_f(s)+W_m(s)W_0(s) \tag{5-7}$$

可见，采用了前馈-反馈控制后，扰动对被控量的影响变为原来的 $1/[1+W_c(s)W_0(s)]$。这就证明了反馈回路不仅可以降低对前馈补偿器精度的要求，同时对于工况变动时所引起的对象非线性特性参数的变化也具有一定的自适应能力。

在前馈-反馈复合控制系统中，实现前馈作用的完全补偿的条件不变，即对图 5-5a 所示结构

$$W_m(s)=-\frac{W_f(s)}{W_0(s)} \tag{5-8}$$

对于图 5-5b 所示系统结构的情况，由于输出 $Y(s)$ 对扰动 $F(s)$ 的传递函数为

$$\frac{Y(s)}{F(s)}=\frac{W_f(s)+W_c(s)W_0(s)W_m(s)}{1+W_c(s)W_0(s)} \tag{5-9}$$

要实现完全补偿（$Y(s)/F(s)=0$），前馈模型为

$$W_m(s)=-\frac{W_f(s)}{W_0(s)W_c(s)} \tag{5-10}$$

此时前馈控制器的特性不但取决于过程扰动通道及控制通道特性，还与反馈控制器 $W_c(s)$

的控制规律有关。

5.2.4 前馈-串级复合控制系统

在过程控制中，有的生产过程常受到多个变化频繁而又剧烈的扰动影响。而生产过程对被控参数的控制精度和稳定性要求又很高，这时可考虑采用前馈-串级控制系统。

对图5-4所示的加热炉，可采用图5-6所示前馈-串级复合控制系统。系统中副调节器为流量调节器FC，前馈控制器FFC采用动态前馈模型，前馈-串级复合控制系统的框图如图5-7所示。

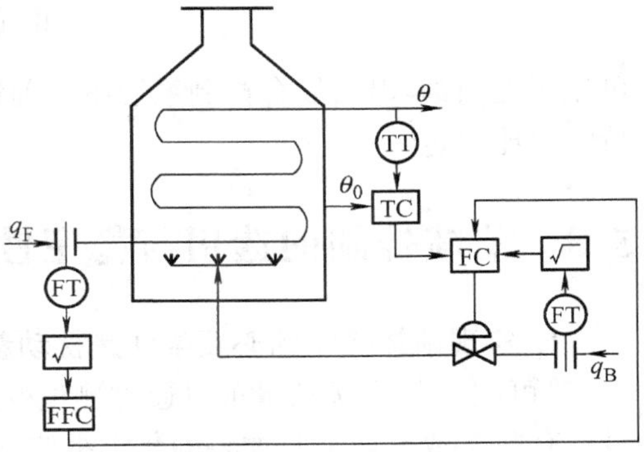

图5-6 加热炉出口温度前馈-串级控制系统

由串级系统分析可知，系统对进入副回路的扰动影响有较强的抑制能力，而前馈控制能克服进入主回路的系统主要扰动。另外，由于前馈控制器的输出不直接加在调节阀上，而是作为副调节器的给定值，因而可降低对调节阀门特性的要求。实践证明，这种复合控制系统的动、静态品质指标均较高。

下面讨论前馈控制模型。由串级控制系统分析可知，副回路的等效传递函数为

$$\frac{Y_2(s)}{X_2(s)}=\frac{W_{c2}(s)W_{02}(s)}{1+W_{c2}(s)W_{02}(s)} \tag{5-11}$$

可将图5-7简化为图5-8，比较图5-5a，两者一致。系统输出 $Y_1(s)$ 对于扰动 $F_1(s)$ 的传递函数为

$$\frac{Y_1(s)}{F_1(s)}=\frac{W_f(s)+W_m(s)W_{01}(s)Y_2(s)/X_2(s)}{1+W_{c1}(s)W_{01}(s)Y_2(s)/X_2(s)} \tag{5-12}$$

要对 $F_1(s)$ 的影响进行完全补偿，则应有 $Y_1(s)/F_1(s)=0$，从而有

$$W_m(s)=-\frac{W_f(s)}{W_{01}(s)Y_2(s)/X_2(s)} \tag{5-13}$$

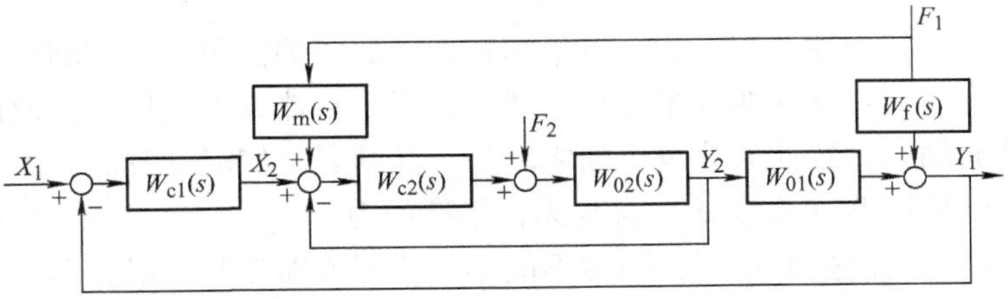

图5-7 前馈-串级复合控制系统框图

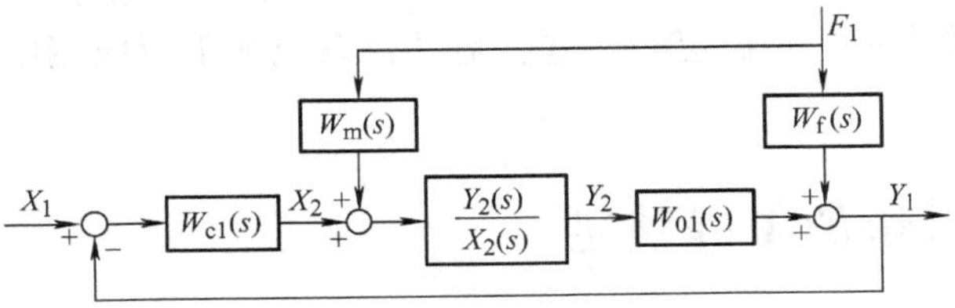

图5-8 图5-7等效简化框图

当副回路的工作频率远大于主回路工作频率时，副回路是一个快速随动系统，其闭环传递函数为

$$\frac{Y_2(s)}{X_2(s)}\approx 1 \tag{5-14}$$

将式（5-14）代入式（5-13）得

$$W_m(s)\approx -\frac{W_f(s)}{W_{01}(s)} \tag{5-15}$$

可见，在前馈-串级复合控制系统中，前馈补偿器的数学模型主要由系统扰动通道与主过程特性之比决定。

5.3 前馈控制的选用与稳定性

1. 实现前馈控制的必要条件是扰动量的可测和不可控性

“可测”是指扰动量可以通过测量变送器，在线地将其转换为前馈补偿器所能接受的信号。有些参数，如某些物料的化学组成、物理性质等至今尚无自动化仪表能对其进行在线测量，对这类扰动无法实现前馈控制；扰动量“不可控”这个概念常被混淆，实际指的是扰动量与控制量之间的相互独立性，即图5-3所示控制通道传递函数 $W_0(s)$ 与扰动通道传递函数 $W_f(s)$ 之间无关联，从而控制量无法改变扰动量的大小，即扰动量不可控。考虑第4章中图4-1所示的加热炉温度系统，扰动量 $F_1(s)$（被加热物料的流量和初温）与扰动量 $F_2(s)$（燃料热值、压力、流量的变化）符合不可控性，因而可以采用前馈控制；但扰动量 $F_3(s)$（烟囱挡板位置的改变、抽力的变化）则不然，它的变化将影响炉膛传递函数（见第4章中的图4-3），即影响控制通道 $W_0(s)$，因而不能采用前馈控制。

2. 前馈控制系统的稳定性

动态过程的稳定性是控制系统能够正常运行的必要条件。线性控制系统的稳定性理论已经发展得很成熟，它们同样适用于线性前馈控制系统的稳定性分析。众所周知，前馈控制属于开环控制方式，因此，在设计前馈控制系统时，对系统中每一个组成环节的稳定程度都必须予以足够的重视。

在实际的生产过程中往往存在着无自平衡特性。如锅炉汽包水位控制系统中控制通道特性就具有无自平衡能力；又如在大多数化学反应过程中常伴有放热反应，而放热反应的速度随着温度的升高而加剧，致使放热量也随之增加，其结果又使温度升高，因此这类具有温度正反馈性质的化学反应器（聚合釜）自身无自平衡能力。

对于无自平衡能力的生产过程，通常不能单独使用前馈控制方案。但对于开环不稳定的过程，可以通过调节器的合理整定，使其组成的闭环系统在一定范围内稳定。事实上，对于前馈-反馈或前馈-串级控制系统，只要反馈系统或串级系统是稳定的，则相应的前馈-反馈或前馈-串级控制系统也一定是稳定的。这也是复合系统在工业应用中取代单纯的前馈控制的重要原因之一。

5.4 前馈控制系统的工程整定

生产过程中的前馈控制一般均采用前馈-反馈或前馈-串级复合控制系统。复合控制系统

中的参数整定要分别进行，可先按前述原则，整定好单回路反馈系统或串级系统。这里主要讨论前馈控制器参数的整定方法。

前馈补偿模型由过程扰动通道及控制通道特性的比值决定。但因过程特性的测量精度不高，不能准确地掌握扰动通道特性 $W_f(s)$ 及控制通道模型 $W_0(s)$，故前馈模型的理论整定难以进行，目前广泛采用的是工程整定法。

实践证明，相当数量的化工、热工、冶金等工业过程的特性都是非周期、过阻尼的。因此，为了便于进行前馈模型的工程整定，同时又能满足工程上一定的精度要求，常将被控过程的控制通道及扰动通道处理成含有一阶或二阶惯性环节，必要时再加上一个时滞的形式，即

$$W_0(s)=\frac{K_1}{T_1s+1}e^{-\tau_1 s} \tag{5-16}$$

$$W_f(s)=-\frac{K_2}{T_2s+1}e^{-\tau_2 s} \tag{5-17}$$

将式（5-16）、式（5-17）代入式（5-3）可得到

$$W_m(s)=-\frac{\dfrac{K_2}{T_2s+1}e^{-\tau_2 s}}{\dfrac{K_1}{T_1s+1}e^{-\tau_1 s}}=-K_m\frac{T_1s+1}{T_2s+1}e^{-\tau s} \tag{5-18}$$

式中，K_m 为静态前馈系数，$K_m=K_2/K_1$；T_1、T_2 分别为控制通道及扰动通道时间常数；τ 为扰动通道与控制通道纯时滞之差，$\tau=\tau_2-\tau_1$。

工程整定法是在具体分析前馈模型参数对过渡过程影响的基础上，通过闭环试验来确定前馈控制器的参数。

5.4.1 静态参数 K_m 的确定

K_m 是前馈控制器中的一个重要参数。对图 5-9 所示的静态前馈-反馈控制系统，在整定好闭环 PID 控制系统的基础上，闭合开关 S，得到闭环试验过程曲线，如图 5-10 所示。由图 5-10a、b 可见，当 K_m 值过小时，不能显著地改善系统的品质，此时为欠补偿过程。反之，当 K_m 值过大时，虽然可以明显地降低控制过程的第一个峰值，但由于 K_m 值过大造成的静态前馈输出过大，相当于对反馈控制系统又施加了一个不小的扰动，这只有依靠 PID 调节器加以克服，因而造成控制量下半周期的严重过调，致使过渡过程长时间不能恢复，故 K_m 过大也会降低过渡过程的品质，如图 5-10c、d 所示，此时称为过补偿。只有当 K_m 取得恰当时，过程品质才能取得明显的改善，如图 5-10e 所示，即取此时的 K_m 值为整定值。

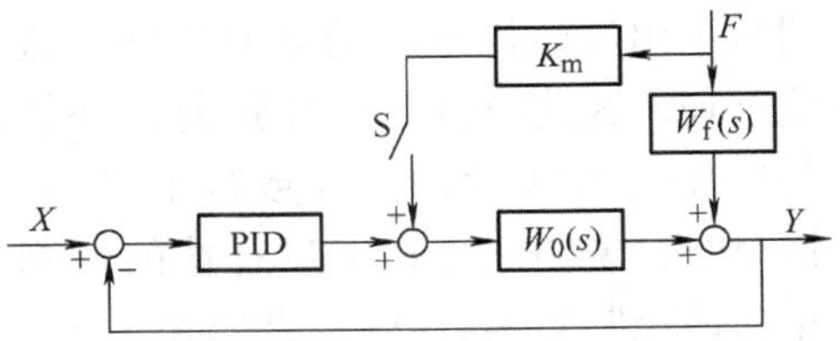

图 5-9 K_m 闭环整定法框图

5.4.2 动态参数 T_1、T_2 的确定

动态前馈参数 T_1 与 T_2 整定框图如图 5-11 所示。首先，使系统处于静态前馈-反馈控制

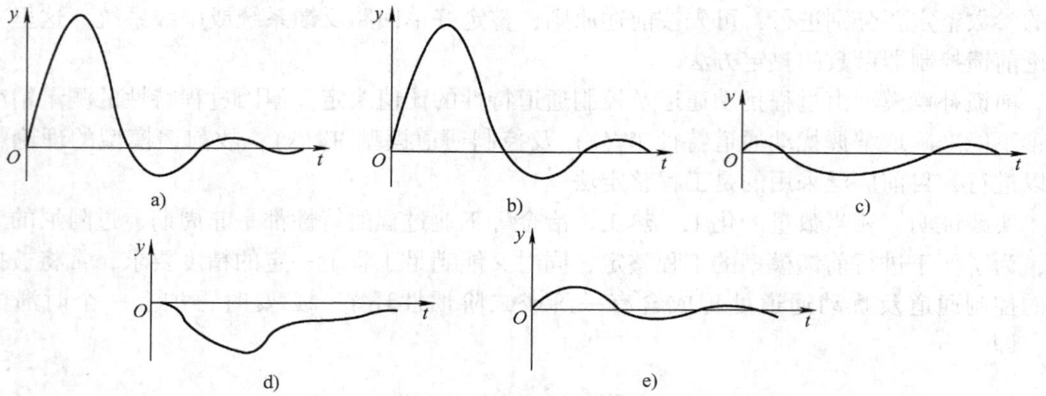

图 5-10　闭环整定法试验曲线

a）PID 控制过程　b）K_m 过小的欠补偿过程　c）K_m 较大的过补偿过程

d）K_m 过大的严重过补偿过程　e）K_m 合适的补偿过程

方案下运行，分别整定好反馈控制下的 PID 参数及静态前馈参数 K_m，然后闭合动态前馈-反馈复合控制系统。先使前馈控制器中的动态参数 $T_1 = T_2$，在 $f(t)$ 的阶跃扰动下，由被控量 $y(t)$ 的变化形状判断 T_1、T_2 应调整的方向。实验时，先从过程欠补偿情况开始，逐步强化前馈补偿作用（增大 T_1 或减小 T_2），直到出现过补偿的趋势时，再稍微削弱一点前馈补偿作用，即适当地减小 T_1 或增大 T_2，以得到补偿效果满意的过渡过程，此时的 T_1、T_2 值即为前馈控制器的动态整定参数。

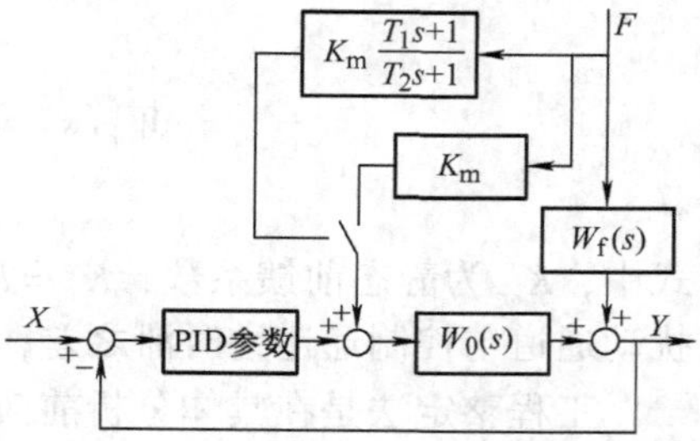

图 5-11　动态前馈参数整定框图

图 5-12 给出了选取 T_1、T_2 的实验过程曲线。曲线①为单回路反馈控制下被控参数的变化，曲线②及曲线③均为动态前馈-反馈控制过程。其中曲线②表示采用动态前馈-反馈控制时被控参数的超调与采用反馈控制时的方向相同，这说明此时为欠补偿过程。因此应该继续加强前馈补偿作用，即前馈控制参数 T_1 应继续加大（或减小 T_2）；当出现曲线③的情况时，说明已达到了过补偿的控制过程，此时应减小前馈控制器参数 T_1（或加大 T_2），以免使过渡过程的反向超调进一步扩大。

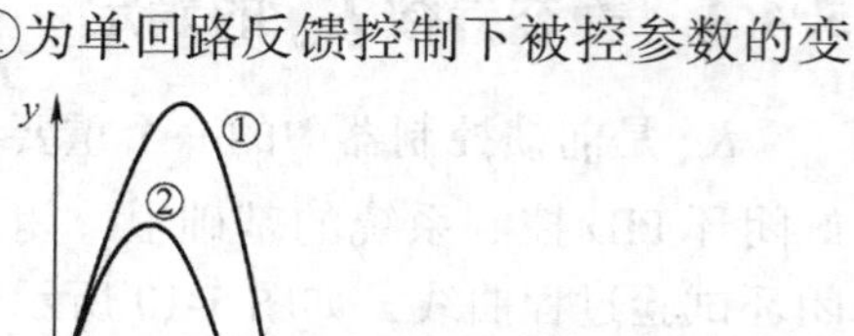

图 5-12　选取 T_1、T_2 的实验过程

5.4.3　过程时滞的影响

τ 值是过程扰动通道及控制通道纯时滞的差值。它反映了前馈补偿作用提前于扰动对被控参数影响的程度。当扰动通道与控制通道纯时滞相近时，相当于提前了前馈作用，增强了前馈的补偿效果。而过于提前的前馈作用又易引起控制过程发生反向过调的现象，如图 5-13 所示，其中，曲线①为扰动对

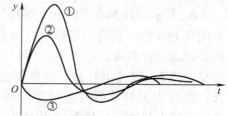

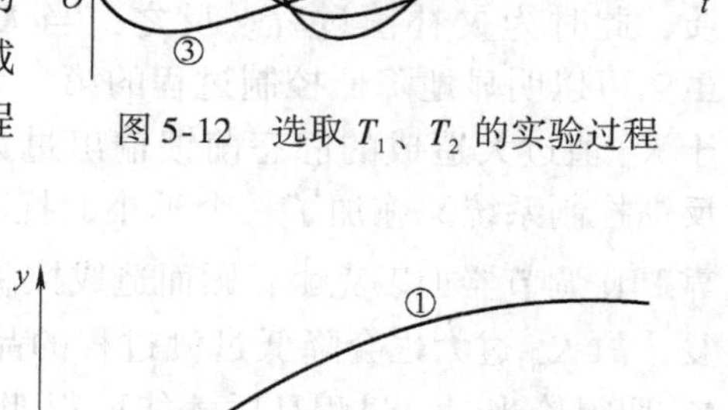

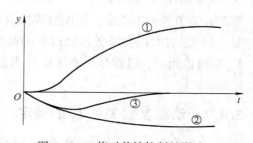

图 5-13　τ 值对前馈控制的影响

被控量的影响；曲线②为前馈补偿作用；曲线③为系统的控制过程。

5.5 前馈控制的工业应用

前馈控制系统可以用来补充单回路反馈控制及串级控制所不易解决的某些控制问题，因而在石油、化工、冶金、发电厂等过程控制中取得了广泛的应用。随着计算机技术的发展，动态前馈控制已不难实现。目前，前馈-反馈、前馈-串级等复合控制已成为改善控制品质的重要方案。下面介绍几个较成熟的工业应用示例。

5.5.1 冷凝器温度前馈-反馈复合控制系统

许多生产过程中都有冷凝设备，它的作用是将中间产品冷凝成液体，再送往下一个工段继续加工。这种冷凝设备的主要被控量是冷凝液的温度，控制量则为冷却水的流量，如图 5-14 所示。其工作原理是：从低压汽轮机出来的乏蒸汽经冷凝器以后，变成温水，再由循环泵送至除氧器，经除氧处理后的温水，可继续作为发电锅炉的给水。本系统采用前馈-反馈复合控制方式，将乏蒸汽被冷凝后的温水温度作为被控参数，将冷却水流量作为控制参数，即由温度变送器（TT）、PI 调节器（TC）、冷却水调节阀及过程控制通道构成反馈控制系统。乏蒸汽流量是个可测而不可控且经常变化的扰动因素，故对乏蒸汽流量进行前馈控制，使冷却水流量跟随乏蒸汽流量的变化而提前变化，以维持温水的水温达到指定范围。

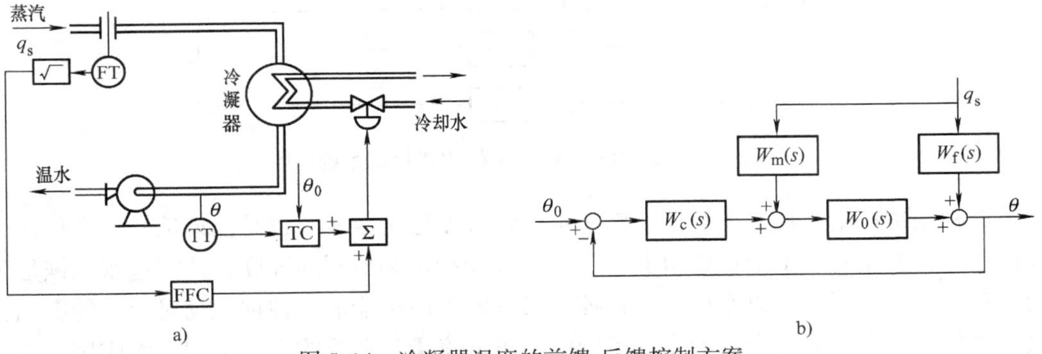

图 5-14 冷凝器温度的前馈-反馈控制方案

a）系统原理图 b）系统框图

5.5.2 锅炉给水前馈-串级三冲量系统

锅炉水位控制主要是为了保证锅炉的安全运行，为此必须维持锅炉汽包水位基本恒定（稳定在允许范围内）。显然，在锅炉给水自动控制中，应以汽包水位 h 作为被控参数。而引起水位变化的扰动量很多，如锅炉的蒸发量 q_D、给水流量 q_W、炉膛热负荷（燃料量）及汽包压力等。但其中燃料量的改变不但会影响到水位的变化，更主要的是可以起到稳定汽压的作用，故常把它作为锅炉燃烧控制系统中的一个控制量。蒸汽流量 q_D 是锅炉的负荷，显然这是一个可测而不可控的扰动，因此常常对蒸汽负荷采用前馈补偿，以改善在蒸汽负荷扰动下的控制品质。最后，从物质平衡关系可知，为适应蒸汽负荷的变化，应以给水流量 q_W 为控制变量。

在三冲量给水控制系统中，调节器接受汽包水位 h、蒸汽流量 q_D 及给水流量 q_W 三个信号（冲量），如图 5-15 与图 5-16 所示。图中 γ_D、γ_W、γ_h 分别为蒸汽流量、给水流量、水位测量变送器的转换系数。

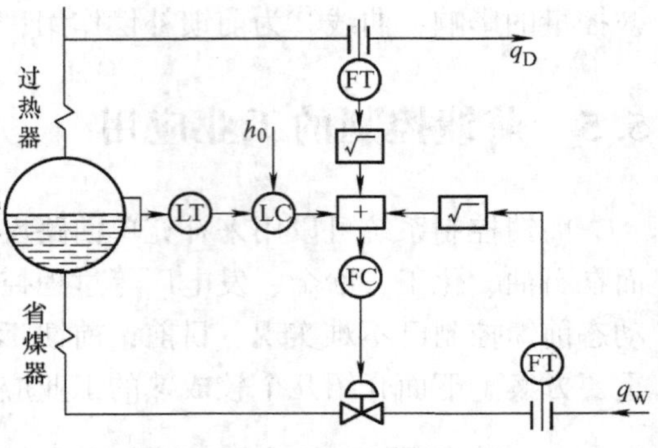

图 5-15　锅炉汽包水位前馈-串级三冲量控制系统原理图

进入调节器各信号的极性是这样决定的：当信号增大时，调节器应开大调节阀门，标以“+”，反之标以“-”。而由水位测量原理知，当汽包水位下降时，差压信号增加，这时应开大给水阀门，故水位信号 h 的极性为“+”；蒸汽负荷增加时，为维持物质平衡关系，应开大给水阀门，故蒸汽负荷信号 q_D 的极性为“+”；给水流量若由于给水母管压力波动等原因发生变化，因这时 q_W 的变化不是控制作用的结果，而只是一种内部扰动，故应予以迅速消除，显然，给水流量信号 q_W 的极性应为“-”；水位给定信号应与被控参数水位信号相平衡，故水位给定信号 h_0 的极性为“-”。

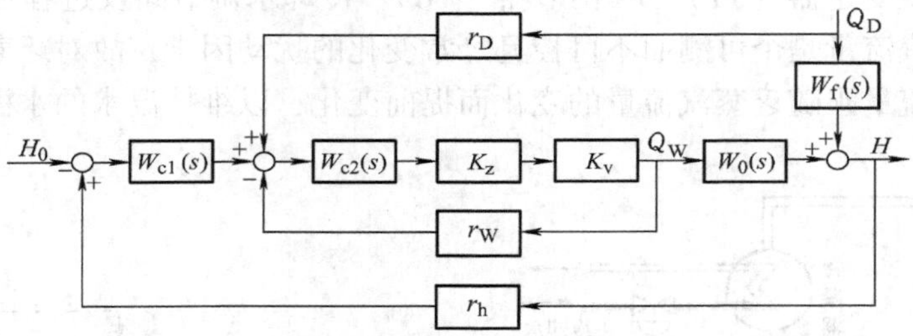

图 5-16　锅炉汽包水位前馈-串级控制系统框图

在这种三冲量给水控制系统中，汽包水位信号 h 是主信号，也是反馈信号，在任何扰动引起汽包水位变化时，都会使调节器动作，以改变给水调节阀的开度，使汽包水位恢复到允许的波动范围内。因此，以水位 h 为被控量形成的外回路能消除各种扰动对水位的影响，保证汽包水位维持在工艺所允许的变动范围内。蒸汽流量是系统的主要干扰，而应用了前馈补偿后，就可以在蒸汽负荷变化的同时按准确方向及时地改变给水流量，以保证汽包中物料平衡关系，从而保持水位的平稳。另外，蒸汽流量与给水流量的恰当配合，又可消除系统的静态偏差。给水流量信号是内回路反馈信号，它能及时地反映给水量的变化。当给水调节阀的开度没有变化，而由于其他原因使给水管压力发生波动引起给水流量变化时，由于测量给水量的孔板前后差压信号反应很快，时滞很小（为 1~3s），故可在被控量水位还未来得及变化的情况下，调节器即可消除给水侧的扰动而使过程很快地稳定下来。因此，由给水量信号局部反馈形成的内回路能迅速消除系统的内部扰动，稳定给水流量。

思考题与习题

5-1　前馈控制和反馈控制各有什么特点？

5-2　为什么采用前馈-反馈复合控制系统能较大地改善系统的控制品质？

5-3　前馈控制有哪几种主要形式？

5-4　动态前馈与静态前馈有什么区别和联系？在什么条件下，静态前馈和动态前馈在克服干扰影响方面具有相同的效果？

5-5　是否可用普通的 PID 调节器作为前馈控制器？为什么？

5-6　为什么一般不单独使用前馈控制方案？

5-7　试分析前馈-反馈、前馈-串级复合控制系统的随动特性及抗扰特性。

5-8　试简述前馈控制系统的整定方法。

5-9　试设计一个前馈-反馈复合系统。假设反馈调节器采用比例积分，写出此系统的稳定条件，分析说明该系统的整定方法。已知控制通道与扰动通道的传递函数为

$$W_0(s)=\frac{Y(s)}{U(s)}=\frac{(s+1)}{(s+2)(2s+3)},\qquad W_f(s)=\frac{Y(s)}{D(s)}=\frac{5}{(s+2)}$$

5-10　冷凝器温度前馈-反馈复合控制系统如图 5-14 所示。已知扰动通道特性 $W_f(s)=\dfrac{1.05e^{-6s}}{41s+1}$，控制通道特性 $W_0(s)=\dfrac{0.94e^{-8s}}{55s+1}$；温度调节器采用 PI 规律。试求该复合控制系统中前馈控制器的数学模型 $W_m(s)$。

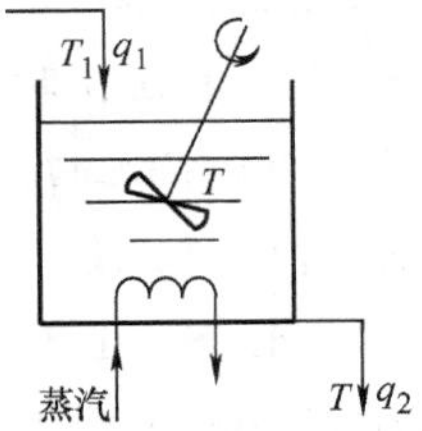

题图 5-1　贮槽加热器

5-11　题图 5-1 所示为用蒸汽加热的贮槽加热器。进料量为 q_1，其初温为 T_1，出料量为 q_2，温度为 T_2。生产工艺要求贮槽中的物料温度需维持在某一值 T 上，当进料量 q_1 不变，而初温 T_1 波动较大时，试设计一过程控制系统。

5-12　在某工业生产过程中，为了提高控制质量，根据现场的生产特点和工艺要求，设计了一个前馈-反馈控制系统。已知过程控制通道的传递函数和过程扰动通道传递函数分别为

$$W_0(s)=\frac{K_0}{(T_1s+1)(T_2s+1)}e^{-\tau_0 s},\qquad W_f(s)=\frac{K_f}{T_fs+1}e^{-\tau_f s}$$

试写出前馈调节器的传递函数 $W_m(s)$，并分析其实现方案。

5-13　在某精馏塔提馏段温度串级控制系统中，由于塔的进料量 F 波动较大，试设计一个前馈-串级复合控制系统来改善系统的控制品质。画出此复合系统的传递函数框图；写出前馈补偿器传递函数并分析其实现的可能性。系统中主被控过程、副被控过程、干扰过程分别为

$$W_{01}(s)=\frac{K_1e^{-\tau_1 s}}{(T_1s+1)(T_2s+1)},\ W_{02}(s)=K_2,\ W_f(s)=\frac{K_fe^{-\tau_f s}}{T_fs+1}。$$

第 6 章　大时滞过程控制系统

【本章内容要点】

1. 时间滞后特性广泛存在于工业生产过程中。时间滞后系统简称为时滞系统，有纯时滞、惯性时滞两大类。

2. 时滞的存在，使得被控量不能及时地反映系统所承受的扰动。具有时滞的过程难以控制，难控程度随着时滞 τ 的增加而增加。一般认为时滞 τ 与过程的时间常数 T 之比 τ/T 大于 0.3 时，称该过程为大时滞的过程。τ/T 增加，过程中的相位滞后也随之增加。

3. 常规的微分先行控制方案和中间反馈方案对解决惯性时滞有一定的效果，但对纯时滞过程无能为力。

4. Smith 预估补偿方案在模型准确的情况下，有比较好的预估与补偿效果。增益自适应 Smith 预估补偿方案能够适应模型不准确的情况，具有较高的应用价值。

5. 采样控制方案采用“调一下，等一下”的方式，对纯时滞过程有比较好的控制效果，但是，调节的时间比较长，不能满足对系统动态性能要求高的场合。

6.1　大时滞过程概述

时滞现象在工业生产过程中是普遍存在的。时滞可分为两类：一类为纯时滞，如带式运输机的物料传输、管道输送、管道混合、分析仪表检测流体的成分等过程；另一类为惯性时滞，又称为容积时滞，该类时滞主要来源于多个容积的存在，容积的数量可能有几个甚至几十个，如分布参数系统可以理解为具有无穷多个微分容积。因此，容积越大或数量越多，其滞后的时间就越长。

由于时滞的存在，使得被控量不能及时反映系统所承受的扰动，即使测量信号到达调节器，执行机构接受控制信号后立即动作，也需要经过时滞 τ 以后，才能波及到被控量，使其受到控制。因此，这样的过程必然会产生比较明显的超调量和比较长的调节时间。所以具有时滞的过程被公认为比较难以控制的过程。其难控程度随着时滞 τ 占整个过程动态份额的增加而增加。一般认为时滞 τ 与过程的时间常数 T 之比 τ/T 大于 0.3 时，则认为该过程是具有大时滞的过程。当 τ/T 增加时，过程中的相位滞后也随之增加，使以上现象更为突出。有时甚至会因为超调严重而出现停产事故；有时则可能引起系统的不稳定，被调量超过安全极限而危及设备及人身安全。因此，大时滞过程的控制问题一直是备受人们关注的重要研究课题。

几个典型的大时滞工业过程实例：

如图 6-1 所示，钢板冷轧过程是一个典型的含有纯时滞的工业过程。通过 5 次辊压，将 80mil（密耳，$1\text{mil}=25.4\times10^{-6}\text{m}$）轧成厚度为 9mil（约 0.2285mm）的薄板。一台 X 光测厚仪检测第一轧辊轧出的厚度，作为调节器的反馈信号，调节器控制第一对轧辊的压力。从轧辊到 X 光测厚仪检测点大约 6ft（约 1219.2mm）。根据轧制速度的变化，折合纯时滞时间的变化范围为 0.5 ~ 5s。在最后一个轧辊后，X 光测厚仪检测钢板最后的厚度作为第二个调节器的反馈信号，控制最后一个轧辊的压力。从最后一个轧辊到测厚点的距离也是 6ft，对应的纯滞后时间为 0.05 ~ 0.5s。

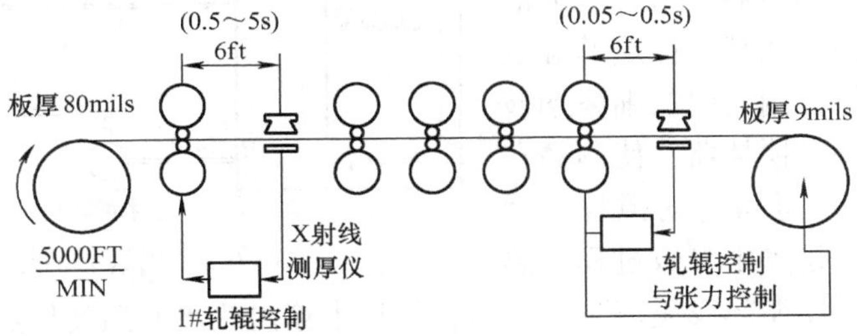

图 6-1　钢板冷轧过程示意图

另一个具有纯时滞的过程是图 6-2 所示的粘性液体混合过程。将两种具有不同粘度的油料混合在一起，在出口处产生所需粘稠度的油料。出口处的粘稠度自动检测，调节器调节输送泵的速度校正粘稠度与设定值的偏差。在泵和出口之间存在着过量的纯时滞。

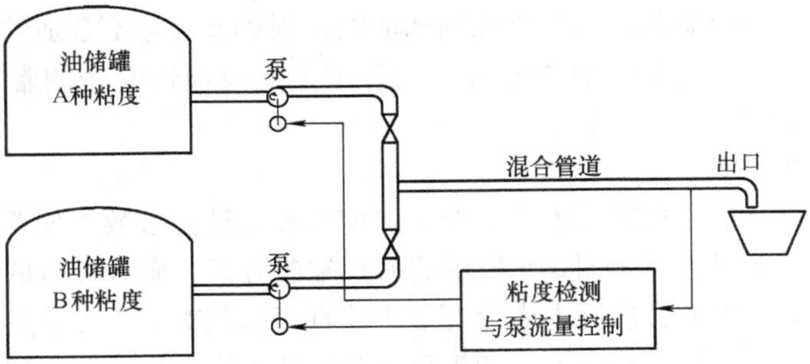

图 6-2　粘性液体混合过程示意图

啤酒发酵过程示意图如图 6-3 所示。在酵母繁殖的生物化学反应过程中，会释放大量的热量。为了实现罐内温度的时间程序控制，以保证啤酒质量，通常采用冷媒对罐体进行冷却，使罐内温度按照工艺要求的曲线变化。由于罐体比较高，一般将发酵罐分成上、中、下三段进行冷却。三只调节阀分别控制上、中、下三套缠绕在罐壁之外的盘管状热交换器（又称为螺旋状冷带）内冷媒的流量，以控制其带走热量的多少，从而达到控制罐内温度的目的。由于罐子的半径很大，罐壁与罐子中央的温差较大。罐壁温度最低，罐中央的温度最高。虽然，在生化放热反应过程中，罐内啤酒会不断地进行着缓慢的热循环流动，但在热传递的过程中，罐内任何一点都存在着以该点半径描述的等温柱面层。因

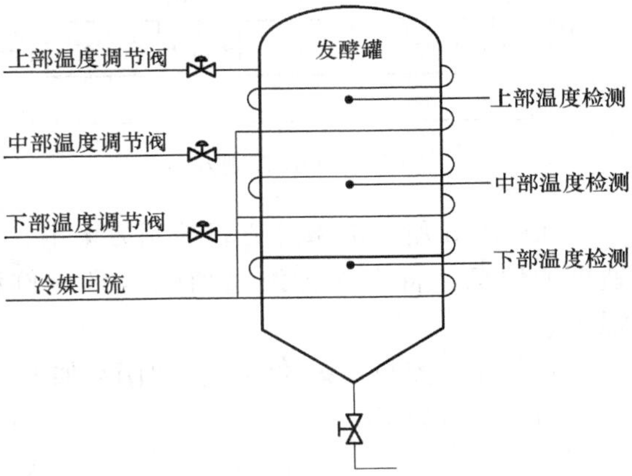

图 6-3　啤酒发酵过程示意图

此，啤酒发酵过程是一个分布参数过程，具有无穷多个微分容积。发酵罐越大，其惯性滞后的时间越长。

图 6-4 是巴氏灭活过程示意图。系统由带夹套的灭活罐、热水箱、热水循环管、热水循环泵及电加热器等组成。灭活过程是保持罐内的制品在某一恒定的温度下若干个小时，以保证制品内的细菌均被杀死。灭活罐内安装了搅拌器，使制品在灭活过程中得到充分而均匀的搅拌。因此，灭活罐可以认为是集中参数过程。热水箱内虽然有热水自动循环及循环泵的作用，但热水箱内热水的温度仍然不均匀，故热水箱是一个分布参数过程。考虑到热水箱和灭活罐的热惯性，以及管道的纯时滞，巴氏灭活过程是一个具有纯时滞及惯性时滞的高阶复杂工业过程。

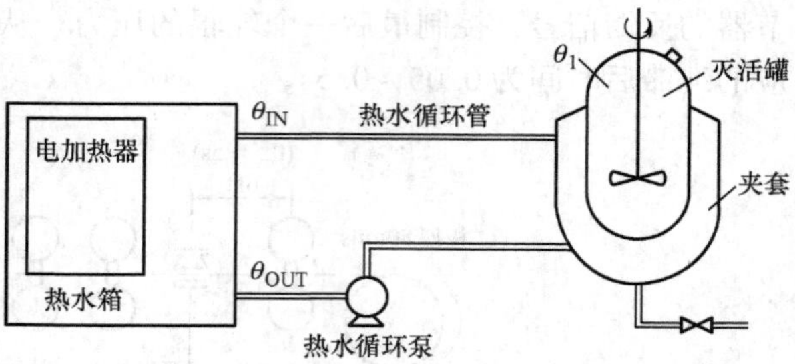

图 6-4　巴氏灭活过程示意图

6.2　常规控制方案

对于大时滞过程的控制若采用串级控制和前馈控制等方案是不合适的，必须采用特殊的控制（补偿）方法。下面介绍两种能够在一定程度上解决惯性时滞的常规控制方案，并将它们与 PID 控制作对比。

1. 微分先行控制方案

微分作用的特点是能够按被控参数的变化速度来校正被控参数的偏差，它对克服超调现象起到很大的作用。但是，对于图 6-5 所示的 PID 控制方案，微分环节的输入是对偏差作了比例积分运算后的值。因此，实际上微分环节不能真正起到对被控参数变化速度进行校正的目的，克服动态超调的作用是有限的。如果将微分环节更换一个位置，如图 6-6 所示，则微分作用克服超调的能力就大不相同了。这种控制方案称为微分先行控制方案。

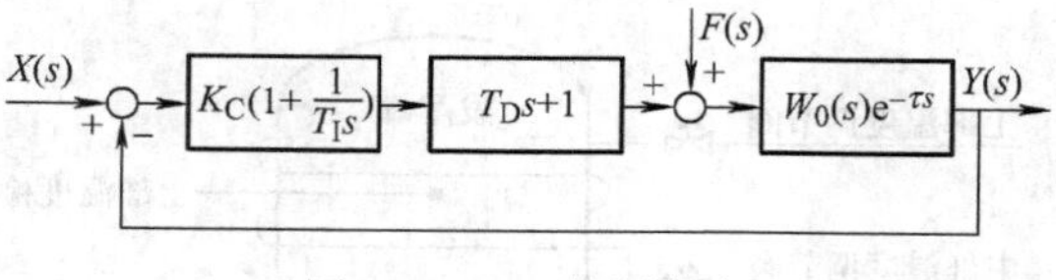

图 6-5　PID 控制方案

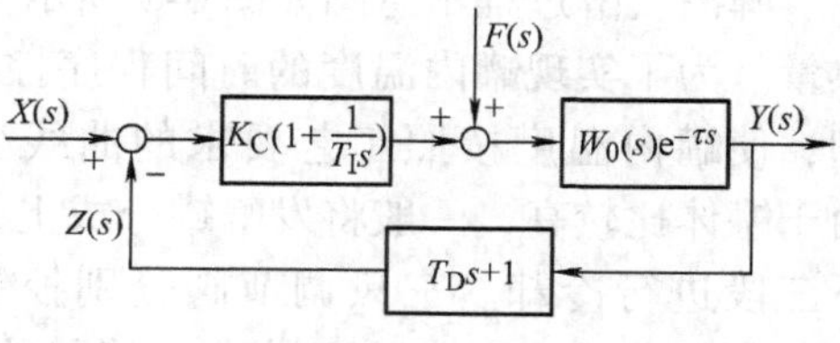

图 6-6　微分先行控制方案

在图 6-6 所示的微分先行控制方案中，微分环节的输出信号包括了被控参数及其变化速度的信息，将它作为测量值输入到比例积分调节器中，使得系统克服超调的能力加强了。

微分先行控制方案的闭环传递函数如下：

1）给定值作用下

$$\frac{Y(s)}{X(s)}=\frac{K_C(T_Is+1)e^{-\tau s}}{T_IsW_0^{-1}(s)+K_C(T_Is+1)(T_Ds+1)e^{-\tau s}} \tag{6-1}$$

2）在扰动作用下

$$\frac{Y(s)}{F(s)}=\frac{T_{\mathrm{I}}s\mathrm{e}^{-\tau s}}{T_{\mathrm{I}}sW_0^{-1}(s)+K_{\mathrm{C}}(T_{\mathrm{I}}s+1)(T_{\mathrm{D}}s+1)\mathrm{e}^{-\tau s}} \tag{6-2}$$

而图 6-5 所示的 PID 控制方案的闭环传递函数分别为

$$\frac{Y(s)}{X(s)}=\frac{K_{\mathrm{C}}(T_{\mathrm{I}}s+1)(T_{\mathrm{D}}s+1)\mathrm{e}^{-\tau s}}{T_{\mathrm{I}}sW_0^{-1}(s)+K_{\mathrm{C}}(T_{\mathrm{I}}s+1)(T_{\mathrm{D}}s+1)\mathrm{e}^{-\tau s}} \tag{6-3}$$

$$\frac{Y(s)}{F(s)}=\frac{T_{\mathrm{I}}s\mathrm{e}^{-\tau s}}{T_{\mathrm{I}}sW_0^{-1}(s)+K_{\mathrm{C}}(T_{\mathrm{I}}s+1)(T_{\mathrm{D}}s+1)\mathrm{e}^{-\tau s}} \tag{6-4}$$

由以上 4 个公式可见，微分先行控制方案和 PID 控制方案的特征方程完全相同。但是式（6-1）比式（6-3）少一个零点 $z=-1/T_{\mathrm{D}}$，所以微分先行控制方案比 PID 控制方案的超调量要小一些，从而提高了控制质量。

2. 中间微分反馈控制方案

与微分先行控制方案相类似，可采用中间微分反馈控制方案改善系统的控制质量。中间微分反馈控制方案如图 6-7 所示，系统中微分作用是独立的，能在被控参数变化时及时根据其变化速度对控制信号进行附加校正。微分校正只在动态时起作用，在静态时或在被控参数变化速度恒定时，失去作用。

3. 常规控制方案比较

图 6-8 给出了分别用 PID、中间微分反馈和微分先行三种方法进行控制的仿真结果。从图中可看出，中间微分反馈与微分先行控制方案虽比 PID 方法的超调量要小，但仍存在较大的超调，响应速度均很慢，不能满足高控制精度的要求。

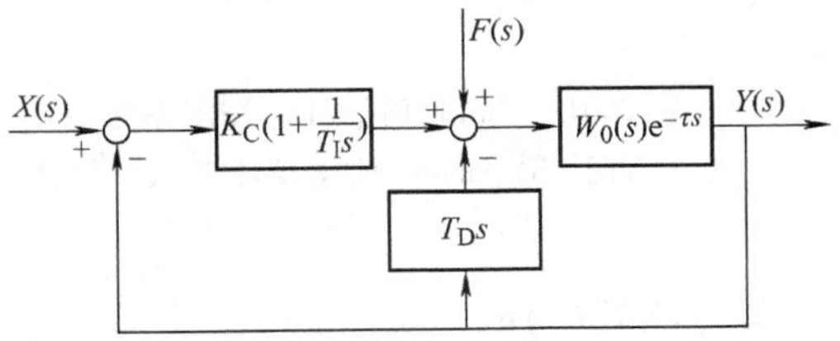

图 6-7　中间微分反馈控制方案

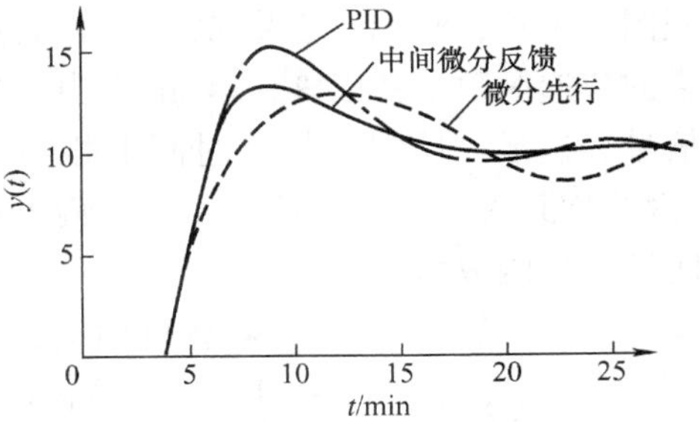

图 6-8　PID、中间微分反馈和微分先行方案对定值扰动的响应特性

6.3　预估补偿控制方案

美国加利福尼亚大学的 O. J. M. Smith 教授解决了图 6-1 中钢板冷轧过程的控制问题，于 1957 年、1959 年先后在《Chemical Engineering Progress》及《ISA Journal》上发表了两篇题为“Closer Control of Loops with Dead Time”、“A Controller to Overcome Dead Time”的文章，提出了过程输出预估及时滞补偿的方法。该方法后来被称为 Smith 预估补偿器。Smith 预估补偿器的特点是预先估计过程在基本扰动下的动态特性，后进行补偿，使被迟延了的被调量超前反映到调节器，使调节器提前动作，从而能明显地减少超调量并加速调节过程。史密斯（Smith）预估补偿方法是得到广泛应用的方案之一。为理解它的工作原理，先从一般的反馈控制开始讨论。

设 $W_0(s)e^{-\tau s}$ 为过程控制通道特性，其中 $W_0(s)$ 为过程不包含纯时滞部分的传递函数；$W_f(s)$ 为过程扰动通道传递函数（不考虑纯时滞）；$W_c(s)$ 为调节器的传递函数，则图 6-9 所示的单回路系统闭环传递函数为

$$\frac{Y(s)}{X(s)}=\frac{W_c(s)W_0(s)e^{-\tau s}}{1+W_c(s)W_0(s)e^{-\tau s}} \tag{6-5}$$

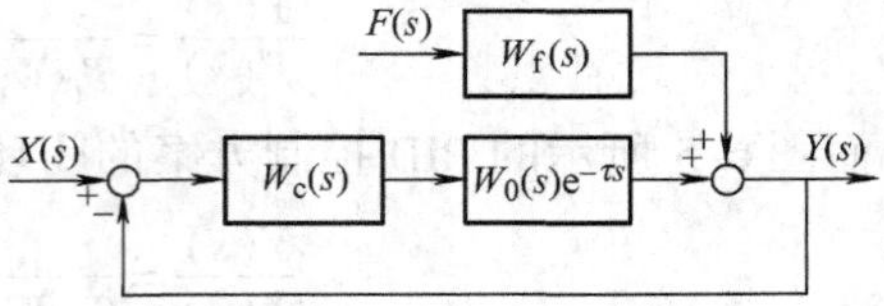

图 6-9　单回路系统框图

对干扰量的闭环传递函数为

$$\frac{Y(s)}{F(s)}=\frac{W_f(s)}{1+W_c(s)W_0(s)e^{-\tau s}} \tag{6-6}$$

在式（6-5）和式（6-6）的特征方程中，由于包含了 $e^{-\tau s}$ 项，使闭环系统的品质大大恶化。若能将 $W_0(s)$ 与 $e^{-\tau s}$ 分开并以 $W_0(s)$ 作为过程控制通道的传递函数，以 $W_0(s)$ 的输出信号作为反馈信号，则可大大改善控制品质。但是实际工业过程中 $W_0(s)$ 与 $e^{-\tau s}$ 是不可分割的，所以 Smith 提出图 6-10 所示采用等效补偿的方法来实现。

图 6-10a 是 Smith 预估补偿控制系统结构示意图。在图 6-10b 中，$W_0(s)(1-e^{-\tau s})$ 为预估补偿装置的传递函数。图 6-10c 为经预估补偿后的等效框图。可见，它相当于将 $W_0(s)$ 作为过程控制通道的传递函数，并以 $W_0(s)$ 的输出信号作为反馈信号。这样，反馈信号在时间上相当于提前了 τ，因此称其为预估补偿控制。此时输出对给定值的闭环传递函数为

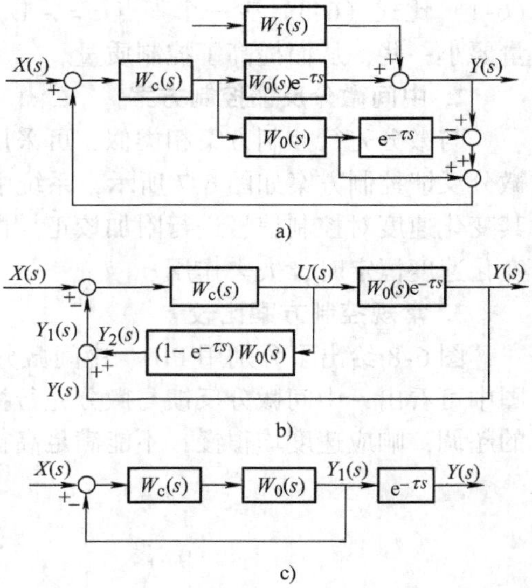

图 6-10　Smith 预估补偿控制系统结构
a）原理图　b）Smith 预估补偿环节　c）等效图

$$\frac{Y(s)}{X(s)}=\frac{\dfrac{W_0(s)W_c(s)e^{-\tau s}}{1+(1-e^{-\tau s})W_0(s)W_c(s)}}{1+\dfrac{W_0(s)W_c(s)e^{-\tau s}}{1+(1-e^{-\tau s})W_0(s)W_c(s)}}=\frac{W_0(s)W_c(s)e^{-\tau s}}{1+W_0(s)W_c(s)}=W_1(s)e^{-\tau s} \tag{6-7}$$

而输出对干扰量的闭环传递函数为

$$\frac{Y(s)}{F(s)}=\frac{W_f(s)}{1+\dfrac{W_0(s)W_c(s)e^{-\tau s}}{1+(1-e^{-\tau s})W_0(s)W_c(s)}}=\left[\frac{1+W_0(s)W_c(s)-W_0(s)W_c(s)e^{-\tau s}}{1+W_0(s)W_c(s)}\right]W_f(s)$$

$$=\left[1-\frac{W_0(s)W_c(s)e^{-\tau s}}{1+W_0(s)W_c(s)}\right]W_f(s)=W_f(s)\left[1-W_1(s)e^{-\tau s}\right] \tag{6-8}$$

由式（6-7）可见，预估补偿后的特征方程中已消去了 $e^{-\tau s}$ 项，即消除了纯时滞对系统控制品质的不利影响。至于分子中的 $e^{-\tau s}$ 仅仅将系统控制过程曲线在时间轴上推迟了一个 τ，所以预估补偿完全补偿了纯时滞对过程的不利影响。系统品质与被控过程无纯时滞时完全相同。

对干扰量扰动的抑制作用，由式（6-8）可知，其闭环传递函数由两项组成：第一项为

干扰量对被控参数的影响；第二项为用来补偿扰动对被控参数影响的控制作用。由于第二项有时滞 τ，只有 $t>\tau$ 时产生控制作用，当 $t\leqslant\tau$ 时无控制作用，所以 Smith 预估补偿控制对给定值的跟随效果比对干扰量扰动的抑制效果要好。

理论上，Smith 预估补偿控制能克服大时滞的影响。但由于 Smith 预估器需要知道被控过程精确的数学模型，且对模型的误差十分敏感，因而难以在工业生产过程中广泛应用。关于如何改进 Smith 预估器的性能至今仍是研究的课题之一。

图 6-11 给出了一种增益自适应预估补偿控制结构，它是 Smith 预估补偿控制的改进方案之一。与 Smith 预估补偿器结构相似，增益自适应预估补偿结构仅是系统的输出减去预估模型输出的运算被系统的输出除以模型的输出运算所取代，而对预估器输出作修正的加法运算改成了乘法运算。除法器的输出还串有一个超前环节，其超前时间常数即为过程的纯时滞 τ，用来使延时了的输出比值有一个超前作用。这些运算的结果使预估补偿器的增益可根据预估模型和系统输出的比值有相应的校正值。

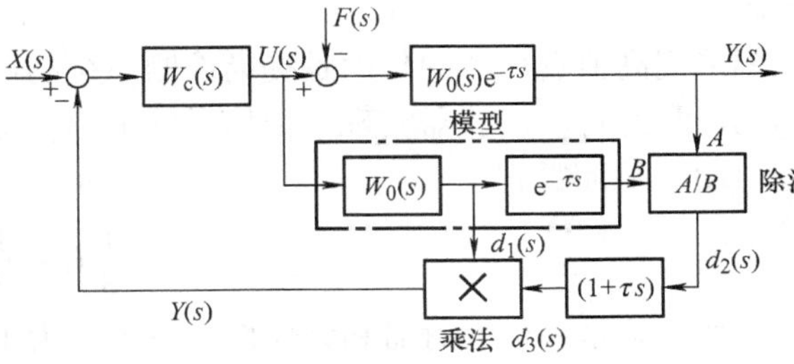

图 6-11 增益自适应预估补偿控制

研究表明，增益自适应补偿的过程响应一般都比 Smith 预估补偿器要好，尤其在模型不准确的情况下。但是，模型纯时滞不能比过程纯时滞大，否则增益自适应补偿效果不佳。

6.4 采样控制方案

对于大时滞的被控过程，为了提高系统的控制品质，除了采用上述控制方案外，还可以采用采样控制方案。其操作方法是：当被控过程受到扰动而使被控参数偏离给定值时，即采样一次被控参数与给定值的偏差，发出一个调节信号，然后保持该调节信号不变，保持的时间与纯时滞大小相等或较大一些。当经过 τ 时间后，由于操作信号的改变，被控参数必然有所反应，此时，再按照被控参数与给定值的偏差及其变化方向与速度值来进一步加以调节，调节后又保持其量不变，再等待一个纯时滞 τ。这样重复上述动作规律，一步一步地校正被控参数的偏差值，使系统趋向一个新的稳定状态。这种“调一下，等一等”方法的核心思想是避免调节器过操作，而宁愿让控制作用弱一些，慢一些。

图 6-12 所示为一个典型的采样控制系统框图。图中，数字控制（调节）器相当于前述过程控制系统中的调节器；S_1、S_2 表示采样器，它们周期地同时接通或同时断开。当 S_1、S_2 接通时，数字控制器在上述闭合回路中工作，此时偏差 $e(t)$ 被采样，由采样器 S_1 送入数字调节器，经信号转换与运算，通过采样器 S_2 输出控制信号 $u^*(t)$，再经保持器输出连续信号 $u(t)$ 去控制生产过程。由于保持器的作用，在两次采样间隔期间，使执行器的位置保持不变。

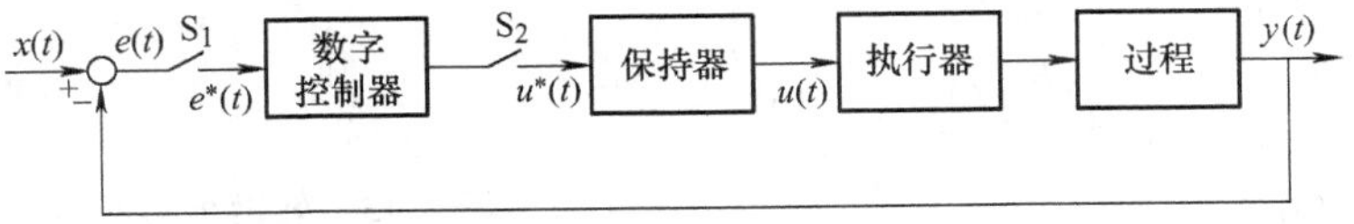

图 6-12 采样控制系统

6.5 大时滞控制系统工业应用举例

钢厂轧钢车间在对钢坯轧制之前，先要将其加热到一定的温度。图6-13表示其中一个加热段的温度控制系统。系统中采用六台带断偶报警装置的温度变送器TT1-TT6、三台高值选择器HS、一台加法器Σ、一台PID调节器、一台电/气转换器I/P和一台燃料流量调节阀。

采用高值选择器的目的是提高控制系统的可靠性，当每对热电偶中有一个断偶时，系统仍能正常运行。加法器实现三个信号的平均，即在加法器的三个输入通道中均设置分流系数$\alpha=1/3$。从而得到

$$I_{\Sigma}=\frac{1}{3}I_1+\frac{1}{3}I_2+\frac{1}{3}I_3$$

加热炉是一个大时滞和大惯性的对象。为了提高系统的动态品质，测温元件选用小惯性热电偶。加热炉的燃料通过喷嘴进入炉膛，风量按照一定的空燃比自动跟随燃料量的变化，以达到经济燃烧。故选进入炉内的燃料量为控制变量。通过试验测得加热护的数学模型为

$$W_1(s)=\frac{9.9\mathrm{e}^{-80s}}{120s+1}$$

温度传感器与变送器的数学模型为

$$W_{\mathrm{m}}(s)=\frac{0.107}{10s+1}$$

因此，广义被控对象的数学模型为

$$W_0(s)=W_1(s)W_{\mathrm{m}}(s)=\frac{1.06\mathrm{e}^{-80s}}{(120s+1)(10s+1)}$$

由于$10s+1\approx \mathrm{e}^{10s}$，故上式可简化为

$$W_0(s)=\frac{1.06\mathrm{e}^{-90s}}{120s+1} \quad (6\text{-}9)$$

由于本例中广义对象的纯时滞与其时间常数的比值较大，即$\tau/T=90/120=0.75$，若采用图6-13中的普通PID调节器，无论怎样整定PID调节器的参数，过渡过程的超调量及过渡过程时间均很大。因此，对该大时滞系统，考虑采用如图6-14所示的Smith预估补偿方案。

加入Smith预估补偿环节后，PID调节器控制的对象包括原来的广义对象和补偿环节，从而等效被控过程的传递函数为

$$\overline{W}_0(s)=\frac{1.06\mathrm{e}^{-90s}}{120s+1}+\frac{1.06}{120s+1}(1-\mathrm{e}^{-90s})$$

$$=\frac{1.06}{120s+1} \quad (6\text{-}10)$$

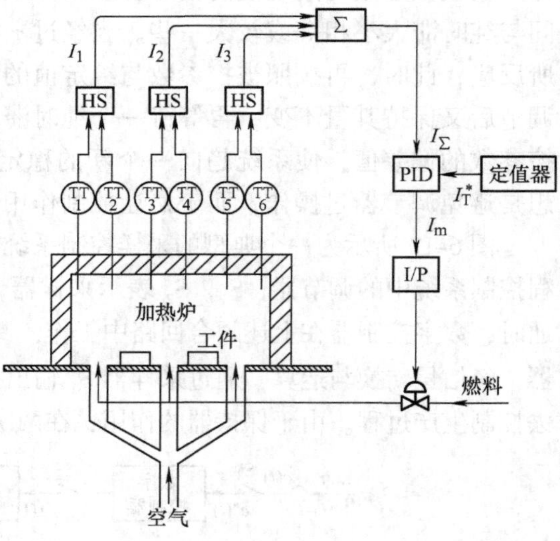

图6-13 轧钢车间钢坯加热炉多点平均温度反馈控制系统

可见等效被控对象$\overline{W}_0(s)$中，不再包含纯时滞因素。因此，不但调节器的整定变得很容易，而且可得到较高的控制品质。但单纯的 Smith 预估补偿方案，要求广义对象的模型有较高的精度和相对稳定性，否则控制品质又会明显下降。而加热炉由于使用时间长短及每次处理工件的数量不尽相同，其特性参数会发生变化。为提高加热炉的控制品质，改用图 6-15 所示的具有增益自适应补偿的温度控制系统。这是一种典型的能够适应过程静态增益变化的大时滞补偿控制系统。

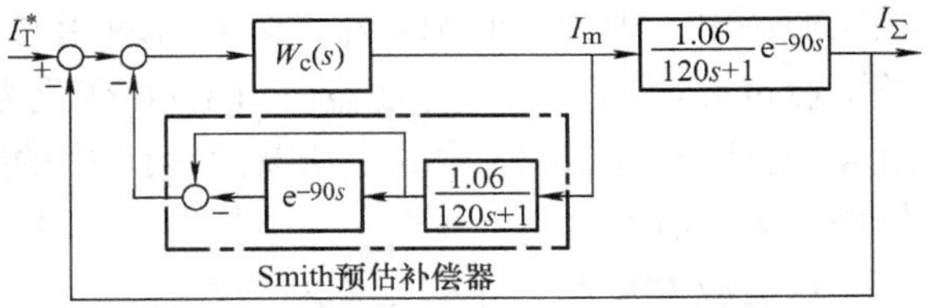

图 6-14　加热炉温度 Smith 预估补偿控制系统

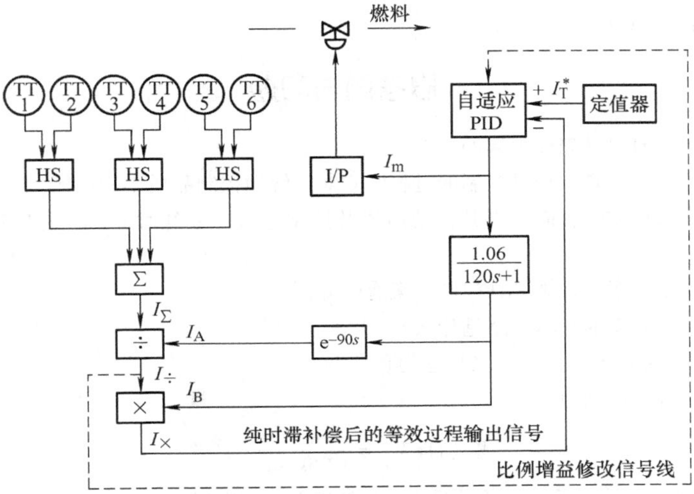

图 6-15　具有增益自适应时滞补偿的加热炉温度控制系统

图 6-16 是图 6-15 的等效框图，用于分析系统的工作过程。假设广义被控过程的静态增益从 1.06 变化到 1.80，在相同的操作变量I_m下温度会升高，即温度测量值I_Σ增大，故除法器 1 的输出信号$I_÷$也随之增大，即

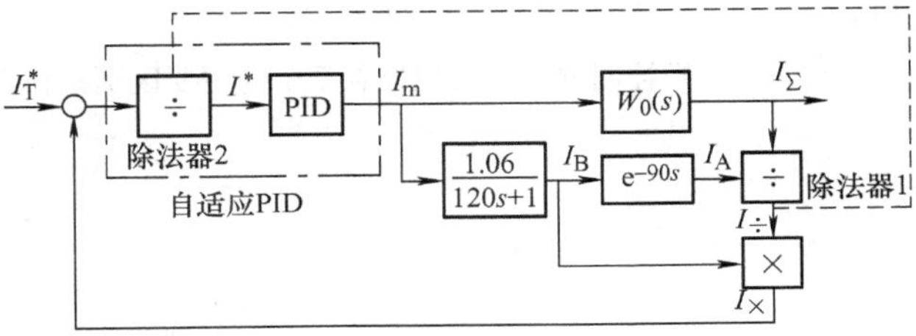

图 6-16　图 6-15 的等效框图

$$I_÷=\frac{I_\Sigma}{I_A}=\frac{I_m\dfrac{1.80e^{-90s}}{120s+1}}{I_m\dfrac{1.06e^{-90s}}{120s+1}}=\frac{1.80}{1.06}$$

由此得乘法器的输出信号为

$$I_\times=I_÷I_B=\frac{1.80}{1.06}I_m\frac{1.06}{120s+1}=\frac{1.80}{120s+1}I_m$$

此时 PID 调节器所控制的等效被控过程的模型为

$$\overline{W}_0(s)=\frac{I_\times(s)}{I_m(s)}=\frac{1.80}{120s+1}\tag{6-11}$$

可见，在过程静态增益变化时，仍可以得到完全补偿。但此时调节器的参数也应随之作

相应的调整，因为，原调节器参数是针对当时广义被控过程模型$\overline{W}_0(s)$ 而整定的，现在等效被控过程$\overline{W}_0(s)$ 的静态增益已由 1.06 变化为 1.80，故调节器也应具有自动修改其比例增益 K_c 的功能。图6-15 中的虚线及图6-16 中的除法器2 就是为完成自动修改PID 调节器的比例增益 K_c 而设置的。

自适应 PID 调节器的运算关系为

$$I_m(s) = K_c\left[1+\frac{1}{T_I s}+\frac{T_D s}{1+\frac{T_D}{K_D}s}\right]\left(\frac{I_T^* - I_\times}{I_\div}\right) \tag{6-12}$$

当广义对象的静态增益从 1.06 变化为 1.80 时，除法器 1 的输出信号 $I_\div = 1.80/1.06$，故自适应 PID 调节器的比例增益也比原来的整定参数 K_c 减小 1.80/1.06 倍。因此，这样的方案能使控制系统经常处于最佳工况。

思考题与习题

6-1 生产过程中的时滞是怎么引起的？

6-2 为什么大时滞过程是一种难控制的过程？它对系统的控制品质影响如何？

6-3 试举一生产过程实例，简述当其扰动通道及控制通道存在纯时滞时，它们带给被控参数的不利影响。

6-4 微分先行控制方案与常规 PID 控制方案有何异同？

6-5 中间反馈控制方案的基本思路是什么？

6-6 什么是 Smith 补偿器，为什么又称它为预估器？

6-7 被控过程的数学模型为

$$W_0(s)e^{-\tau_0 s} = \frac{6}{3.25s+1}e^{-2.56s}$$

试设计 Smith 预估补偿器，并用系统框图说明此预估补偿器如何实现。

6-8 如果 Smith 补偿器中采用了不准确的过程数学模型，将会对系统产生什么影响？有什么方法可以减轻或克服这种模型精度的影响？

6-9 为什么说增益自适应补偿方案对被控过程模型中的变化不敏感？它是如何做到增益自适应补偿的？

6-10 采样控制方案与常规控制系统的主要区别是什么？在大时滞控制过程中采样周期如何选择？

第 7 章　特定要求的过程控制系统

【本章内容要点】

1. 介绍比值控制系统、分程控制系统和选择性控制系统。

2. 比值控制广泛应用于锅炉燃烧过程、制药过程、化工过程和自来水生产过程等。使两个或多个参数自动维持一定比值关系的过程控制系统称为比值控制系统。单闭环比值控制系统和双闭环比值控制系统是两种实现物料流量定比值控制的系统。而变比值控制系统是以某种质量指标（称为第三参数或主参数）为主变量，以两个流量比为副变量的串级控制系统。单闭环比值控制系统中，主动量采用开环控制，从动量采用闭环随动控制；双闭环比值控制系统中，主动量、从动量均采用闭环控制。

3. 分程控制广泛应用于扩大调节阀可调范围、节能运行、保证生产安全运行等方面。通常单回路控制系统一个调节器的输出带动一个调节阀动作。有时为了满足被控参数宽范围或特殊的工艺要求，需要改变几个被控参数。这种由一个调节器的输出信号分段分别去控制两个或两个以上调节阀动作的系统称为分程控制系统。分程控制是通过阀门定位器或电－气阀门定位器来实现的。将调节器的输出压力信号分为几段，不同区段的信号由相应的阀门定位器转化为 20～100kPa 压力信号，使相应的调节阀全行程动作。分程控制根据调节阀的气开、气关形式和分程信号区段不同，可分为两类：一类是调节阀同向动作，即随着调节阀输入信号的增加或减小，调节阀的开度均逐渐开大或均逐渐关小；另一类是调节阀异向动作，即随调节阀输入信号的增加或减小，调节阀开度按一只逐渐开大、而另一只逐渐关小的方向动作。分程控制中调节阀同向或异向动作的选择由生产工艺安全的原则决定。

4. 选择性控制系统又称为自动保护系统或软保护系统。在一个过程控制系统中，设有两个调节器（或两个以上的变送器），通过高、低值选择器选出能适应生产安全状况的控制信号，实现对生产过程的自动控制。当生产过程接近危险区时，一个用于非安全生产情况下的控制方案通过高、低选择器取代正常生产情况下的控制方案，直到使生产过程重新恢复正常后，又通过选择器使原来的控制方案重新恢复工作。

7.1　比值控制系统

在许多工业生产过程中，要求两种或多种物料流量保持一定的比例关系，一旦比例失调，就会影响生产的正常运行，影响产品的质量，甚至发生生产事故。例如，在燃烧过程中，为了保证燃烧的经济性，防止大气污染，需要自动保持燃料量与空气量按一定比例混合后送入炉膛；在制药生产过程中，为增强药效，需要对某种成分的药物加注入剂，生产工艺要求药物和注入剂混合后的含量，必须符合规定的比例；在造纸过程中，为了保证纸浆的浓度，必须自动控制纸浆量和水量按一定的比例混合。所以，严格地控制比例，对于优质、安全生产来说十分重要。凡是使两个或多个参数自动维持一定比值关系的过程控制系统，统称为比值控制系统。

在需要保持比例关系的两种物料中，往往其中一种物料处于主导地位，称为主物料或主动量 q_1，而另一种物料按主物料进行配比，在控制过程中跟随主物料变化而变化，称为从物料或从动量 q_2。例如，在燃烧过程中，空气是跟随燃料量的多少变化的，因此，燃料为主动量，空气为从动量。在实际的生产过程中，需保持比例关系的物料几乎全是流量。

因此，常将主物料称为主流量，而从物料称为副流量，其比值用 K 表示，即

$$K=\frac{q_1}{q_2} \tag{7-1}$$

由于从动量总是随主动量按一定比例关系变化，因此比值控制的核心部分是随动控制。

需要指出的是，保持两种物料间成一定的（变或不变）比例关系，往往仅是生产过程全部工艺要求的一部分甚至不是工艺要求中的主要部分，即有时仅仅只是一种控制手段，而不是最终目的。例如，在燃烧过程中，燃料与空气比例虽很重要，但控制的最终目的却是温度。

比值控制系统的分析与设计不很复杂，本节简要介绍常见的几种比值控制系统的组成以及设计与应用。

7.1.1 常用的比值控制方案

1. 单闭环比值控制

图 7-1 所示为单闭环比值控制系统框图。从图可见，从动量 Q_2（Q 是 q 的频域量，下标不变）是一个闭环随动控制系统，主动量 Q_1 却是开环的。Q_1 的检测值经比值器 $W_{c1}(s)$ 作为 Q_2 的给定值，所以 Q_2 能按一定比值 K 跟随 Q_1 变化。当 Q_1 不变而 Q_2 受到扰动时，则可通过 Q_2 的闭合回路进行定值控制，使 Q_2 调回到与 Q_1 成比例的给定值上，两者的流量保持比值不变。当 Q_1 受到扰动时，即改变了 Q_2 的给定值，使 Q_2 跟随 Q_1 而变化，从而保证原设定的比值不变。当 Q_1、Q_2 同时受到扰动时，Q_2 回路在克服扰动的同时，又根据新的给定值，使主、从动量（Q_1、Q_2）在新的流量数值的基础上保持其原设定值的比值关系。可见该控制方案的优点是能确保 $Q_2/Q_1=K$ 不变。同时方案结构较简单，因而在工业生产过程自动化中得到广泛应用。

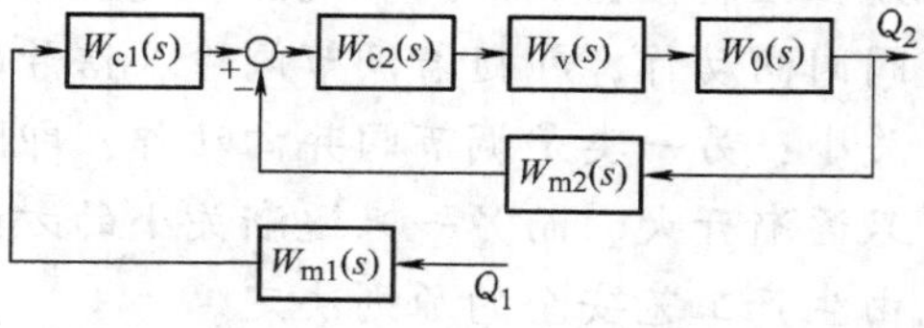

图 7-1　单闭环比值控制

2. 双闭环比值控制

为了克服单闭环比值控制中 q_1 不受控制、易受干扰的不足，设计了如图 7-2 所示的双闭环比值控制方案。

它是由一个定值控制的主动量回路和一个跟随主动量变化的从动量随动控制回路组成的。主动量控制回路能克服主动量扰动，实现其定值控制。从动量控制回路能克服作用于从动量回路中的扰动，实现随动控制。当扰动消除后，主、从动量都回复到原设定值上，其比值不变。

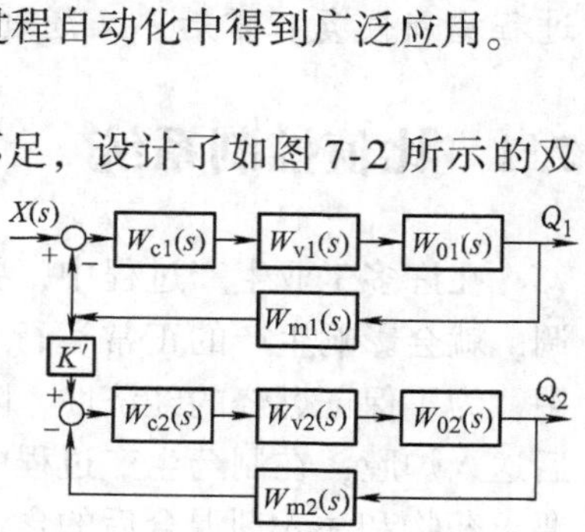

图 7-2　双闭环比值控制

双闭环比值控制能实现主动量的抗扰动、定值控制，

使主、从动量均比较稳定，从而使总物料量也比较平稳，这样，系统总负荷也将是稳定的。

双闭环比值控制的另一优点是升降负荷比较方便，只需缓慢改变主动量调节器的给定值，这样从动量自动跟踪升降，并保持原来比值不变。不过双闭环比值控制方案所用设备较多、投资较高，而且投运比较麻烦。

应当指出，双闭环比值控制系统中的两个控制回路是通过比值器发生联系的，若除去比值器，则为两个独立的单回路控制系统。事实上，若采用两个独立的单回路控制系统同样能实现它们之间的比值关系（这样还可省去一个比值器），但只能保持静态比值关系。当需要实现动态比值关系时，比值器不能省。

双闭环比值控制在使用中应防止产生“共振”。主动量采用闭环控制后，由于调节作用，其变化的幅值会大大减少，但变化的频率往往会加快，从而通过比值器使从动量调节器的给定值处于不断变化中。当它的变化频率与主动量控制回路的工作频率接近时，有可能引起共振。

3. 变比值控制

单闭环比值控制和双闭环比值控制是两种实现物料流量的定比值控制，在系统运行过程中其比值系数希望是不变的。在有些生产过程中，要求两种物料流量的比值，随第三个参数的需要而变化。为了满足上述生产工艺要求，开发了采用除法器构成的变比值控制，如图7-3 所示。这实际上是一个以某种质量指标 y_1（常称为第三参数或主参数）为主变量，而以两个流量比为副变量的串级控制系统。

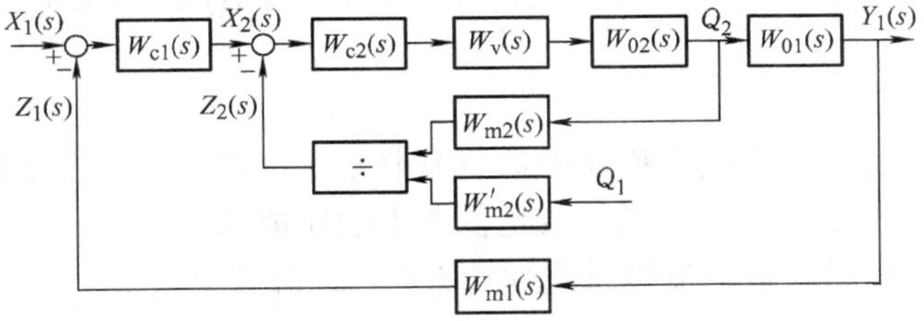

图 7-3　变比值控制

系统在稳态时，主、从动量恒定，分别经测量变送器送至除法器，其输出即为两物料间的比值并作为比值调节器 $W_{c2}(s)$ 的测量反馈信号。此时主参数 $Y_1(s)$ 也恒定。所以主调节器 $W_{c1}(s)$ 输出信号 $X_2(s)$ 稳定，且与比值测量值相等，即 $X_2(s) = Z_2(s)$，比值调节器 $W_{c2}(s)$输出稳定，控制阀处于某一开度，产品质量合格。

当 Q_1、Q_2 出现扰动时，通过比值控制回路，保证比值一定，从而大大减小扰动对产品质量的影响。

对于某些物料流量（如气体等），当出现扰动如温度、压力、成分等变化时，虽然它们的流量比值不变，但由于真实流量（在新的压力、温度或新的成分下）与原来流量不同，将影响产品的质量指标，$Y_1(s)$ 便偏离设定值。此时主调节器 $W_{c1}(s)$ 起作用，使其输出$X_2(s)$产生变化，从而修正比值调节器 $W_{c2}(s)$ 的给定值，即修正比值，使系统在新的比值上重新稳定。

7.1.2　比值控制系统的设计与整定

1. 主、从动量的确定

设计比值控制系统时，需要先确定主、从动量，其原则是：在生产过程中起主导作用或可测但不可控、且较昂贵的原料流量一般为主动量，其余的物料流量以它为准进行配比，为从动量。当然，当生产工艺有特殊要求时，主、从动量的确定应服从工艺需要。

2. 控制方案的选择

比值控制有多种控制方案，在具体选用时应分析各种方案的特点，根据不同的工艺情况、负荷变化、扰动性质、控制要求等进行合理选择。

3. 调节器控制规律的确定

比值控制调节器的控制规律要根据不同控制方案和控制要求而确定。例如，单闭环控制的从动回路调节器选用PI控制规律，因为它将起比值控制和稳定从动量的作用；双闭环控制的主、从动回路调节器均选用PI控制规律，因为它不仅要起比值控制作用，而且要起稳定各自的物料流量的作用；变比值控制可仿效串级调节器控制规律的选用原则。

4. 正确选用流量计与变送器

流量测量与变送是实现比值控制的基础，必须正确选用。

用差压流量计测量气体流量时，若环境温度和压力发生变化，其流量测量值将发生变化，所以对于温度、压力变化较大，控制质量要求较高的场合，必须引入温度、压力补偿装置，对其进行补偿，以获得精确的流量测量信号。

5. 比值控制方案的实施

实施比值控制方案基本上有相乘方案和相除方案两大类。在工程上可采用比值器、乘法器和除法器等仪表来完成两个流量的配比问题。在计算机控制系统中，则可以通过简单的乘、除运算来实现。

6. 比值系数的计算

设计比值控制系统时，比值系数计算是一个十分重要的问题，当控制方案确定后，必须将两个体积流量或质量流量之比 K 折算成比值器上的比值系数 K'。

当变送器的输出信号与被测流量呈线性关系时，可用下式计算：

$$K' = K\frac{q_{1\max}}{q_{2\max}} \tag{7-2}$$

式中，$q_{1\max}$ 为测量 q_1 所用变送器的最大量程；$q_{2\max}$ 为测量 q_2 所用变送器的最大量程。

当变送器的输出信号与被测流量成平方关系时，可用下式计算：

$$K' = K^2\frac{q_{1\max}^2}{q_{2\max}^2} \tag{7-3}$$

将计算出的比值 K' 设置在比值器上，比值控制系统就能按工艺要求正常运行。

7. 比值控制系统的参数整定

比值控制系统调节器的参数整定是系统设计和应用中的一个十分重要的问题。对于定值控制（如双闭环比值控制中的主回路）可按单回路系统进行整定。对于随动系统（如单闭环比值控制、双闭环的从动回路及变比值回路），要求从动量能快速、准确地跟随主动量变化，不宜过调，以整定在振荡与不振荡的边界为最佳。

7.1.3 比值控制工业应用举例

1. 自来水消毒系统单闭环比值控制

来自江河湖泊的水，虽然经过净化，但往往还有大量的微生物，这些微生物对人体健康是有害的。因此，自来水厂将自来水供给用户之前，还必须进行消毒处理。氯气是常用的消毒剂，氯气具有很强的杀菌能力，但如果用量太少，则达不到灭菌的效果，而用量太多，又会对人们饮用带来副作用，同时过多的氯气注入水中，不仅造成浪费，而且使水的气味难闻，另外对餐具会产生强烈的腐蚀作用。为了使氯气注入自来水中的量合适，必须使氯气注入量与自来水量成一定的比值关系，故设计如图 7-4 所示的比值控制系统。由流量变送器 F_1T 测得自来水的流量 q_1，经比值器 F_1C 后作为氯气流量调节器 F_2C 的给定。氯气流量变送器 F_2T、调节器 F_2C 和氯气流量调节阀构成氯气流量闭环控制。

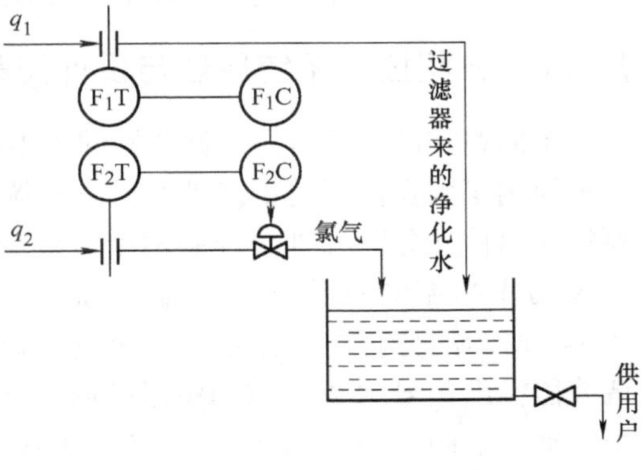

图 7-4　自来水消毒的比值控制

2. 锅炉燃烧系统温度串级双闭环比值控制

工业锅炉通过燃油、燃气或燃煤浆等来加热媒介，其控制系统一般面临两个问题：控制燃料的流量来调节出口媒介的温度；燃烧过程中供风量要与燃料量保持一定的比例。供风量偏小，氧气供应不足，燃烧不充分，会产生冒黑烟现象，浪费能源，严重时会导致锅炉熄火停炉；供风量偏大，会带走大量热量产生冒白烟现象，达不到最佳的燃烧热效率。在燃煤浆锅炉中，供风量与供煤浆量的比值称为空燃比，燃烧过程中，特别是在升负荷和降负荷的过程中，控制空燃比 K 的稳定显得特别重要。通过双闭环比值控制方法控制空燃比，实现温度串级双闭环比值控制。

本例中比值控制仅是一种手段，通过控制空燃比实现最佳的燃烧热效率，从而最终实现温度控制的目的。图 7-5 为含双闭环比值控制的炉温串级控制系统。双闭环比值控制的主动量（燃料流量）回路作为温度串级控制系统的一部分，通过实时检测燃料流量并乘以空燃比后作为空气流量的给定值，可保证空气与燃料的动态比值关系。

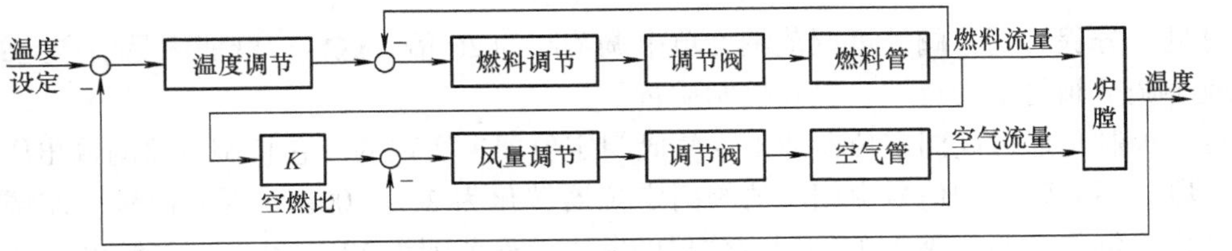

图 7-5　含双闭环比值控制的炉温串级控制系统

7.2　分程控制系统

前面介绍的过程控制系统有个显著特点，即在正常生产情况下，组成系统的各部分如变送器、调节器、调节阀等，一般工作在一个较小的工作区域内。为了使系统工作范围扩大或在系统受到大扰动甚至事故状态下仍能安全生产，开发了分程控制系统。分程与选择性控制是通过有选择的非线性切换方式使不同的部件工作在不同区域内来实现工作范围的扩大。在计算机控制系统中，分程控制很容易实现。

分程控制原理比较简单，本节简要地对其特点与设计方法作一介绍。

7.2.1 分程控制系统原理与设计问题

单回路控制系统由一个调节器的输出带动一个调节阀动作。在生产过程中，有时为了满足被控制参数宽范围的工艺要求，一个调节器的输出带动几个调节阀动作。这种由一个调节器的输出信号分段分别去控制两个或两个以上调节阀动作的系统称为分程控制系统。例如，如图 7-6 所示的分程控制系统，一个气动调节阀在调节器输出信号为 20～60kPa 范围内工作，另一个气动调节阀在 60～100kPa 范围内工作。再如，在有些工业生产中，要求调节阀工作时其可调范围很大，但是国产统一设计的柱塞式调节阀，其可调范围 $R=30$，满足了大流量就不能满足小流量，反之亦然。为此，可设计和应用分程控制，将两个调节阀并联当作一个调节阀使用，从而可扩大其调节范围，改善其特性，提高控制质量。

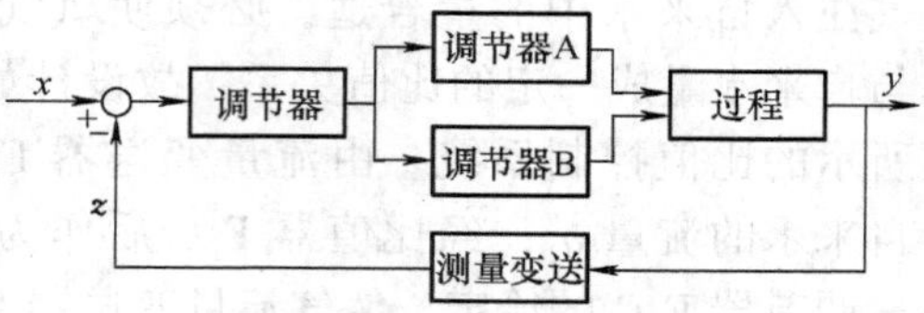

图 7-6 分程控制框图

设分程控制中使用的大小两只调节阀的最大流通能力分别为

$$C_{\text{Amax}}=4,\quad C_{\text{Bmax}}=100$$

其可调范围为

$$R_{\text{A}}=R_{\text{B}}=30$$

故小阀的最小流通能力为

$$C_{\text{Amin}}=\frac{C_{\text{Amax}}}{R_{\text{A}}}=\frac{4}{30}=0.134$$

分程控制把两个调节阀当作一个调节阀使用，其最小流通能力为 0.134，最大流通能力为 100，可调范围为

$$R_{分程}=\frac{C_{\text{Bmax}}+C_{\text{Amax}}}{C_{\text{Amin}}}=\frac{104}{4/30}=26\times30=780$$

可见，分程后调节阀的可调范围为单个调节阀的 26 倍。这样，既能满足生产上的要求，又能改善调节阀的工作特性，提高控制质量。

分程控制是通过阀门定位器或电－气阀门定位器来实现的。它将调节器的输出压力信号分为几段，不同区段的信号由相应的阀门定位器转化为 20～100kPa 压力信号，使调节阀全行程动作。例如，调节阀 A 的阀门定位器的输入信号范围为 20～60kPa，其输出信号是 20～100kPa，使调节阀 A 作全行程动作；调节阀 B 的阀门定位器输入是 60～100kPa，其输出信号也是 20～100kPa，使调节阀 B 全行程动作。也就是说，当调节器输出信号小于 60kPa 时，调节阀 A 动作，调节阀 B 不工作；当信号大于 60kPa 时，调节阀 A 已动至极限，调节阀 B 动作。

分程控制根据调节阀的气开、气关形式和分程信号区段不同，可分为两类：一类是调节阀同向动作的分程控制，即随着调节阀输入信号的增加或减小，调节阀的开度均逐渐开大或均逐渐关小，如图 7-7 所示；另一类是调节阀异向动作的分程控制，即随调节阀输入信号的增加或减小，调节阀开度按一只逐渐开大、而另一只逐渐关小的方向动作，如图 7-8 所示。分程控制中调节阀同向或异向动作的选择完全由生产工艺安全的要求决定。

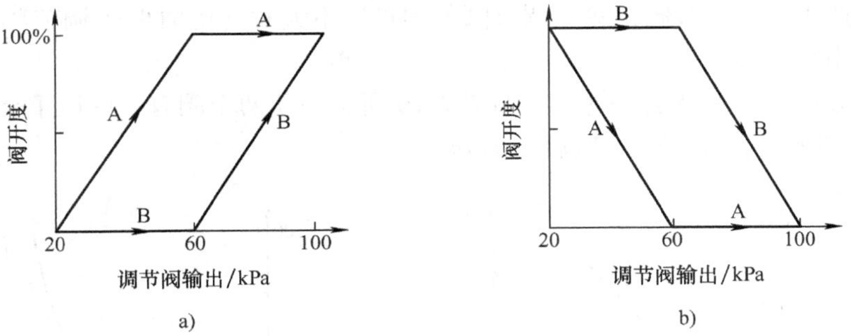

图 7-7　调节阀同向动作

a）调节阀 A、B 均为气开　b）调节阀 A、B 均为气关

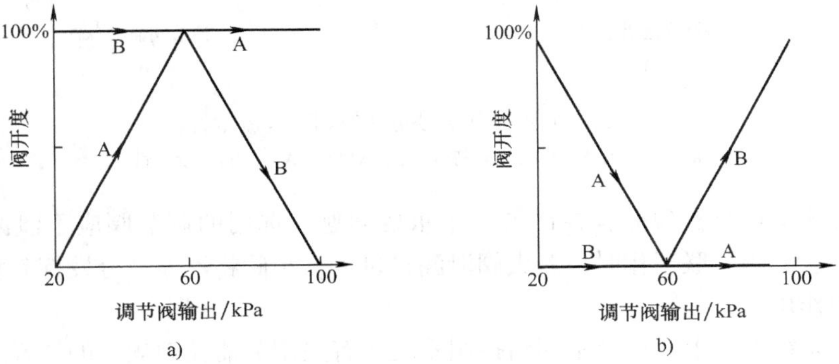

图 7-8　调节阀异向动作

a）调节阀 A 气开、B 为气关　b）调节阀 A 气关、B 为气开

在分程控制中，实际上是将两个调节阀作为一个调节阀使用。因此，要求从一个阀向另一个阀过渡时，其流量变化要平滑。但由于两个阀的放大系数不同，在分程点上常会引起流量特性的突变，尤其是大、小阀并联工作时，更需注意。如采用前面介绍的可调范围达 780 的两个调节阀，当均为线性阀时，其突变情况非常严重，如图 7-9a 所示，当均采用对数阀时，突变情况要好一些，如图 7-9b 所示。由此可知，在分程控制中，调节阀流量特性的选择非常重要，为使总的流量特性比较平滑，一般应考虑如下措施：

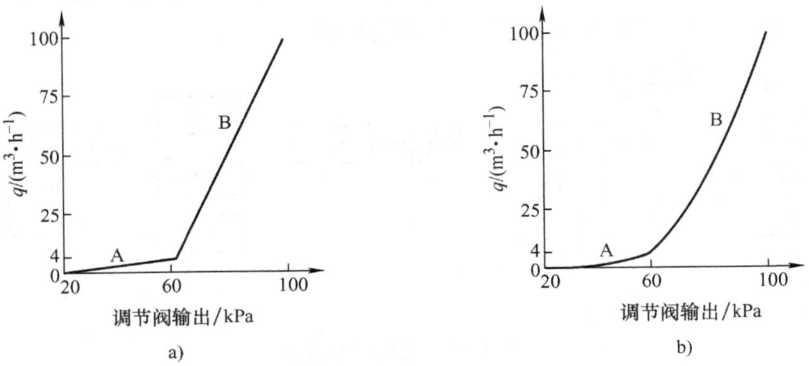

图 7-9　分程控制调节阀流量特性（无重叠）

1）尽量选用对数调节阀，除非调节阀范围扩展不大时（此时两个调节阀的流通能力很接近），可选用线性阀。

2）采用分程信号重叠法。例如，如图 7-10 所示，使两个阀有一区段重叠的调节器输出信号，这样不等到小阀全开，大阀就已渐开。

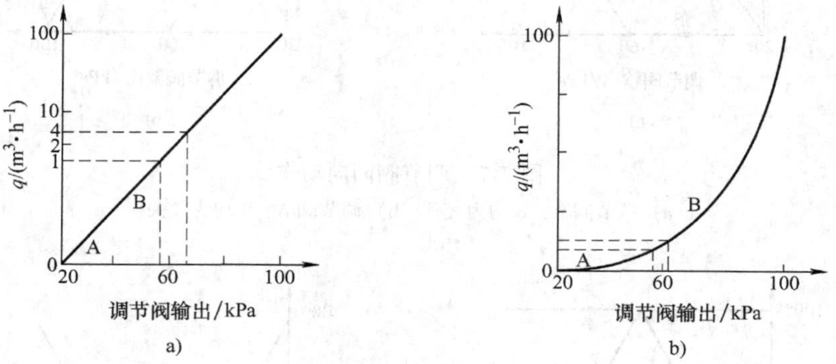

图 7-10　分程控制信号重叠的调节阀流量特性

a）线性阀 A、B 的流量特性　b）对数阀 A、B 的流量特性

调节阀的泄漏量是实现分程控制的一个重要问题。选用的调节阀应不泄漏或泄漏量极小。尤其是大、小阀并联工作时，若大阀泄漏量过大，小阀将不能充分发挥其控制作用，甚至起不到控制作用。

分程控制系统本质上是一个单回路控制系统，有关调节器控制规律的选择及其参数整定可参照单回路系统设计。但是分程控制中的两个控制通道特性不会完全相同，所以只能兼顾两种情况，选取一组比较合适的整定参数。

7.2.2　分程控制系统的工业应用

分程控制能扩大调节阀的可调范围，提高控制质量，同时能解决生产过程中的一些特殊问题，所以应用很广。

1. 用于节能控制

在某生产过程中，冷物料通过热交换器用热水（工业废水）和蒸汽对其进行加热，当用热水加热不能满足出口温度要求时，再同时补充蒸汽加热，从而减少能源消耗，提高经济效益。为此，设计了图 7-11 所示的温度分程控制系统。

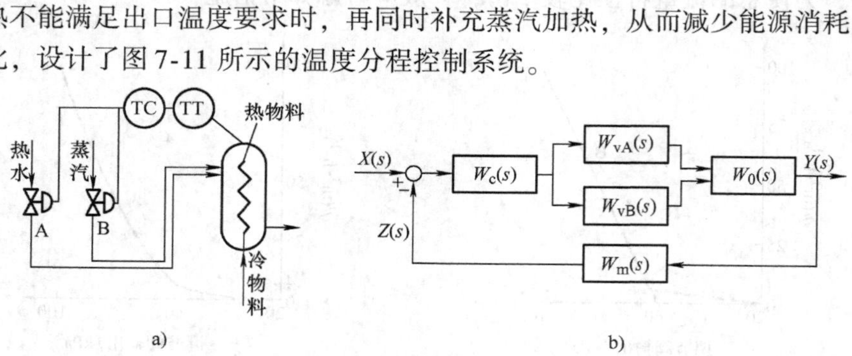

图 7-11　温度分程控制

a）控制流程图　b）系统框图

在本系统中，蒸汽阀和热水阀均选气开式，调节器为反作用，在正常情况下，调节器输出信号使热水阀工作，此时蒸汽阀全关，以节省蒸汽；当扰动使出口温度下降，热水阀全开仍不能满足出口温度要求时，调节阀输出信号同时使蒸汽阀打开，以满足出口温度的工艺要求。

2. 用于扩大调节阀的可调范围

如废水处理中的 pH 值控制，调节阀可调范围特别大，废液流量变化可达 4 ~ 5 倍，酸碱含量变化几十倍，在这种场合下，若调节阀可调范围不够大，是达不到控制要求的，为此必须采用大、小阀并联使用的分程控制。

3. 用于保证生产过程的安全、稳定

在有些生产过程中，许多存放着石油化工原料或产品的储罐都建在室外，为了使这些原料或产品与空气隔绝，以免被氧化变质或引起爆炸危险，常采用罐顶充氮气的方法与外界空气隔绝。氮封技术的工艺要求保持储罐内氮气压力呈微正压。当储罐内的原料或产品增减时，将引起罐顶压力的升降，故必须及时进行控制，否则将引起储罐变形，甚至破裂，造成浪费或引起燃烧、爆炸危险。所以，当储罐内原料或产品增加，即液位升高时，应及时使罐内氮气适量排出，并停止充氮气；反之，当储罐内原料或产品减少，液体下降时，为保证罐内氮气呈微正压的工艺要求，应及时停止氮气排空，并向储罐充氮气。为此，设计与应用了分程控制系统，如图 7-12 所示。

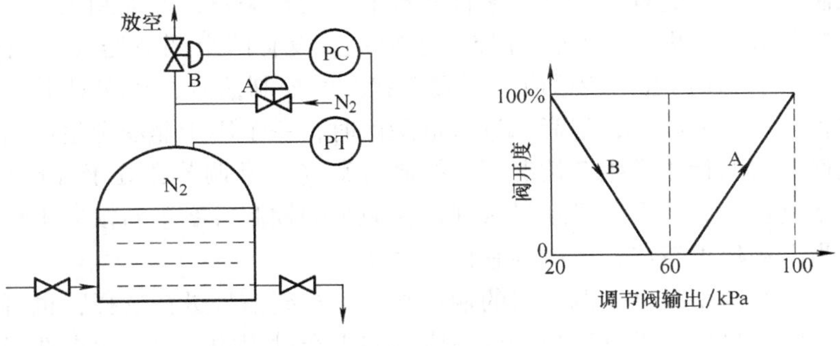

a)　　b)

图 7-12　储罐氮封分程控制系统

a）控制流程图　b）调节阀 A、B 异向动作图

在氮封分程控制系统中，调节器为“反”作用式，调节阀 A 为气开式，调节阀 B 为气关式。根据上述工艺要求，当罐内物料增加，液位上升时，应及时停止充氮气，即 A 阀全关，并使罐内氮气排空，即 B 阀打开；反之，当罐内物料减少，液位下降时，应及时停止氮气排空，即 B 阀全关，并应向储罐充氮气，即 A 阀打开工作。

4. 用于不同工况下的控制

在化工生产中，有时需要加热，有时又需要移走热量，为此配有蒸汽和冷水两种传热介质，设计分程控制系统，以满足生产工艺要求。

如釜式间歇反应器的温度控制。在配置好反应物料后，开始需要加热升温，以引发反应，当反应开始趋于剧烈时，由于放出大量热量，若不及时移走热量，温度会越来越高，以致发生事故，所以要冷却降温。为了满足工艺要求，设计图 7-13 所示分程控制。

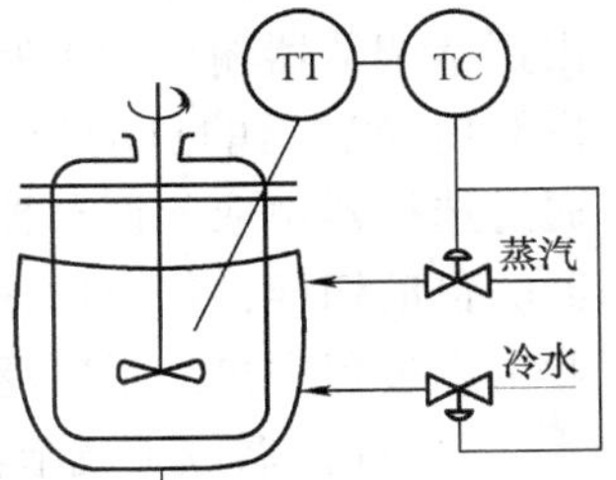

图 7-13　釜式间歇反应器温度分程控制

在图 7-13 所示分程控制系统中，蒸汽阀为气开式，冷水阀为气关式，温度调节器为反作用式。其工作过程为：起始温度低于给定值，调节器输出信号增大，打开蒸汽阀，通过夹套对反应釜加热升温，引发化学反应；当反应温度升高超过给定值时，调节器输出信号减小，逐渐关小蒸汽阀，接着开大冷水阀以移走热量，使温度满足工艺要求。

7.3 选择性控制系统

在现代工业生产过程中，要求设计的过程控制系统不但能够在正常工况下克服外来扰动，实现平稳操作，而且还必须考虑事故状态下能安全生产。

由于实际生产限制条件多，其逻辑关系又比较复杂，操作人员的自身反应往往跟不上生产变化速度，在突发事件、故障状态下难以确保生产安全，以往大多采用手动或联锁停车保护的方法。但停车后少则数小时，多则数十小时才能重新恢复生产。这对生产影响太大，易造成经济上的严重损失。为了有效地防止生产事故的发生，减少开车、停车的次数，开发了一种能适应短期内生产异常，改善控制品质的控制方案，即选择性控制。

7.3.1 选择性控制系统原理与设计问题

选择性控制是将生产过程中的限制条件所构成的逻辑关系，叠加到正常的自动控制系统中的一种组合控制方法。即在一个过程控制系统中，设有两个调节器（或两个以上的变送器），通过高、低值选择器选出能适应生产安全状况的控制信号，实现对生产过程的自动控制。当生产过程趋近于危险区，但尚未进入危险区时，一个用于非安全生产情况下的控制方案通过高、低选择器取代正常生产情况下的控制方案（正常调节器处于开环状态），直至使生产过程重新恢复正常。然后，又通过选择器使原来的控制方案重新恢复工作。这种选择性控制系统又称为自动保护系统，或称为软保护系统。

选择器可以接在两个或多个调节器的输出端，对控制信号进行选择，也可以接在几个变送器的输出端，对测量信号进行选择，以适应不同生产过程的需要。根据选择器在系统结构中的位置不同，选择性控制系统可分为两种。

1）选择器位于调节器的输出端，对调节器输出信号进行选择的系统，如图 7-14 所示。这种选择性控制系统的主要特点是：两个调节器共用一个调节阀。在生产正常情况下，两个调节器的输出信号同时送至选择器，选择器选出正常调节器输出的控制信号送给调节阀，实现对生产过程的自动控制。当生产不正常时，通过选择器由取代调节器取代正常调节器的工作，直到生产情况恢复正常。然后再通过选择器的自动切换，仍由原正常调节器来控制生产的正常进行。这种选择性控制系统，在现代工业生产过程中得到了广泛应用。

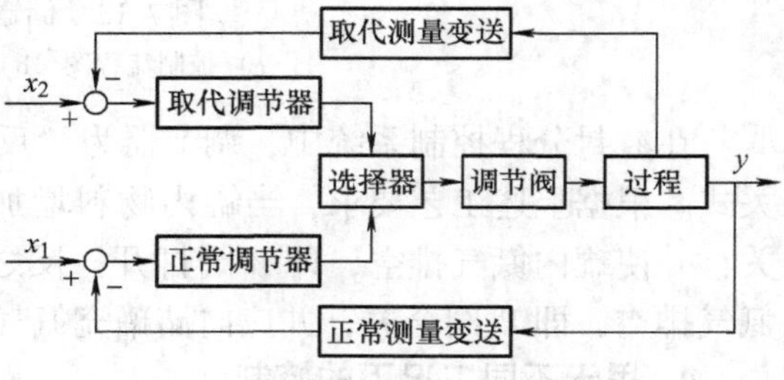

图 7-14　选择性控制系统 1

2）选择器位于调节器的输入端，对变送器输出信号进行选择的系统，如图 7-15 所示。该选择性系统的特点是几个变送器合用一个调节器。通常选择的目的有两个，其一是选出最高或最低测量值；其二是选出可靠测量值。如固定床反应器中，为了防止温度过高烧坏催化剂，在反应器的固定催化剂床层内的不同位置上，装设了几个温度检测点，各点温度检测信号通过高值选择器，选出其中最高的温度检测信号作为测量值，进行温度自动控制，从而保证了反应器催化剂层的安全。

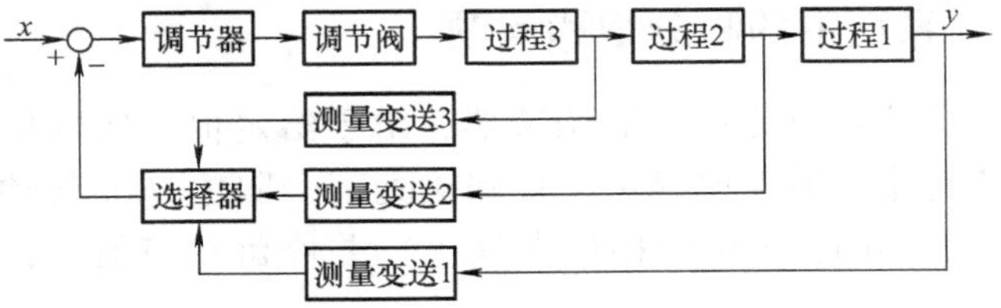

图 7-15　选择性控制系统 2

选择性控制系统可等效为两个（或更多个）单回路控制系统。选择性控制系统设计的关键（其与单回路控制系统设计的主要不同点）是在选择器的设计选型以及多个调节器控制规律的确定上，下面分别介绍。

1. 选择器的选型

选择器有高值选择器与低值选择器。前者容许较大信号通过，后者容许较小信号通过。

在选择器具体选型时，可根据生产处于不正常情况时的取代调节器的输出信号为高值或低值来确定选择器的类型。如果取代调节器输出信号为高值，则选用高值选择器；如果取代调节器输出信号为低值，则选用低值选择器。

2. 调节器控制规律的确定

对于正常调节器，由于控制精度要求较高，同时要保证产品的质量，所以应选用 PI 控制规律；如果过程的容量滞后较大，可以选用 PID 控制规律；对于取代调节器，由于在正常生产中开环备用，仅要求在生产出问题时，能迅速及时采取措施，以防事故发生，故一般选用 P 控制规律即可。

3. 调节器的参数整定

选择性控制系统的调节器进行参数整定时，可按单回路控制系统的整定方法进行整定。但是，取代控制方案投入工作时，取代调节器必须发出较强的控制信号，产生及时的自动保护作用，所以其比例度 δ 应整定得小一些。如果有积分作用，积分作用也应整定得弱一点。

7.3.2　选择性控制系统的工业应用

在锅炉的运行中，蒸汽负荷随用户需要而经常波动。在正常情况下，用控制燃气量的方法来维持蒸汽压力的稳定。当蒸汽用量增加时，蒸汽总管压力将下降，此时正常调节器输出信号去开大调节阀，以增加燃气量。同时，燃气压力也随燃气量的增加而升高。当燃气压力超过某一安全极限时，会产生脱火现象，可能将造成生产事故。为此，设计应用如图 7-16 所示的蒸汽压力与燃气压力的选择性控制系统。

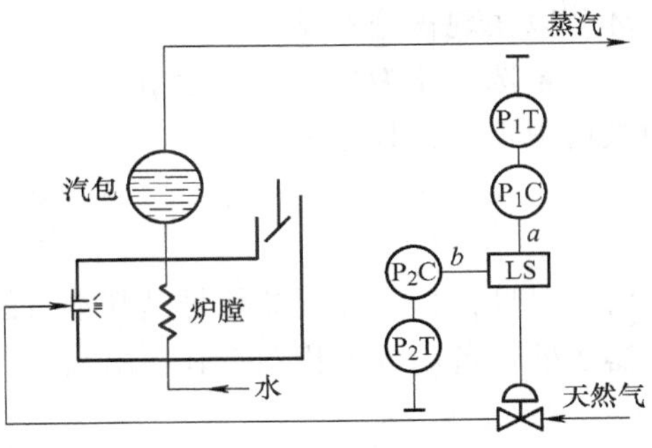

图 7-16　压力选择性控制系统

在正常情况下，蒸汽压力调节器输出信号 a 小于燃气压力调节器输出信号 b，低值选择器 LS 选中

a 去控制调节阀。而当蒸汽压力大幅度降低，调节阀开得过大，阀后压力接近脱火压力时，b 被 LS 选中取代蒸汽压力调节器工作去关小阀的开度，避免脱火现象的发生，起到自动保护作用。当蒸汽压力恢复正常时，$a<b$，经自动切换，蒸汽压力调节器重新恢复运行。

7.3.3 选择性控制系统中的积分饱和问题

对于在外环状态下具有积分作用的调节器，由于给定值与实际值之间存在偏差，调节器的积分动作将使其输出不停地变化，直到达到某个限值（如气动调节器的积分饱和上限约为气源压力 0.14MPa，下限值接近大气压）并停留在该值上，这种情况称为积分饱和。

在选择性控制中，总有一个调节器处于开环状态，只要有积分作用都可能产生积分饱和现象。若正常调节器有积分作用，当由取代调节器进行控制，在生产工况尚未恢复正常时（此时一定存在偏差，且一般为单一极性的大偏差），正常调节器的输出就会积分到上限或下限值。在正常调节器输出饱和情况下，当生产工况刚恢复正常时，系统仍不能迅速切换回来，往往需要等待较长一段时间。这是因为，刚恢复正常时，若偏差极性尚未改变，调节器输出仍处于积分饱和状态，即使偏差极性已改变了，调节器输出信号仍有很大值。若取代调节器有积分作用，则问题更大，一旦生产出现不正常工况，就要延迟一段时间才能进行切换，这样就起不到防止事故的作用。为此，必须采取措施防止积分饱和现象的产生。

对于数字式调节器来说，防止积分饱和比较容易实现（如可通过编程方式停止处于开环状态下调节器的积分作用）；对于模拟式调节器，常采用以下方法防止积分饱和。

1. PI-P 法

对于电动调节器来说，当其输出在某一极限内时，具有 PI 作用；当超出这一极限时，则为纯比例（P）作用，可避免积分饱和现象。

2. 外反馈法

对于采用气动调节器的选择性控制，取代调节器处于备用开环状态时，不用其本身的输出而用正常调节器的输出作为积分反馈，以限制其积分作用。

如图 7-17 所示，选择性控制的两台 PI 调节器输出分别为 p_1、p_2，选择器选中其中之一送至调节阀，同时又引回到两个调节器的积分环节以实现积分外反馈。

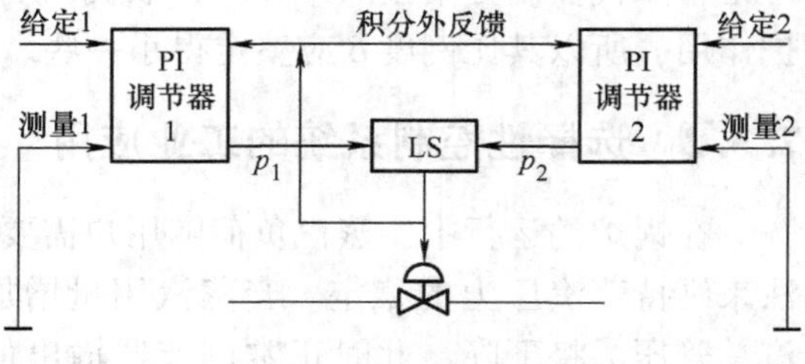

图 7-17 积分外反馈原理示意图

若选择器为低选时，设 $p_1<p_2$，调节器 1 被选中工作，其输出为

$$p_1 = K_{c1}\left(e_1 + \frac{1}{T_{I1}}\int e_1 \mathrm{d}t\right) \tag{7-4}$$

由图可见，积分外反馈信号是其本身的输出 p_1。因此，调节器 1 仍保持 PI 控制规律，调节器 2 处于备用待选状态，其输出为

$$p_2 = K_{c2}\left(e_2 + \frac{1}{T_{I2}}\int e_1 \mathrm{d}t\right) \tag{7-5}$$

其积分项的偏差为 e_1 而不是 e_2，所以不存在 e_2 带来的积分饱和问题，当系统稳定时，$e_1 = 0$，调节器 2 仅有比例作用，所以取代调节器 2 在备用开环状态下不会产生积分饱和。一旦生产出现异常，p_2 被选中时，p_2 引入积分环节，立即恢复 PI 控制规律投入运行。

思考题与习题

7-1　什么叫比值控制系统？常用比值控制方案有哪些？请比较其优缺点。

7-2　比值与比值系数有何不同？怎样将比值转换成比值系数？

7-3　设计比值控制系统时需解决哪些主要问题？

7-4　工艺要求 $F_1/F_2 = 1/2$，F_1、F_2 是体积流量。F_1 的流量是不可控的，仪表量程是 $0 \sim 1500\text{m}^3/\text{h}$，$F_2$ 的流量是可控的，仪表量程是 $0 \sim 2400\text{m}^3/\text{h}$。画出控制流程图，并计算比值系数。若工艺要求改为 $F_1/F_2 = 1$，画出控制系统流程图，并计算比值系数 K'。

7-5　在某生产过程中，需要参与反应的甲、乙两种物料保持一定比值，若已知正常操作时，甲流量 $q_1 = 7\text{m}^3/\text{h}$，采用孔板测量并配用差压变送器，其测量范围为 $0 \sim 10\text{m}^3/\text{h}$；乙流量 $q_2 = 250\text{L}/\text{h}$，相应的测量范围为 $0 \sim 300\text{L/h}$，根据要求设计保持 q_1/q_2 比值的控制系统。试求在流量和测量信号分别呈线性和非线性关系时，系统的比值系数 K'。

7-6　在制药工业中，为了增强药效，需要对某种成分的药物注入一定的镇定剂、缓冲剂或加入一定量的酸或碱，使药性呈现酸性或碱性。这种注入过程一般都在一个混合槽中进行。生产要求药物与注入剂混合后的含量必须符合规定的比例。同时在混合过程中不允许药物流量突然发生变化，以免引起混合过程产生局部的化学反应。

为了防止药物流量 q 产生急剧变化，通常在混合槽前面增加一个停留槽，如题图 7-1 所示，使药物流量先进入停留槽，然后再进入混合槽，同时停留槽设有液位控制，从而使 q 经停留槽后的流量 q_1 平缓地变化。为了保证药物与注入剂按严格的比例数值混合，设计了图示比值控制系统流程图，试由控制流程图画出框图，确定调节阀的气开、气关形式和调节器的正、反作用方式。

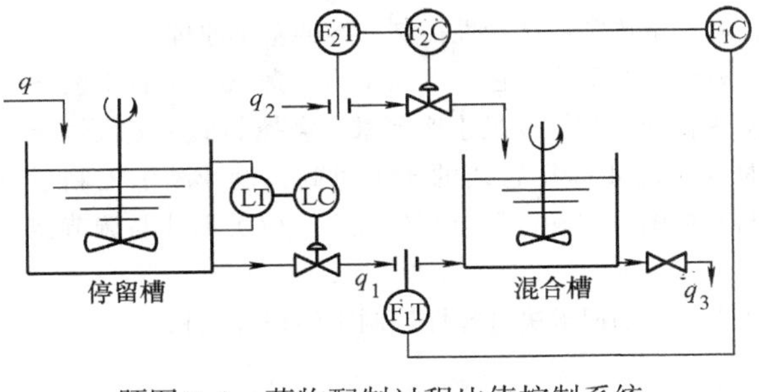

题图 7-1　药物配制过程比值控制系统

7-7　什么是分程控制系统？区别于一般的简单控制系统的最大特点是什么？怎样实现分程控制？

7-8　分程控制系统可以应用于哪些场合？请分别举例说明其控制过程。

7-9　在分程控制中需注意哪些主要问题？为什么在分程点上会发生流量特性的突变？如何解决？

7-10　在某化学反应器内进行气相反应，调节阀 A、B 用来分别控制进料流量和反应生成物的流量。为了控制反应器内的压力，设计了如题图 7-2 所示的控制系统流程图。试画出其框图，并确定调节阀的气开、气关形式和调节器的正、反作用方式。

7-11　在现代生活中，人们要求洗一个舒适的澡，根据各人对水温的不同要求，可以分别调节题图 7-3 所示的水管中的热水量和冷水量，即当感到水温太高时，可以调节冷水量；当水温太低时，可以调节热水量，以满足各人对水温的要求。试设计一个分程控制系统。

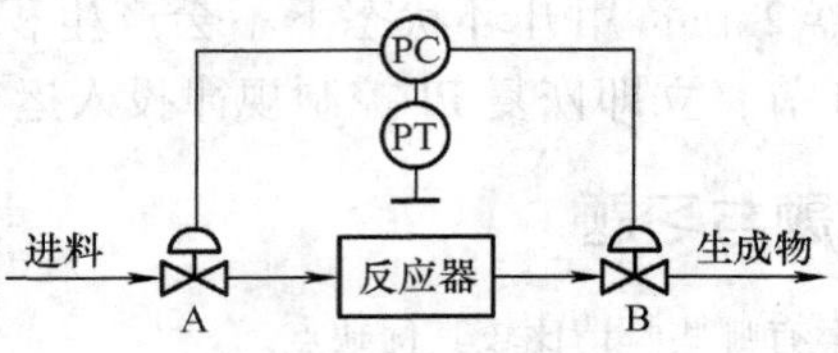

题图 7-2　反应器压力控制系统

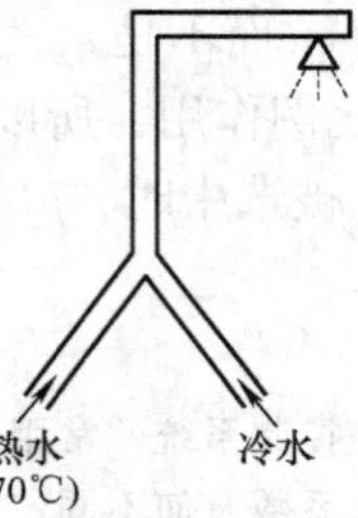

题图 7-3　温度控制

7-12　在水利工程的河工模型试验中，要求实现泥沙流量的自动控制，已知如题图 7-4 所示流量给定值变化曲线及流量控制范围 $q_{min} \sim q_{max}$，现设置两根管道，并用两台水泵供水来完成试验要求。当流量为 q_{min}时，可选择任意一台水泵供水，通过阀 1、阀 2 或阀 3，采用 1#或 2#管道来实现；当流量为 q_{max}时，需同时用两台泵及两根管道来实现。试设计分程控制系统。

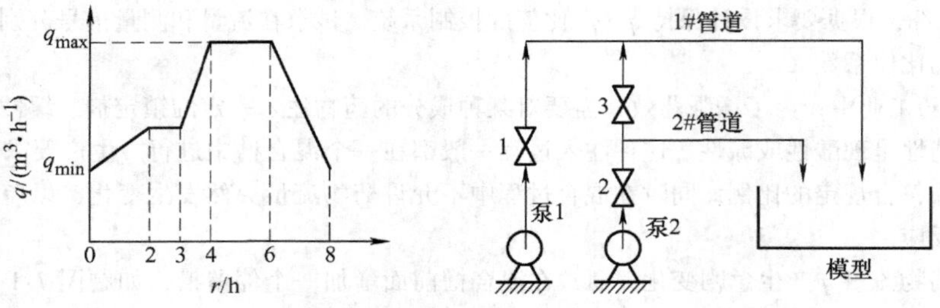

题图 7-4　流量自动控制

7-13　釜式间歇反应器温度分程控制系统如图 7-13 所示，其中蒸汽阀为气开式，冷水阀为气关式。请绘出调节阀的动作图。

7-14　什么叫选择性控制？试述常用选择性控制方案的基本原理。

7-15　题图 7-5 所示为蒸汽分配系统，它将不同压力的蒸汽送至各工艺设备。在减压站将高压蒸汽降为低压。为了满足生产要求，需控制低压蒸汽管线减压站的减压蒸汽量，同时为了防止高压管线的压力过高，设计图示控制系统。试根据控制流程图画出其框图，并确定调节阀的气开、气关形式与调节器的正、反作用方式。

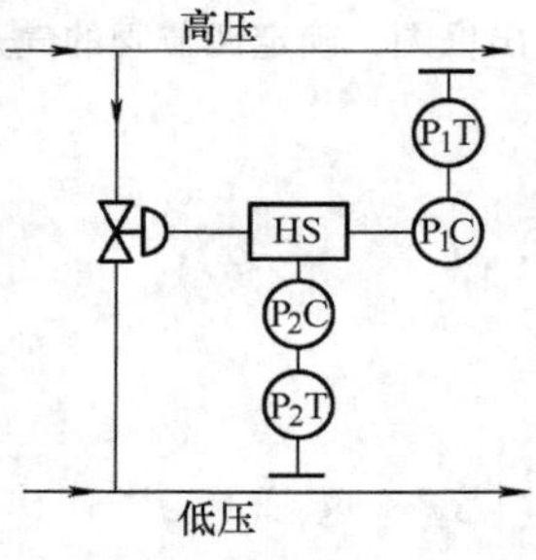

题图 7-5　蒸汽分配

7-16　什么叫积分饱和现象？如何解决选择性控制中的积分饱和？

第8章　多变量解耦控制系统

【本章内容要点】

1. 多输入多输出过程中，一个输入将影响到多个输出，而一个输出也将受到多个输入的影响，各通道之间存在着相互作用。这种输入与输出间、通道与通道间复杂的因果关系称为过程变量或通道间的耦合。

2. 单回路控制系统是最简单的控制方案。因此，解决多变量耦合过程控制的最好办法是解除变量之间的不希望的耦合，形成各个独立的单输入单输出的控制通道，以便分别设计相应的单回路控制系统。

3. 一个选定的控制量与其配对的被控量之间相互影响的程度可以用相对增益（相对放大系数）来衡量。求相对增益的方法有实验法、解析法、间接法。

4. 根据不同情况，解耦可以通过以下方法实现：①突出主要被控参数，忽略次要被控参数，将过程简化为单参数过程；②寻求输入输出间的最佳匹配，选择影响程度（因果关系）最强的输入输出，逐对构成各个控制通道，弱化各控制通道之间即变量之间的耦合；③设计一个补偿器，与原过程构成广义过程，使其成为对角阵。

5. 对有耦合的复杂过程，要设计一个高性能的调节器是困难的，通常先设计一个补偿器，使增广过程的通道之间不再存在耦合，这种设计称为解耦设计。解耦设计的方法有串联补偿设计、前馈补偿设计。

6. 工程上通常根据不同情况采取静态解耦、动态解耦、部分解耦等方法。静态解耦只要求过程变量达到稳态时实现变量间的解耦。动态解耦则要求不论在过渡过程或稳态时，都能实现变量间的解耦。部分解耦只对某些影响较大的耦合采取解耦措施，而忽略一些次要的耦合。

8.1　多变量解耦控制系统概述

在单回路控制系统中，假设过程只有一个被控参数，它被确定为输出，而在众多影响这个被控参数的因素中，选择一个主要因素作为调节参数或控制参数，称为过程输入，而将其他因素都看成扰动。这样在输入输出之间形成一条控制通道，再加入适当的调节器后，就成为一个单回路控制系统。

众所周知，实际的工业过程是一个复杂的变化过程，为了达到指定的生产要求，往往有多个过程参数需要控制，相应地，决定和影响这些参数的原因也不是一个。因此，大多数工业过程是一个相互关联的多输入多输出过程。在这样的过程中，一个输入将影响到多个输出，而一个输出也将受到多个输入的影响。如果将一对输入输出称为一个控制通道，则在各通道之间存在相互作用，将这种输入与输出间、通道与通道间复杂的因果关系称为过程变量或通道间的耦合。

多输入多输出过程的传递函数可表示为

$$W(s)=\frac{Y(s)}{U(s)}=\begin{pmatrix}W_{11}(s) & W_{12}(s) & \cdots & W_{1m}(s)\\ W_{21}(s) & W_{22}(s) & \cdots & W_{2m}(s)\\ \vdots & \vdots & & \vdots\\ W_{n1}(s) & W_{n2}(s) & \cdots & W_{nm}(s)\end{pmatrix} \tag{8-1}$$

式中，n 为输出变量数；m 为输入变量数；$W_{ij}(s)$ 为第 j 个输入与第 i 个输出间的传递函数，它也反映着该输入与输出间的耦合关系。在解耦问题的讨论中，通常取 $n=m$，这与大多数实际过程相符合。

变量间的耦合给过程控制带来了很大的困难。因为，很难为各个控制通道确定满足性能要求的调节器。从前面的讨论可知，单回路控制系统是最简单的控制方案，因此，解决多变量耦合过程控制的最好办法是解除变量之间的不希望的耦合，形成各个独立的单输入单输出的控制通道，使得此时过程的传递函数分别为

$$W(s)=\begin{pmatrix}W_{11}(s) & & & 0\\ & W_{22}(s) & & \\ & & \ddots & \\ 0 & & & W_{nn}(s)\end{pmatrix} \tag{8-2}$$

实现复杂过程的解耦有三个层次的办法：

1）突出主要被控参数，忽略次要被控参数，将过程简化为单参数过程。

2）寻求输入输出间的最佳匹配，选择因果关系最强的输入输出，逐对构成各个控制通道，弱化各控制通道之间即变量之间的耦合。

3）设计一个补偿器 $D(s)$，与原过程 $W(s)$ 构成一个广义过程 $W_{g}(s)$，使 $W_{g}(s)$ 成为对角阵，即

$$W_{g}(s)=\begin{pmatrix}W_{g11}(s) & & & \\ & W_{g22}(s) & & \\ & & \ddots & \\ & & & W_{gnn}(s)\end{pmatrix} \tag{8-3}$$

第一种方法最简单易行，但只适用于简单过程或控制要求不高的场合。

第二种方法考虑到变量之间的耦合，但这种配对只有在存在弱耦合的情况下，才能找到合理的输入输出间的组合。

第三种方法原则上适用于一般情况，但要找到适当的补偿器并能实现，则要复杂得多，因此，要视不同要求和场合选用不同方法。第一种方法已在单回路控制系统中讨论了，故这里着重讨论后面两种方法。

解耦有两种方式：静态解耦和动态解耦。静态解耦只要求过程变量达到稳态时实现变量间的解耦，讨论中可将传递函数简化为比例系数。动态解耦则要求不论在过渡过程还是在稳态时，都能实现变量间的解耦。为简便起见，讨论将从静态解耦开始，所用的方法同样可用于动态解耦，并得出相应的结论。

8.2 相对增益及其性质

相对增益是用来衡量一个选定的控制量与其配对的被控量之间相互影响大小的尺度。因为它是相对系统中其他控制量对该被控量的影响来说的，故称其为相对增益，也称之为相对放大系数。

8.2.1 相对增益的定义

为了衡量某一变量配对下的关联性质，首先在其他所有回路均为开环情况下，即所有其他控制量均不改变的情况下，找出该通道的开环增益，然后再在所有其他回路都闭环的情况下，即所有其他被控量都基本保持不变的情况下，找出该通道的开环增益。显然，如果在上述两种情况下，该通道的开环增益没有变化，就表明其他回路的存在对该通道没有影响，此时该通道与其他通道之间不存在关联。反之，若两种情况下的开环增益不相同，则说明了各通道之间有耦合联系。这两种情况下的开环增益之比就定义为该通道的相对增益。

多输入多输出过程中变量之间的耦合程度可用相对增益表示。设过程输入 $U=[u_1 \quad u_2 \quad \cdots \quad u_n]^{\mathrm{T}}$，输出 $Y=[y_1 \quad y_2 \quad \cdots \quad y_n]^{\mathrm{T}}$，令

$$p_{ij}=\left.\frac{\partial y_i}{\partial u_j}\right|_{u_r}(r\neq j) \tag{8-4}$$

此式表示在 $u_r(r\neq j)$ 不变时，输出 y_i 对输入 u_j 的传递关系或静态放大系数，这里称之为第一放大系数。又令

$$q_{ij}=\left.\frac{\partial y_i}{\partial u_j}\right|_{y_r}(r\neq i) \tag{8-5}$$

此式表示在所有 $y_r(r\neq i)$ 不变时，输出 y_i 对输入 u_j 的传递关系或静态放大系数，称之为通道 u_j 到 y_i 的第二放大系数。再令

$$\lambda_{ij}=\frac{p_{ij}}{q_{ij}}=\frac{\left.\dfrac{\partial y_i}{\partial u_j}\right|_{u_r}}{\left.\dfrac{\partial y_i}{\partial u_j}\right|_{y_r}} \tag{8-6}$$

称之为 u_j 到 y_i 过程的相对增益矩阵。对多输入多输出过程可得

$$\boldsymbol{\Lambda}=(\lambda_{ij})_{n\times n}=\begin{pmatrix}\lambda_{11} & \lambda_{12} & \cdots & \lambda_{1n}\\ \lambda_{21} & \lambda_{22} & \cdots & \lambda_{2n}\\ \vdots & \vdots & & \vdots\\ \lambda_{n1} & \lambda_{n2} & \cdots & \lambda_{nn}\end{pmatrix} \tag{8-7}$$

称之为过程的相对增益矩阵，它的元就表示 u_j 到 y_i 通道的相对增益。

由定义可知，第一放大系数 p_{ij} 是在过程其他输入 u_r 不变的条件下，u_j 到 y_i 的传递关系，也就是只有 u_j 输入作用对 y_i 的影响。第二放大系数 q_{ij} 是在过程其他输出 y_r 不变的条件下，u_j 到 y_i 的传递关系，也就是在 u_r（$r\neq j$）变化时，u_j 到 y_i 的传递关系。λ_{ij} 则是两者的比值，这个比值的大小反映了变量之间即通道之间的耦合程度。若 $\lambda_{ij}=1$，表示在其他输入 u_r（$r\neq j$）不变和变化两种条件下，u_j 到 y_i 的传递不变，也就是说，输入 u_j 到 y_i 的通道不受其他输入

的影响，因此不存在其他通道对它的耦合。若 $\lambda_{ij}=0$，表示 $p_{ij}=0$，即 u_j 对 y_i 没有影响，不能控制 y_i 的变化，因此该通道的选择是错误的。若 $0<\lambda_{ij}<1$，则表示 u_j 对 y_i 的通道与其他通道间有强弱不等的耦合。若 $\lambda_{ij}>1$，表示耦合减弱了 u_j 对 y_i 的控制作用，而 $\lambda_{ij}<0$ 则表示耦合的存在使 u_j 对 y_i 的控制作用改变了方向和极性，从而有可能造成正反馈而引起控制系统的不稳定。

从上述条件分析可以看出，相对增益的值反映了某个控制通道的作用强弱和其他通道对它的耦合的强弱，因此可作为选择控制通道和决定采用何种解耦措施的依据。

8.2.2 相对增益的求法

由定义可知，求相对增益需要先求出放大系数 p_{ij} 和 q_{ij}。这两个放大系数有三种求法。

1. 实验法

按定义所述，先在保持其他输入 u_r 不变的情况下，求得在 Δu_j 作用下输出 y_i 的变化 Δy_i，由此可得

$$p_{ij}=\left.\frac{\Delta y_i}{\Delta u_j}\right|_{u_r}\quad i=1,2,\cdots,n$$

依次变化 u_j，$j=1,2,\cdots,n$ $(j\neq r)$，同理可求得全部的 p_{ij} 值，即

$$\boldsymbol{P}=(p_{ij})_{n\times n}=\begin{pmatrix} p_{11} & p_{12} & \cdots & p_{1n}\\ p_{21} & p_{22} & \cdots & p_{2n}\\ \vdots & \vdots & & \vdots\\ p_{n1} & p_{n2} & \cdots & p_{nn}\end{pmatrix}\tag{8-8}$$

其次在 Δu_j 作用下，保持 y_r $(r\neq i)$ 不变，此时需调整 u_r $(r\neq j)$ 值，测得此时的 Δy_i，再求得

$$q_{ij}=\left.\frac{\Delta y_i}{\Delta u_j}\right|_{y_r}\quad i=1,2,\cdots,n$$

同样依次变化 u_j，$j=1,2,\cdots,n(j\neq r)$，再逐个测得 Δy_i 值，就可得到全部的 q_{ij} 值，由此可得

$$\boldsymbol{Q}=\begin{pmatrix} q_{11} & q_{12} & \cdots & q_{1n}\\ q_{21} & q_{22} & \cdots & q_{2n}\\ \vdots & \vdots & & \vdots\\ q_{n1} & q_{n2} & \cdots & q_{nn}\end{pmatrix}\tag{8-9}$$

再逐项计算相对增益

$$\lambda_{ij}=\frac{p_{ij}}{q_{ij}}$$

可得到相对增益矩阵

$$\boldsymbol{\Lambda}=\begin{pmatrix} \lambda_{11} & \lambda_{12} & \cdots & \lambda_{1n}\\ \lambda_{21} & \lambda_{22} & \cdots & \lambda_{2n}\\ \vdots & \vdots & & \vdots\\ \lambda_{n1} & \lambda_{n2} & \cdots & \lambda_{nn}\end{pmatrix}\tag{8-10}$$

用这种方法求相对增益，只要实验条件满足定义的要求，就能够得到接近实际的结果。但从实验方法而言，求第一放大系数还比较简单易行，而求第二放大系数的实验条件相当难以满足，特别在输入输出对数较多的情况下。因此，实验法求相对增益有一定困难。

2. 解析法

基于对过程工作机理的了解，通过对已知输入输出数学关系的变换和推导，求得相应的相对增益矩阵。为了说明这种方法，现举一个例子。

例 8-1 压力、流量过程如图 8-1 所示，求此过程的相对增益矩阵。图中 1 和 2 为具有线性液阻的调节阀，阀的控制量分别为 u_1 和 u_2，用 q_h 代表流量，它和压力 p_1 为被控参数。

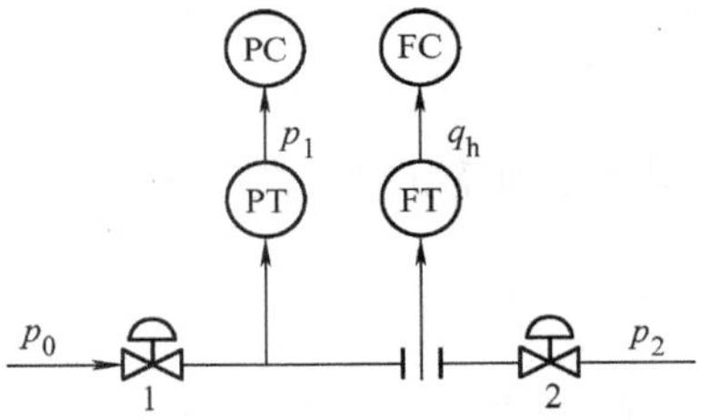

图 8-1 流量过程示意图

根据管内流量和压力的关系，有

$$q_h = u_1(p_0 - p_1) = u_2(p_1 - p_2) \tag{8-11}$$

由此可得

$$q_h = \frac{u_1 u_2}{u_1 + u_2}(p_0 - p_2) \tag{8-12}$$

对输出 q_h 而言，它对输入 u_1 的第一放大系数为

$$p_{11} = \left.\frac{\partial q_h}{\partial u_1}\right|_{u_2} = \left(\frac{u_2}{u_1 + u_2}\right)^2 (p_0 - p_2) \tag{8-13}$$

q_h 对 u_1 的第二放大系数为

$$q_{11} = \left.\frac{\partial q_h}{\partial u_1}\right|_{p_1} = \frac{u_2}{u_1 + u_2}(p_0 - p_2) \tag{8-14}$$

故有

$$\lambda_{11} = \frac{p_{11}}{q_{11}} = \frac{u_2}{u_1 + u_2} = \frac{p_0 - p_1}{p_0 - p_2} \tag{8-15}$$

同理可求得 u_2 到 q_h 通道的相对增益为

$$\lambda_{12} = \frac{p_{12}}{q_{12}} = \frac{p_1 - p_2}{p_0 - p_2} \tag{8-16}$$

为求输出 p_1 通道的相对增益，可将式（8-11）改写为

$$p_1 = p_0 - \frac{q_h}{u_1} = p_2 + \frac{q_h}{u_2} = \frac{p_0 u_1 + p_2 u_2}{u_1 + u_2} \tag{8-17}$$

即可求得 p_1 与 u_1 和 u_2 两个通道的相对增益为

$$\lambda_{21} = \frac{p_{21}}{q_{21}} = \frac{p_1 - p_2}{p_0 - p_2} \tag{8-18}$$

$$\lambda_{22} = \frac{p_{22}}{q_{22}} = \frac{p_0 - p_1}{p_0 - p_2} \tag{8-19}$$

由此可得输入为 u_1 和 u_2，输出为 q_h 和 p_1 的过程的相对增益矩阵为

$$\boldsymbol{\Lambda} = \begin{pmatrix} \lambda_{11} & \lambda_{12} \\ \lambda_{21} & \lambda_{22} \end{pmatrix} = \begin{pmatrix} \dfrac{p_0 - p_1}{p_0 - p_2} & \dfrac{p_1 - p_2}{p_0 - p_2} \\ \dfrac{p_1 - p_2}{p_0 - p_2} & \dfrac{p_0 - p_1}{p_0 - p_2} \end{pmatrix} \tag{8-20}$$

本例是一个简单的双输入双输出过程，从它的相对增益矩阵中，可看到一个有趣的现象，即

$$\begin{aligned} \lambda_{11}+\lambda_{12}=\lambda_{21}+\lambda_{22}=1 \\ \lambda_{11}+\lambda_{21}=\lambda_{12}+\lambda_{22}=1 \end{aligned} \tag{8-21}$$

也就是说，相对增益矩阵中同一列或同一行的元之和为 1。

这种现象是偶然出现，还是有普遍意义呢？让我们再看一个更一般的情况。设两输入两输出过程的传递函数为

$$W(s)=\begin{pmatrix} W_{11}(s) & W_{12}(s) \\ W_{21}(s) & W_{22}(s) \end{pmatrix} \tag{8-22}$$

只考虑静态放大系数，则有

$$W(s)=\begin{pmatrix} k_{11} & k_{12} \\ k_{21} & k_{22} \end{pmatrix} \tag{8-23}$$

由此可得

$$\begin{aligned} y_1=k_{11}u_1+k_{12}u_2 \\ y_2=k_{21}u_1+k_{22}u_2 \end{aligned} \tag{8-24}$$

可求得

$$p_{11}=\left.\frac{\partial y_1}{\partial u_1}\right|_{u_2}=k_{11} \tag{8-25}$$

改写

$$y_1=k_{11}u_1+\frac{y_2-k_{21}u_1}{k_{22}}k_{12}$$

则

$$q_{11}=\left.\frac{\partial y_1}{\partial u_1}\right|_{y_2}=k_{11}-\frac{k_{12}k_{21}}{k_{22}}=\frac{k_{11}k_{22}-k_{12}k_{21}}{k_{22}} \tag{8-26}$$

故

$$\lambda_{11}=\frac{p_{11}}{q_{11}}=\frac{k_{11}k_{22}}{k_{11}k_{22}-k_{12}k_{21}}$$

用同样方法，依次可求得

$$\lambda_{12}=\frac{p_{12}}{q_{12}}=\frac{-k_{12}k_{21}}{k_{11}k_{22}-k_{12}k_{21}}$$

$$\lambda_{21}=\frac{p_{21}}{q_{21}}=\frac{-k_{12}k_{21}}{k_{11}k_{22}-k_{12}k_{21}}$$

$$\lambda_{22}=\frac{p_{22}}{q_{22}}=\frac{k_{11}k_{22}}{k_{11}k_{22}-k_{12}k_{21}}$$

由此可见，式（8-21）的关系同样成立。可见这不是偶然现象，后面将给出证明。

3. 间接法

上述两种方法都要求第二放大系数，比较麻烦。可以利用第一放大系数，间接求得相对增益。

式（8-24）写成

$$\boldsymbol{Y}=\boldsymbol{KU}=\boldsymbol{PU} \tag{8-27}$$

式中，$\boldsymbol{Y}=[y_1,\ y_2]^{\mathrm{T}}$，$\boldsymbol{K}=\begin{bmatrix} k_{11} & k_{12} \\ k_{21} & k_{22} \end{bmatrix}=\boldsymbol{P}$，$\boldsymbol{U}=[u_1,\ u_2]^{\mathrm{T}}$

式（8-27）可改写成

$$U = HY \tag{8-28}$$

式中，$H = \begin{bmatrix} h_{11} & h_{12} \\ h_{21} & h_{22} \end{bmatrix}$，故式（8-28）可写成

$$\begin{aligned} u_1 &= h_{11}y_1 + h_{12}y_2 \\ u_2 &= h_{21}y_1 + h_{22}y_2 \end{aligned} \tag{8-29}$$

由式（8-27）和式（8-28）可得

$$PH = KH = I \tag{8-30}$$

由此可解得 H，并对照式（8-26）可得

$$h_{11} = \frac{k_{22}}{k_{11}k_{22} - k_{12}k_{21}} = \frac{1}{q_{11}}$$

$$h_{12} = \frac{-k_{12}}{k_{11}k_{22} - k_{12}k_{21}} = \frac{1}{q_{21}}$$

$$h_{21} = \frac{-k_{21}}{k_{11}k_{22} - k_{12}k_{21}} = \frac{1}{q_{12}}$$

$$h_{22} = \frac{k_{11}}{k_{11}k_{22} - k_{12}k_{21}} = \frac{1}{q_{22}}$$

故

$$\lambda_{11} = p_{11}h_{11}$$

$$\lambda_{12} = p_{12}h_{21}$$

$$\lambda_{21} = p_{21}h_{12}$$

$$\lambda_{22} = p_{22}h_{22}$$

即
$$\lambda_{ij} = p_{ij} \cdot H_{ij}^{\mathrm{T}}$$

而
$$H = P^{-1}$$

故
$$\lambda_{ij} = p_{ij} \cdot (P^{-1})_{ij}^{\mathrm{T}} \tag{8-31}$$

则
$$\Lambda = \{\lambda_{ij}\}_{2\times2} \tag{8-32}$$

这个结论可推广到 $n \times n$ 矩阵的情况，从而得到一个由 $P = K$ 阵求 Λ 阵的方法，其步骤为：

1）由 $P = K$ 求 $P^{-1} = K^{-1}$。

2）由 P^{-1}求$(P^{-1})^{\mathrm{T}}$。

3）由 $\lambda_{ij} = p_{ij}(P^{-1})_{ij}^{\mathrm{T}}$可得 Λ。

这个方法的好处是由 P 直接求 Λ，不要计算 Q。计算 Q 的困难在于求逆，但对计算机来说不会成为问题。

8.2.3 相对增益矩阵的性质

式（8-21）指出了相对增益矩阵中的一个现象，现在又推导出直接由 P 矩阵求 Λ 矩阵的方法，由此就可以证明式（8-21）表示的不只是一个偶然现象，而是相对增益矩阵的性质。

由式（8-31）可知

$$\lambda_{ij}=p_{ij}(P^{-1})_{ij}^{\mathrm{T}}=p_{ij}(P^{-1})_{ji}=p_{ij}\frac{(\mathrm{adj}P)_{ij}}{\det P} \tag{8-33}$$

式中，$\mathrm{adj}P$ 为 P 的伴随矩阵，对 $\boldsymbol{\Lambda}$ 矩阵的 i 行来说，有

$$\begin{aligned}\lambda_{i1}+\lambda_{i2}+\cdots+\lambda_{in}&=p_{i1}\frac{1}{\det P}(\mathrm{adj}P)_{1i}+p_{i2}\frac{1}{\det P}(\mathrm{adj}P)_{2i}+\cdots+p_{in}\frac{1}{\det P}(\mathrm{adj}P)_{ni}\\&=\frac{1}{\det P}[p_{i1}(\mathrm{adj}P)_{1i}+p_{i2}(\mathrm{adj}P)_{2i}+\cdots+p_{in}(\mathrm{adj}P)_{ni}]=\frac{1}{\det P}\det P=1\end{aligned} \tag{8-34}$$

同样对 $\boldsymbol{\Lambda}$ 阵的 j 列来说，也有

$$\lambda_{1j}+\lambda_{2j}+\cdots+\lambda_{nj}=1$$

这样就得到相对增益矩阵的一个重要性质：相对矩阵 $\boldsymbol{\Lambda}$ 的任一行（或任一列）的元的值之和为 1。

相对增益矩阵这个性质的重要意义是可以简化该矩阵的计算。例如对一个 2×2 的 $\boldsymbol{\Lambda}$ 矩阵，只要求出一个独立的 λ 值，其他三个值可由此性质推出。对于 3×3 的 $\boldsymbol{\Lambda}$ 矩阵，也只要求出 4 个独立的 λ 值，即可推出其余的 5 个 λ 值，显然大大减少了计算工作量。

这个性质的更重要的意义在于它能帮助分析过程通道间的耦合情况。仍以式（8-24）的双输入双输出过程为例。如果 $\lambda_{11}=1$，则 $\lambda_{22}=1$，而 $\lambda_{12}=\lambda_{21}=0$，这表示两个通道是独立的，是一个无耦合过程。再仔细观察一下 $\lambda_{12}=\lambda_{21}=0$ 表明第一放大系数 $p_{12}=p_{21}=0$ 或 $k_{12}=k_{21}=0$。上述结论是正确的。即使 $k_{11}=0$ 而 $k_{12}\neq0$，表示输入 u_1 对输出 y_2 有影响，但影响很小，而且不会再反馈到 u_1 到 y_1 的通道中去，因此通道 u_2 到 y_2 通道仍可按单回路控制系统设计，而把 u_1 的影响当扰动考虑。因此，$\boldsymbol{\Lambda}$ 矩阵中一行或一列中的某个元越接近于 1，表示通道之间的耦合作用越小。若 $\lambda_{11}=0.5$，则 $\lambda_{12}=\lambda_{21}=\lambda_{22}=0.5$，这表示通道之间的耦合作用最强，需要采取解耦措施。反过来，若 $\lambda_{12}=1$，则 $\lambda_{11}=\lambda_{22}=0$，而 $\lambda_{21}=1$，这表示输入与输出配合选择有误，应该将输入和输出互换，仍可得到无耦合过程，这一点下面还将讨论。

λ 值也可能大于 1，例如 $\lambda_{11}>1$，根据性质必有 $\lambda_{12}=\lambda_{21}<0$。这表明过程间存在负耦合。当构成闭环控制时，这种负耦合将引起正反馈，从而导致过程的不稳定，因此必须考虑采取措施来避免和克服这种现象。

根据相对增益矩阵的定义和性质，还可以根据第一放大系数的符号来帮助判断 λ 值的范围。如果第一放大系数中符号为正的个数是奇数，则所有的 λ 值将为正，并在 [0, 1] 区间内。如果是偶数，则必有 λ 值会大于 1 和小于 0。这可从式（8-24）的双输入双输出过程的 λ 值表达式中得到验证。

例 8-2 并联流量过程如图 8-2 所示。假设两管道和阀门特性完全相同，显然总流量是不变的，q_1 的增加会引起 q_2 的减少，反之亦然。因此过程的关系式为

$$q_1=k_{11}u_1-k_{12}u_2$$
$$q_2=k_{22}u_2-k_{21}u_1$$

此时第一放大系数中两个为正，两个为负。可以求得其相对增益为

$$\lambda_{11}=\lambda_{22}=\frac{k_{11}k_{22}}{k_{11}k_{22}-k_{12}k_{21}}$$

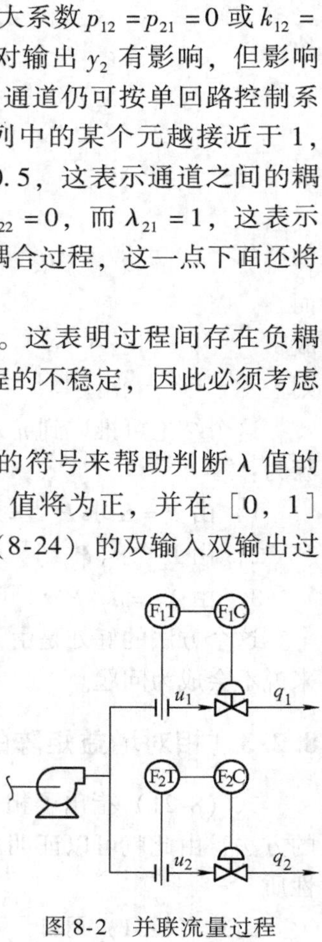

图 8-2　并联流量过程

$$\lambda_{12} = \lambda_{21} = 1 - \lambda_{11} = \frac{-k_{12}k_{21}}{k_{11}k_{22} - k_{12}k_{21}}$$

由假设 $k_{11} = k_{22}$，$k_{12} = k_{21}$，故得

$$\lambda_{11} = \lambda_{22} = \frac{k_{11}^{\ 2}}{k_{11}^{\ 2} - k_{12}^{\ 2}} = \frac{1}{1 - \left(\frac{k_{12}}{k_{11}}\right)^2}, \qquad \lambda_{12} = \lambda_{21} = \frac{-\left(\frac{k_{12}}{k_{12}}\right)^2}{1 - \left(\frac{k_{12}}{k_{11}}\right)^2}$$

通常 $k_{11} > k_{12}$，故 $\lambda_{11} = \lambda_{22} > 1$，而 $\lambda_{12} = \lambda_{21} < 0$。这种情况的物理解释是：如果 u_1 减少，将引起 u_2 的增加，而 u_2 的增加又会进一步减少 u_1，这个耦合过程使原有平衡破坏。

根据上述对相对增益矩阵的分析，可得到以下结论：

1）若 $\boldsymbol{\Lambda}$ 矩阵的对角元为 1，其他元为 0，则过程通道之间没有耦合，每个通道都可构成单回路控制。

2）若 $\boldsymbol{\Lambda}$ 阵非对角元为 1，而对角元为 0，则表示过程控制通道选错，可更换输入输出间的配对关系，得到无耦合过程。

3）$\boldsymbol{\Lambda}$ 矩阵的元都在［0，1］区间内，表示过程控制通道之间存在耦合。λ_{ij}越接近于 1，表示 u_j 到 y_i 的通道受耦合的影响越小，构成单回路控制效果越好。

4）若 $\boldsymbol{\Lambda}$ 矩阵同一行或列的元值相等，或同一行或同一列的 λ 值都比较接近，表示通道之间的耦合最强，要设计成单回路控制，必须采取专门的补偿措施。

5）若 $\boldsymbol{\Lambda}$ 矩阵中某元的值大于 1，则同一行或列中必有 $\lambda < 0$ 的元存在，表示过程变量或通道之间存在不稳定耦合，在设计解耦或控制回路时，必须采取镇定措施。

8.3　复杂过程控制通道的选择

过程控制中，控制通道的选择是首先要解决的问题。对单回路控制来说，确定一个被控量（输出）和控制量（输入）比较简单。而对于耦合过程来说，就变得复杂起来。因此，对于多个输入影响多个输出，这就存在一个控制通道如何分别选择，即输入输出如何一一配对的问题。如果控制通道选错了，就无法实现希望的控制要求。相对增益矩阵为解决这个问题提供了途径。矩阵元 λ_{ij}的值反映了第 j 个输入对第 i 个输出之间作用大小的相对值。对稳定的控制通道来说，$\lambda = 1$ 表示该通道选择正确，与其他通道没有耦合；$\lambda > 0.5$ 表示选择基本正确，但需要采取解耦措施，才能构成单回路控制系统；若 $\lambda < 0.5$，则要重新考虑输入和输出间的配对关系。下面通过例子来说明。

例 8-3　图 8-3 为三种流体的混合过程。图中阀门 V_1 控制 100℃的原料 1 的流量，开度为 u_1；阀门 V_2 控制 200℃的原料 2 的流量，开度为 u_2；阀门 V_3 控制 100℃的原料 3 的流量，开度为 u_3。假设三个通道配置相同，阀门为线性阀，三种原料热容也相同，即有 $K_{v1} = K_{v2} = K_{v3}$，$C_1 = C_2 = C_3$。要求控制的参数是混合后流体的温度（热量）和总流量。试选择合理的控制通道。

该过程有三个控制作用，即 u_1、u_2、u_3，因此可以构成三个控制通道。设被控量定为热量 Q_{11}、Q_{22}和总流量 q，其通道组合如图 8-4 所示。

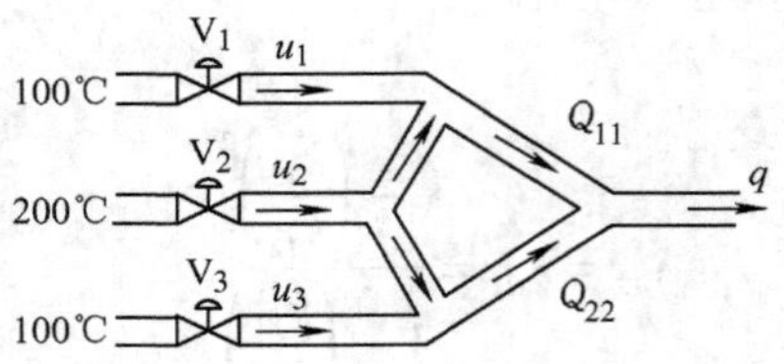

图 8-3　三种流体的混合过程

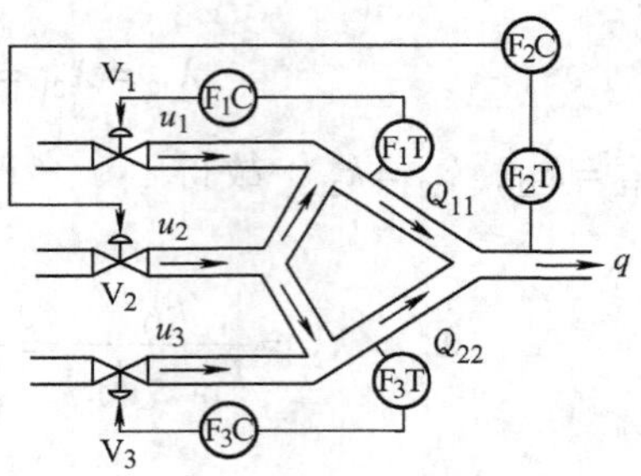

图 8-4　变量配对控制方案

计算变量间的关系为

$$Q_{11}=K_{v1}\times\frac{u_1}{100}\times C_1\times 100℃+\frac{1}{2}K_{v2}\times\frac{u_2}{100}\times C_2\times 200℃=u_1+u_2$$

$$Q_{22}=K_{v3}\times\frac{u_3}{100}\times C_3\times 100℃+\frac{1}{2}K_{v2}\times\frac{u_2}{100}\times C_2\times 200℃=u_2+u_3$$

$$q=K_{v1}u_1+K_{v2}u_2+K_{v3}u_3=u_1+u_2+u_3$$

求第一放大系数矩阵为

$$\boldsymbol{P}=\begin{pmatrix}\frac{\partial Q_{11}}{\partial u_1} & \frac{\partial Q_{11}}{\partial u_2} & \frac{\partial Q_{11}}{\partial u_3}\\ \frac{\partial q}{\partial u_1} & \frac{\partial q}{\partial u_2} & \frac{\partial q}{\partial u_3}\\ \frac{\partial Q_{22}}{\partial u_1} & \frac{\partial Q_{22}}{\partial u_2} & \frac{\partial Q_{22}}{\partial u_3}\end{pmatrix}=\begin{pmatrix}1 & 1 & 0\\ 1 & 1 & 1\\ 0 & 1 & 1\end{pmatrix}$$

$$\boldsymbol{P}^{-1}=\begin{pmatrix}0 & 1 & -1\\ 1 & -1 & 1\\ -1 & 1 & 0\end{pmatrix}$$

$$(\boldsymbol{P}^{-1})^{\mathrm{T}}=\begin{pmatrix}0 & 1 & -1\\ 1 & -1 & 1\\ -1 & 1 & 0\end{pmatrix}$$

故

$$\boldsymbol{\Lambda}=\boldsymbol{P}\cdot(\boldsymbol{P}^{-1})^{\mathrm{T}}=\begin{matrix} \\ Q_{11}\\ q\\ Q_{22}\end{matrix}\begin{matrix}\begin{matrix}u_1 & u_2 & u_3\end{matrix}\\ \begin{pmatrix}0 & 1 & 0\\ 1 & -1 & 1\\ 0 & 1 & 0\end{pmatrix}\end{matrix}$$

从得到的 $\boldsymbol{\Lambda}$ 阵可以看出，最初选择的控制通道是错误的，$\boldsymbol{\Lambda}$ 矩阵的三个对角线元中，两个为 0，一个为 −1。这表明 u_1 对 Q_{11} 和 u_3 对 Q_{22} 没有控制能力，而 u_2 对 q 通道则形成负耦合，造成一个不稳定过程。如果 u_2 有一个增量 Δu_2 使 q 增加，它也将使 Q_{11} 和 Q_{22} 增加，这会引起 u_1 和 u_3 的减少，它们会使 q 减少，而使 u_2 继续增加，形成一个不断发散的变化过程。所以本例的控制通道可有两种选择：$q-u_1$ 和 $Q_{11}(Q_{22})-u_2$ 或 $q-u_3$ 和 $Q_{11}(Q_{22})-u_2$，此时过程的相对增益矩阵为

$$\boldsymbol{\Lambda}=\begin{matrix} & q & Q_{11} \\ u_1 & 1 & 0 \\ u_2 & 0 & 1\end{matrix} \quad 或 \quad \boldsymbol{\Lambda}=\begin{matrix} & Q_{11} & q \\ u_1 & 1 & 0 \\ u_2 & 0 & 1\end{matrix}$$

显然这样的输入输出配对可直接构成两个无耦合的单回路控制，这里 u_1 和 u_2 是无约束的。

这个例子中 $\boldsymbol{\Lambda}$ 矩阵的元或为1，或为0，如果 λ_{ij} 在［0，1］区间内取值，又如何选择控制通道呢？让我们再看一例。

例 8-4 一个混合配料过程如图 8-5 所示。两种原料分别以流量 q_A 和 q_B 流入混合配料槽并混合，由阀门 u_1 和 u_2 控制，要求控制其总流量和混合后的成分，试选择合理的控制通道。

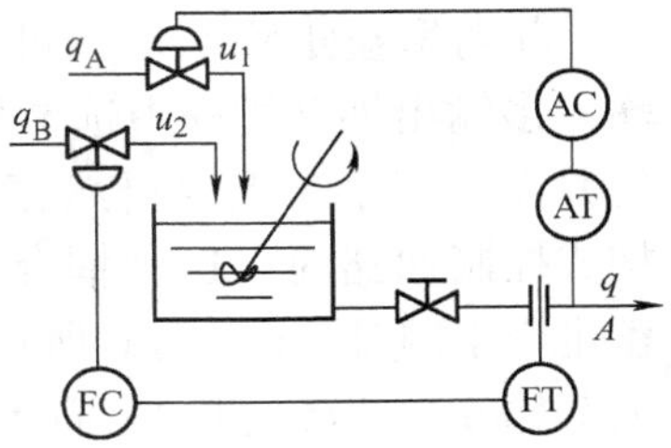

图 8-5 成分和流量的相关控制

AC—浓度调节器 FC—流量调节器

计算过程变量间关系，总流量及混料成分分别为

$$q=q_A+q_B=u_1+u_2$$

混料成分
$$A=\frac{q_A}{q_A+q_B}=\frac{u_1}{u_1+u_2}=\frac{q_A}{q}$$

求第一放大系数
$$p_{11}=\left.\frac{\partial A}{\partial u_1}\right|_{u_2}=\frac{u_2}{(u_1+u_2)^2}=\frac{1-A}{q}$$

$$q_{11}=\left.\frac{\partial A}{\partial u_1}\right|_{q}=\frac{1}{q}$$

故得
$$\lambda_{11}=1-A=\lambda_{22}$$

由此得
$$\lambda_{12}=A=\lambda_{21}$$

$$\boldsymbol{\Lambda}=\begin{matrix} & u_1 & u_2 \\ A & 1-A & A \\ q & A & 1-A\end{matrix} \tag{8-35}$$

此式表明，λ_{ij} 与 A 有关，若 $A=0.5$，则 $\lambda_{ij}=0.5$，无论怎样选择，两个通道之间都有强的耦合。若 $A=0.2$，则

$$\boldsymbol{\Lambda}=\begin{matrix} & u_1 & u_2 \\ A & 0.8 & 0.2 \\ q & 0.2 & 0.8\end{matrix}$$

这种配对是正确的，即由 u_1 来控制 A，由 u_2 来控制 q。当 u_1 有增量 Δu_1 时，它将造成 $0.8\Delta A$ 和 $0.2\Delta q$ 的增量，$0.2\Delta q$ 的增量耦合到第一通道的输入为 $(0.2/4)\Delta u_2=0.05\Delta u_2$，因此在两个通道之间传递的耦合作用会逐渐衰减至0，这说明耦合是收敛的或过程是自衡的。如果 $A=0.8$，此时

$$\boldsymbol{\Lambda}=\begin{matrix} & u_1 & u_2 \\ A & 0.2 & 0.8 \\ q & 0.8 & 0.2\end{matrix}$$

如果输入输出配对不变，由于扰动而引起的耦合的影响将是发散的，过程变为不稳定，此时必须调整输入输出的配对。

对 $\boldsymbol{\Lambda}$ 矩阵，若定义

$$D = \frac{\lambda_{12}}{\lambda_{11}} = \frac{\lambda_{21}}{\lambda_{22}}$$

作为耦合指标，则 $0 < D < 1$ 时，耦合过程是收敛的，过程稳定；若 $D > 1$ 则耦合过程发散，过程不稳定。因此 D 值也是考虑控制通道选择时的一个重要因素。

8.4 耦合过程调节器参数整定

相对增益矩阵的讨论可以帮助人们在多输入多输出耦合过程中选择合理的控制通道，但并没有解耦，耦合仍然存在。在用调节器构成控制回路时，这种耦合将给调节器参数整定带来困难。以图 8-6 所示的最简单的双输入双输出过程为例，为简单起见，设 $K_{v1} = K_{v2} = 1$。闭环系统的运动方程为

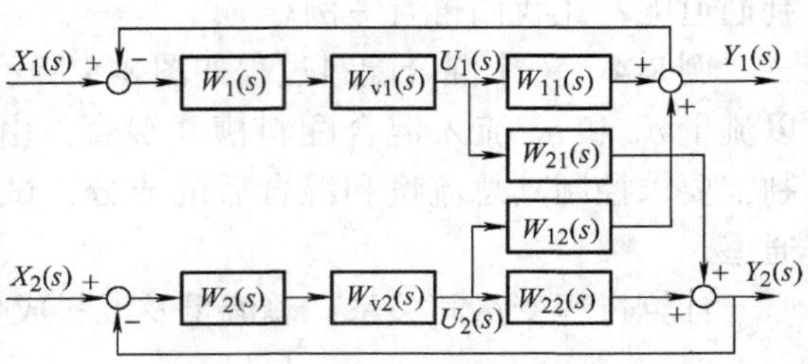

图 8-6　耦合过程原理框图

$$\begin{pmatrix} 1 + W_1 W_{11} & W_2 W_{12} \\ W_1 W_{21} & 1 + W_2 W_{22} \end{pmatrix} \begin{pmatrix} y_1 \\ y_2 \end{pmatrix} = \begin{pmatrix} W_1 W_{11} & W_2 W_{12} \\ W_1 W_{21} & W_2 W_{22} \end{pmatrix} \begin{pmatrix} x_1 \\ x_2 \end{pmatrix} \tag{8-36}$$

由式（8-36）可见，W_1 和 W_2 所代表的调节器的参数分别与两个通道都有关系，因此是相互关联的，显然不能如单回路控制系统那样有简单的整定方法。为了解决这个问题，可分成三种情况：

1）$W_{12}(s) = W_{21}(s) = 0$，表示过程无耦合，可按单回路控制方法独立整定调节器参数，对有耦合过程可采取解耦措施来满足这一条件。

2）在耦合过程中，如果某个输出的响应速度很快，即很快达到稳定状态，例如 y_2，此时可忽略 y_2 通道对别的通道的耦合，即 $W_{12}(s) = 0$。对通道（u_1，y_1）来说，就成为无耦合过程，可以单独整定参数，而耦合通道调节器参数的整定也可大大简化。

3）对不能简化的而又未解耦的耦合过程，只能在简化设计的初步设定参数的基础上，通过试凑法来调整并最终确定调节器参数。

下面就来讨论解耦设计的问题。

8.5 解耦设计

如上所述，相对增益矩阵可以帮助我们选择合适的控制通道，但它并不能改变通道间的耦合。对有耦合的复杂过程，要设计一个高性能的调节器是困难的，通常只能先设计一个补偿器，使增广过程的通道之间不再存在耦合，这种设计称为解耦设计。

8.5.1 解耦设计的方法

1. 串联补偿设计

一个多输入多输出过程的输入输出关系为

$$Y(s) = W_0(s)U(s) \tag{8-37}$$

式中，Y 为 $n\times1$ 输出向量；U 为 $n\times1$ 输入向量；W_0 为 $n\times n$ 传递函数矩阵，$W_0(s) = [W_{0ij}(s)]$

如果 $W_0(s)$ 为对角线矩阵，即

$$[W_{0ij}(s)]=\begin{cases}W_{0ij}(s) & i=j\\ 0 & i\neq j\end{cases} \tag{8-38}$$

则此过程为无耦合过程。即每一个输出只受一个输入所影响，所以可以构成几个独立的单回路控制系统。串联解耦的提法就成为：对耦合过程 $\boldsymbol{W}_0(s)$，能找到补偿器 $\boldsymbol{W}_D(s)$，使广义过程 $W_g(s)=W_0(s)W_D(s)$成为对角线阵，即

$$W_g(s)=[W_{gij}(s)]=\begin{pmatrix}W_{g11}(s) & & & 0\\ & W_{g22}(s) & & \\ & & \ddots & \\ 0 & & & W_{g22}(s)\end{pmatrix} \tag{8-39}$$

由此可得串联补偿器

$$W_D(s)=W_0^{-1}(s)W_g(s) \tag{8-40}$$

显然，$W_D(s)$ 存在的必要条件是 $W_0^{-1}(s)$ 存在，即有 $\det W_0(s)\neq 0$。

在 $W_0^{-1}(s)$ 存在的前提下，补偿器 $W_D(s)$ 的设计与 $W_g(s)$ 的形式有关，现讨论两种简单情况：

1） $W_g(s)=I$，即广义过程矩阵为单位矩阵。由此可得

$$W_D(s)=W_0^{-1}(s)I=W_0^{-1}(s) \tag{8-41}$$

设

$$W_0(s)=\begin{pmatrix}W_{11}(s) & W_{12}(s)\\ W_{21}(s) & W_{22}(s)\end{pmatrix}$$

则

$$W_D(s)=\frac{\mathrm{adj}W_0(s)}{\det W_0(s)}=\frac{1}{W_{11}(s)W_{22}(s)-W_{12}(s)W_{21}(s)}\begin{pmatrix}W_{22}(s) & -W_{12}(s)\\ -W_{21}(s) & W_{11}(s)\end{pmatrix} \tag{8-42}$$

这种设计方法的结果十分理想，因为它能使广义过程实现完全的无时滞的跟踪。但在实现上却很困难，它不但需要过程的精确建模，而且会使补偿器结构复杂。

2） $W_{gij}(s)=W_{0ii}(s)$即

$$W_g(s)=\begin{pmatrix}W_{011}(s) & & & \\ & W_{022}(s) & & \\ & & \ddots & \\ & & & W_{0nn}(s)\end{pmatrix} \tag{8-43}$$

以双输入双输出过程为例来讨论，则

$$\begin{aligned}W_D(s) &= W_0^{-1}(s)W_g(s) = \frac{\mathrm{adj}W_0(s)}{\det W_0(s)}\begin{pmatrix}W_{11}(s) & 0\\ 0 & W_{22}(s)\end{pmatrix}\\ &=\frac{1}{\det W_0(s)}\begin{pmatrix}W_{22}(s) & -W_{12}(s)\\ -W_{21}(s) & W_{11}(s)\end{pmatrix}\begin{pmatrix}W_{11}(s) & 0\\ 0 & W_{22}(s)\end{pmatrix}\\ &=\frac{1}{\det W_0(s)}\begin{pmatrix}W_{22}(s)W_{11}(s) & -W_{12}(s)W_{22}(s)\\ -W_{21}(s)W_{11}(s) & W_{11}(s)W_{22}(s)\end{pmatrix}\end{aligned} \tag{8-44}$$

解耦的结果虽然保留了原过程的特性，却使补偿器的阶数增加，结构变得复杂。

2. 前馈补偿解耦设计

以双输入双输出过程来说明。过程可以表示为

$$
\begin{aligned}
y_1(s) &= W_{11}(s)u_1(s) + W_{12}(s)u_2(s) \\
y_2(s) &= W_{21}(s)u_1(s) + W_{22}(s)u_2(s)
\end{aligned} \tag{8-45}
$$

若引入前馈补偿器 $W_{FF2}(s)$，并令

$$y_1(s) = W_{11}(s)u_1(s) + W_{12}(s)u_2(s) + W_{FF2}(s)W_{11}(s)u_2(s)$$

而又满足

$$W_{12}(s) + W_{FF2}(s)W_{11}(s) = 0$$

则有

$$y_1(s) = W_{11}(s)u_1(s)$$

而

$$W_{FF2}(s) = -\frac{W_{12}(s)}{W_{11}(s)} \tag{8-46}$$

同理令

$$W_{FF1}(s) = -\frac{W_{21}(s)}{W_{22}(s)} \tag{8-47}$$

$$y_2(s) = W_{21}(s)u_1(s) + W_{FF1}(s)W_{22}(s)u_1(s) + W_{22}(s)u_2(s)$$

且满足

$$W_{21}(s)u_1(s) + W_{FF1}(s)W_{22}(s)u_1(s) = 0$$

可得

$$y_2(s) = W_{22}(s)u_2(s)$$

这样就实现了过程解耦，式（8-46）和式（8-47）为前馈补偿器结构，它和串联补偿不同，采用的是前馈补偿的原理。前馈补偿法解耦框图如图 8-7 所示。除了用补偿器的解耦设计方法外，还可用状态反馈实现解耦和极点配置，以及其他解耦设计，但这些方法比较复杂，可参阅有关书籍和文献。

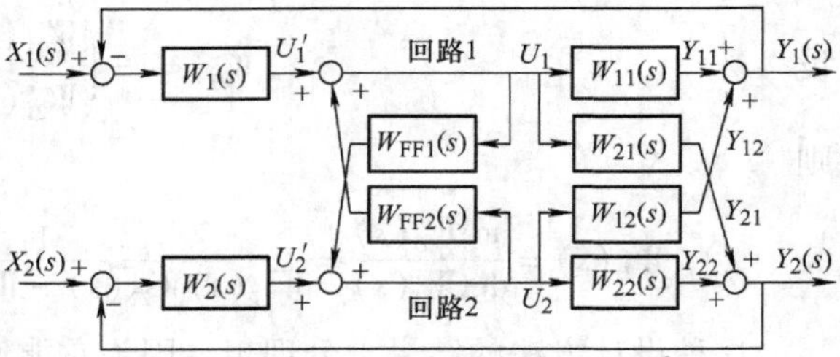

图 8-7 前馈补偿法解耦框图

8.5.2 解耦设计举例

仍以图 8-5 所示的物料混合过程为例，说明各种设计方法和结果。已知该过程的相对增益矩阵如式（8-35）所示，若令 $A=0.5$，则过程的 $\boldsymbol{\Lambda}$ 矩阵为

$$\boldsymbol{\Lambda} = \begin{pmatrix} 0.5 & 0.5 \\ 0.5 & 0.5 \end{pmatrix} \tag{8-48}$$

这是一个强耦合过程，需要解耦设计。

为了简单起见，假设过程传递函数为

$$W_0(s) = \begin{pmatrix} \dfrac{k_{11}}{Ts+1} & \dfrac{k_{12}}{Ts+1} \\ \dfrac{k_{21}}{Ts+1} & \dfrac{k_{22}}{Ts+1} \end{pmatrix} \tag{8-49}$$

可得

$$W_0^{-1}(s)=\frac{(Ts+1)^2}{k_{11}k_{22}-k_{12}k_{21}}\begin{pmatrix}\dfrac{k_{22}}{Ts+1} & \dfrac{-k_{12}}{Ts+1}\\ \dfrac{-k_{21}}{Ts+1} & \dfrac{k_{11}}{Ts+1}\end{pmatrix}=\frac{1}{k_{11}k_{22}-k_{12}k_{21}}\begin{pmatrix}k_{22}(Ts+1) & -k_{12}(Ts+1)\\ -k_{21}(Ts+1) & k_{11}(Ts+1)\end{pmatrix} \tag{8-50}$$

若要使广义过程模型为单位矩阵，则由式（8-41）可知补偿器 $W_D(s)=W_0^{-1}(s)$，即为式（8-50）。

若要使

$$W_g(s)=\begin{pmatrix}W_{011}(s) & 0\\ 0 & W_{022}(s)\end{pmatrix}$$

则由式（8-44）可得

$$W_D(s)=\frac{(Ts+1)^2}{k_{11}k_{22}-k_{12}k_{21}}\begin{pmatrix}\dfrac{k_{11}k_{22}}{(Ts+1)^2} & \dfrac{-k_{12}k_{22}}{(Ts+1)^2}\\ \dfrac{-k_{12}k_{21}}{(Ts+1)^2} & \dfrac{k_{11}k_{22}}{(Ts+1)^2}\end{pmatrix}=\begin{pmatrix}\dfrac{k_{11}k_{22}}{k_{11}k_{22}-k_{12}k_{21}} & \dfrac{-k_{12}k_{22}}{k_{11}k_{22}-k_{12}k_{21}}\\ \dfrac{-k_{12}k_{21}}{k_{11}k_{22}-k_{12}k_{21}} & \dfrac{k_{11}k_{22}}{k_{11}k_{22}-k_{12}k_{21}}\end{pmatrix} \tag{8-51}$$

若用前馈补偿，则由式（8-46）和式（8-47）可得

$$\begin{aligned}W_{FF1}(s)&=-\frac{W_{21}(s)}{W_{22}(s)}=-\frac{k_{21}}{k_{22}}\\ W_{FF2}(s)&=-\frac{W_{12}(s)}{W_{11}(s)}=-\frac{k_{12}}{k_{11}}\end{aligned} \tag{8-52}$$

比较式（8-50）、式（8-51）和式（8-52）可以看出，选用不同的解耦设计方法，要求有不同的补偿器。若要得到单位矩阵过程，补偿器则要选用微分电路，实现比较困难。若要得到如式（8-43）的特定对角矩阵，将用到高阶补偿器。相对而言，前馈补偿器的设计和结构比较简单。但实际过程不会像例子这么简单，因此补偿器的结构将会复杂得多，往往有必要予以简化。

8.6 解耦控制系统实现中的问题

8.6.1 稳定性

稳定性问题是任何控制系统必须首先面对的问题。毫无疑问，控制系统必须是稳定的，但对于存在耦合的多输入多输出系统，有其特殊性。从相对增益矩阵的讨论中可以得知，由耦合引起的不稳定有两种可能的表现：

1）$\boldsymbol{\Lambda}$ 矩阵中有大于 1 和小于 0 的元。

2）输入输出配对有误，如物料混合系统的例子中出现的那样。

为了克服由耦合引起的不稳定，可以针对不同情况采取措施，这些措施包括：

1）尽可能选择合理的控制通道，使对应的输入输出间有大的相对增益，以避免在相对增益矩阵中出现上述两种可能。

2）在一定条件下简化系统，例如可以忽略一些小的耦合，对不能忽略的局部不稳定耦

合采取专门的解耦措施。

3）对不能简化的系统，可以采取比较完善的解耦设计方法，既能解除耦合，又可配置广义过程的极点，使过程满足稳定性要求。

相对而言，第一种措施最简单，但限制也大，所以，应根据不同对象而采取适当措施。

8.6.2 部分解耦

所谓部分解耦是指在复杂的解耦过程中，只对某些耦合采取解耦措施，而忽略另一部分耦合，如图 8-8 所示。图中用前馈补偿 $W_{FF2}(s)$ 解除通道 2 到通道 1 的耦合。而对通道 1 到通道 2 的耦合不予补偿。这样的结果使通道 1 成为无耦合过程，可以按单回路控制设计调节器，获得较好的控制性能。通道 2 虽然也被看作单输入单输出过程，但耦合依然存在，调节器设计只能是近似的。显然，部分解耦过程的控制性能会优于不解耦过程，但比完全解耦过程要差，相应的部分解耦的补偿器也比完全解耦简单。因此，在相当多的实际过程中得到了有效的应用。

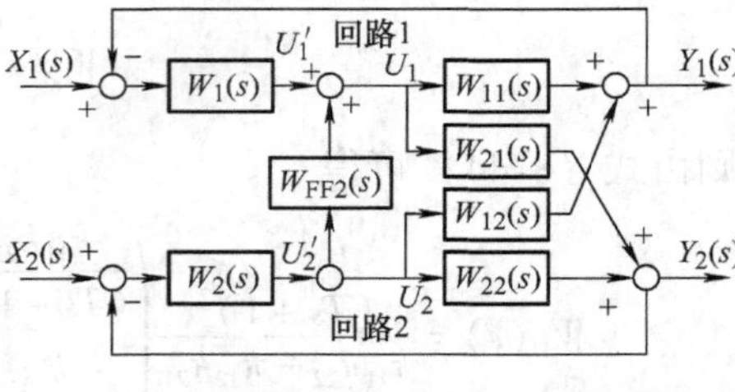

图 8-8 用一个解耦装置的双变量系统

部分解耦是一种有选择的解耦，使用时必须首先确定哪些过程是需要解耦的，对此通常有两点可以考虑：

（1）被控量的相对重要性

一个过程的多个被控量对生产的重要程度是不同的。对那些重要的被控量，控制要求高，需要设计性能优越的调节器。这时最好是采用独立的单回路控制。除了它自己的控制作用外，其他输入对它的耦合必须通过解耦来消除。而相对不重要的被控量和通道，可允许由于耦合存在所引起的控制性能的降低，以减少解耦装置的复杂程度。

（2）被控量的响应速度

过程被控量对输入和扰动的响应速度是不一样的，例如温度、成分等参数响应较慢，压力、流量等参数响应较快。响应快的被控量，受响应慢的参数通道的影响小，耦合可以不考虑。而响应慢的参数受来自响应快的参数通道的耦合影响大。从这点出发，往往对响应慢的通道受到的耦合要采取解耦措施。

为了说明部分解耦如何选择，再看两种物料混合过程的例子，如图 8-5 所示。这里取成分输出 A 为 y_1，总流量输出 q 为 y_2。显然，对混合过程来讲，成分输出 y_1 的重要性比 y_2 要高。因此要注意解除通道（u_2，y_2）对通道（u_1，y_1）的耦合。其次，流量过程的响应速度比成分过程快，因此也应优先考虑解除流量通道对成分通道的耦合作用。这里两种考虑的结果是一致的，可以确定对通道（u_1，y_1）采取解耦措施，如图 8-9 所示。图中用一个乘法器作为非线性解耦装置。由于 $u_1=u_2\times u_A$，其中 u_A 为调节器 AC 的输出，当 u_2 的变化影响到 y_1 的值时，它同比例地使 u_1 产生相应的变化，抵消原来的影响，保持 y_1 值不变。

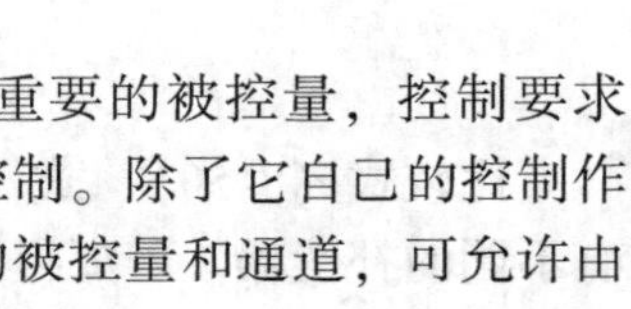

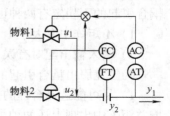

图 8-9 流量过程的部分解耦

如果过程被控量之间的相对关系在上述两点上不一致就不能简单地决定部分解耦的应用，否则会引起较大的误差。此时要采取更加完善的解耦措施。

8.6.3 解耦系统的简化

从解耦设计的讨论可以看出，解耦补偿器的复杂程度是与过程特性密切相关的。过程传递函数越复杂、阶数越高，则解耦补偿器的阶数也越高，实现越困难。如果能简化过程，也就可简化补偿器的结构，使解耦易于实现。根据控制理论的分析，过程的简化可以从两个方面考虑：

1）高阶系统中，如果存在小时间常数，它与其他时间常数的比值为0.1左右，则可将此小时间常数忽略，降低过程模型阶数。如果几个时间常数的值相近，也可取同一值代替，这样可以简化补偿器结构，便于实现。例如，某过程的传递函数为

$$W(s)=\begin{pmatrix}\dfrac{2.6}{(2.7s+1)(0.3s+1)} & \dfrac{-1.6}{(2.7s+1)(0.2s+1)} & 0\\ \dfrac{1}{3.8s+1} & \dfrac{1}{4.5s+1} & 0\\ \dfrac{2.74}{0.2s+1} & \dfrac{2.6}{0.18s+1} & \dfrac{-0.87}{0.25s+1}\end{pmatrix}$$

按照上述原则可以简化为

$$W(s)=\begin{pmatrix}\dfrac{2.6}{2.7s+1} & \dfrac{-1.6}{2.7s+1} & 0\\ \dfrac{1}{4.5s+1} & \dfrac{1}{4.5s+1} & 0\\ 2.74 & 2.6 & -0.87\end{pmatrix}$$

2）如果上述简化条件得不到满足，解耦设计将会十分复杂，此时可用静态解耦代替动态解耦，简化补偿器结构。例如前述解耦设计举例中的补偿器解为

$$W_D(s)=\frac{1}{k_{11}k_{22}-k_{12}k_{21}}\begin{bmatrix}k_{22}(Ts+1) & -k_{12}(Ts+1)\\ -k_{21}(Ts+1) & k_{11}(Ts+1)\end{bmatrix}$$

可以简化成

$$W_D(s)=\frac{1}{k_{11}k_{22}-k_{12}k_{21}}\begin{bmatrix}k_{22} & -k_{12}\\ -k_{21} & k_{11}\end{bmatrix}$$

显然，使补偿器更简单，更容易实现。实验证明也能得到令人满意的解耦效果。

一般情况下，通过计算得到的解耦补偿器仍然是复杂的，但在工程实现中，通常只使用超前滞后环节作为解耦补偿器，这主要是因为它容易实现，而且解耦效果也能基本满足要求，过于复杂的补偿器是不必要的。

通过上面几个问题的讨论，简要地介绍了与过程解耦有关的主要问题，这对解决工程实际中的耦合问题是很有帮助的。但实际系统是很复杂的，系统对解耦的要求越来越高，研究也日益深入，一些新的解耦理论和方法还在发展，需要不断发现，不断学习。同时解耦问题的工程实践性很强，真正掌握和熟悉解耦设计还有待于工程实践经验的不断积累。

思考题与习题

8-1 什么叫耦合？什么叫正耦合与负耦合？

8-2 试举工业上一个耦合过程的例子，并分析其变量间的耦合关系。

8-3 为什么多变量耦合系统必须进行解耦设计？

8-4 多变量耦合系统解耦设计包括哪些内容？

8-5 合理选择变量配对在多变量解耦控制中的作用如何？

8-6 什么叫相对增益和相对增益矩阵？对于 $N \times N$ 过程需计算多少个相对增益？

8-7 什么叫解耦控制？若已知相对增益矩阵为 $\begin{bmatrix}1 & 0\\0 & 1\end{bmatrix}$，试问这两个回路需要解耦吗？为什么？

8-8 试分析用对角矩阵法、前馈补偿法进行解耦设计的基本思路和解耦效果。

8-9 对具有纯时滞的耦合对象如何进行解耦设计？

8-10 已知某精馏塔数学模型为

$$\begin{pmatrix}\dfrac{0.088}{(1+75s)(1+722s)} & \dfrac{0.1825}{(1+15s)(1+722s)}\\[2mm]\dfrac{0.282}{(1+10s)(1+1850s)} & \dfrac{0.4121}{(1+15s)(1+1850s)}\end{pmatrix}$$

试用前馈补偿法进行解耦设计。

8-11 某过程在所有回路均为开环时的增益矩阵为

$$K=\begin{pmatrix}0.58 & -0.36 & -0.36\\0.73 & -0.61 & 0\\1 & 1 & 1\end{pmatrix}$$

试推导出相对增益矩阵，并选出最好的控制回路，分析此过程是否需要解耦。

8-12 设有一个三种液体混合的系统，其中一种是水，混合液流量为 Q。系统被控量是混合液的密度 ρ 和粘度 ν。已知它们之间有下列关系：

$$\rho=\frac{Aq_1+Bq_2}{Q},\quad \nu=\frac{Cq_1+Dq_2}{Q}$$

其中 A，B，C，D 为物理常数，q_1 和 q_2 为两个可控流量。请求出该系统的相对增益矩阵。若设 $A=B=C=0.5$，$D=1.0$，则过程增益是什么？并对计算结果进行分析。

8-13 题图 8-1 所示为贮槽加热器的液位控制回路 1 和温度控制回路 2。回路 1 是通过控制出料量实现对液位的控制，回路 2 是通过调节蒸汽流量实现对温度的控制。试分析：①当流量 q_1 变化时；②当流入量的温度变化时，这两个回路是如何相互关联的？

8-14 在题图 8-2 所示的反应釜中，通过调节进入夹套内冷却液的流量来控制釜中物料的温度，而出

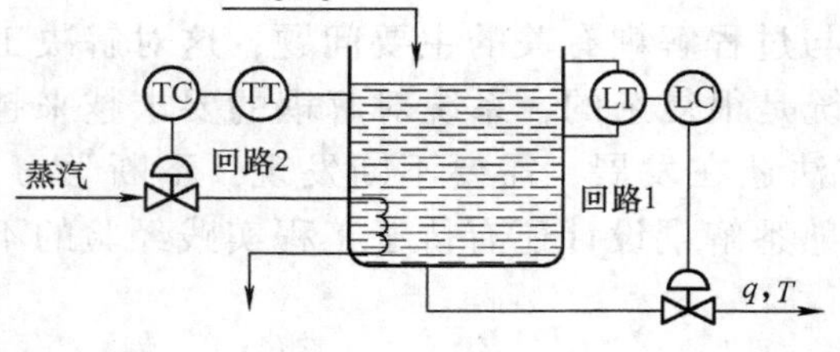

题图 8-1 贮槽加热器的控制回路

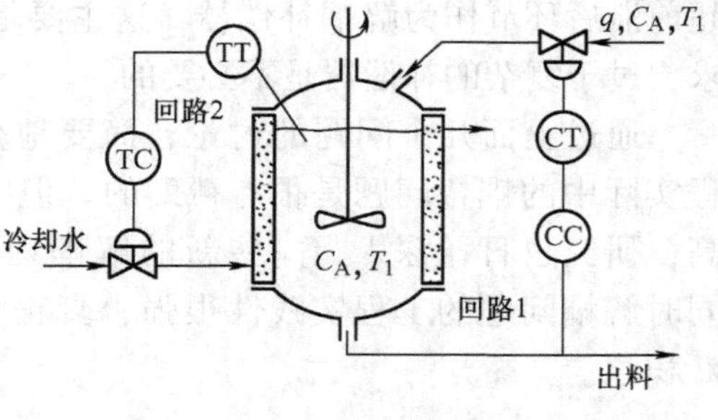

题图 8-2 反应釜的控制回路

料浓度由进入釜中的流量来控制。试分析：①当进入釜中流量的浓度变化时；②进入釜中物料的温度变化时，这两个回路是如何相互关联的？

8-15　题图 8-3 所示 2×2 过程，欲使 y_1 与 u_2 和 y_2 与 u_1 配对构成两个回路，试求两个装置的数学模型。

8-16　解耦控制系统工程实施中需注意些什么问题？什么叫部分解耦？它有什么特点？

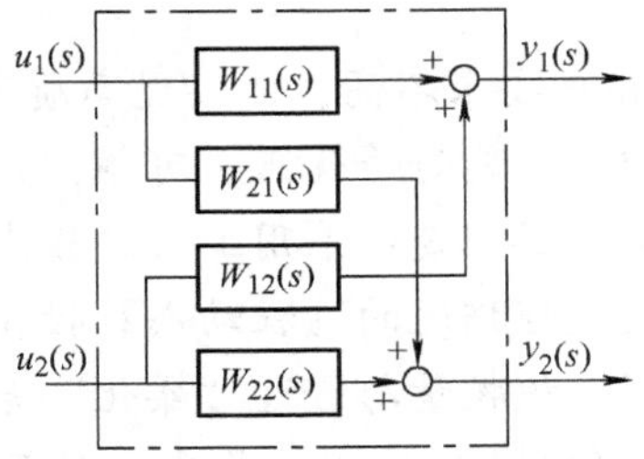

题图 8-3　2×2 过程

第 9 章　预测控制系统

【本章内容要点】

1. 预测控制是一种对模型精度要求不高，能实现高质量控制性能的方法，具有建模方便、模型信息冗余量大、动态控制性能好等优点，可推广应用于有约束条件、大时滞、非最小相位以及非线性过程。其基本思想是：采用工业过程中较易得到的脉冲响应或阶跃响应曲线，基于采样时刻的一系列数值描述的过程动态特性信息，构成预测模型，确定控制量的时间序列，使未来一段时间内被控量与经过“柔化”后的期望轨迹之间的误差最小。

2. 预测控制是应用于渐近稳定被控过程的算法。对于非自平衡的被控过程，可首先通过常规控制方法使其稳定，然后再应用预测控制算法。预测控制具有内部模型、参考轨迹和控制算法三个要素。

内部模型是指被控过程的脉冲响应或阶跃响应。利用内部模型，可由系统的输入量直接预测其输出。由于实际被控过程中存在着时变或非线性、各种随机干扰即模型误差等因素，使得预测模型输出不可能与实际被控过程的输出完全符合，因此需要采用反馈修正方法对开环预测进行修正，实现闭环预测。将输出误差附加到模型的预测输出上，便获得闭环预测模型。

预测控制的目的是使系统的输出变量沿着一条事先规定的参考轨迹逐渐到达设定值。参考轨迹的时间常数越大，系统的鲁棒性越强，但控制的快速性越差。因此，应在兼顾鲁棒性和快速性的原则下调整参考轨迹的时间常数。

控制算法就是求解出一组控制量，使得所选定的目标函数最优。采取滚动式的有限时域优化策略，优化过程是在线反复进行的。虽然只能得到全局的次优解，但由于采用闭环校正、迭代计算和滚动实施的方式，使控制结果达到实际上的最优。本章列举了模型算法控制（MAC）和动态矩阵控制（DMC）两个控制算法的例子。

3. 因为预测控制采用了离散卷积模型、滚动优化指标和隐含的系统设计参数，因此，对其进行理论分析非常困难。9.3 节分析说明了 DMC 算法是内模控制的特殊形式，并从内模控制的对偶稳定性、理想控制器、无稳态偏差及鲁棒性等方面对预测控制的机理进行了探讨，以便能够借助内模控制理论了解预测控制的机理与特点。9.3 节还将预测控制算法转换为状态空间描述形式，分别从开环观测器与闭环观测器的角度分析和解剖了预测控制算法的结构和机理，以助于进一步了解 MAC 算法的本质。

4. 9.4 节分别讨论了预测控制系统的稳定性与鲁棒性、非最小相位系统中的预测控制、大时滞系统预测控制等问题。

9.1　预测控制系统概述

20 世纪 70 年代以来，人们设想从工业过程的特点出发，寻找对模型精度要求不高而同样能实现高质量控制性能的方法。预测控制就是在这种背景下发展起来的一种新型控制算法。它包括模型预测启发控制（MFHC）、模型算法控制（MAC）、动态矩阵控制（DMC）以及预测控制（PC）等。虽然这些算法的表达形式和控制方案各不相同，但基本思想非常类似，都是采用工业过程中较易得到的过程脉冲响应或阶跃响应曲线，把它们在采样时刻的一系列数值作为描述过程动态特性的信息，从而构成预测模型。这样就可以确定一个控制量的时间序列，使未来一段时间中被控量与经过“柔化”后的期望轨迹之间的误差最小。上述优化过程的反复在线进行，构成了预测控制的基本思想。可以看到，这类算法是基于非参数模型的优化控制算法，因而可以把它们统一称为预测控制。

从预测控制的基本原理来看，这类方法具有下列明显的优点：

1）建模方便。过程的描述可以通过简单的实验获得，不需要深入了解过程的内部机理。

2）采用了非最小化描述的离散卷积和模型，信息冗余量大，有利于提高系统的鲁棒性。

3）采用了滚动优化策略，即在线反复进行优化计算，滚动实施，使模型失配、畸变、干扰等引起的不确定性及时得到弥补，从而得到较好的动态控制性能。

4）可在不增加任何理论困难的情况下，将这类算法推广到有约束条件、大时滞、非最小相位以及非线性等过程，并获得较好的控制效果。

这类预测控制算法的实际应用表明，尽管它们需要预先得到预测模型，且控制算法也比较复杂，但在算法的实施中并不涉及现代控制理论中常用的矩阵和线性方程组，便于工业实现。另外，与 PID 控制算法相比，这种控制方法可获得较好的控制质量。本章将就预测控制最基本的概念和一般算法进行讨论。

9.2　预测控制的基本原理

1978 年 J. Richal 等首先提出了这类基于过程非参数模型控制算法的三要素，即内部模型、参考轨迹和控制算法。

9.2.1　内部模型

预测控制是应用于渐近稳定的被控过程的算法。对于非自平衡的被控过程，可通过常规控制方法，例如 PID 调节器，首先使其特性稳定，然后再应用这一控制算法。因此，这里只讨论渐近稳定对象的模型。所谓内部模型，即指被控过程的脉冲响应或阶跃响应。利用这一模型，可由系统的输入量直接预测其输出。现以单输入-单输出系统为例加以说明。

1. 预测模型

对于一个线性系统，可以通过各种实验方法测定它的脉冲响应或阶跃响应，分别以 $\hat{h}(t)$ 和 $\hat{a}(t)$ 表示。显然它们与真实过程的响应是有区别的，为此，真实的响应分别用 $h(t)$ 和 $a(t)$ 表示。图 9-1 为某一渐近稳定被控过程的实测单位阶跃响应曲线。从 $t=0$ 到变化已趋向稳定的时刻 t_N，人为地将曲线分割成 N 段，设采样周期 $T=t_N/N$，对每

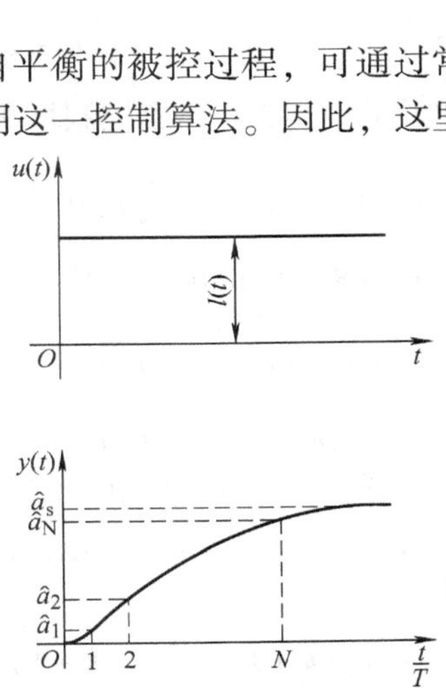

图 9-1　被控过程单位阶跃响应曲线

个采样时刻 jT 有一个相应的值 $\hat{a}_j$。N 称为截断步长。图中 $\hat{a}_s$ 为响应曲线的稳态值。这有限个信息 $\hat{a}_j(j=1,\ 2,\ \cdots,\ N)$ 的集合即为内部模型。假定预测步长为 P，且 $P\leqslant N$，预测模型的输出为 y_m，则可根据内部模型计算得到从 k 时刻起预测到 i 步的输出 $y_m(k+i)$ 为

$$
\begin{aligned}
y_m(k+i) &= \hat{a}_s u(k-N+i-1) + \sum_{j=1}^{N} \hat{a}_j \Delta u(k-j+i) \\
&= \hat{a}_s u(k-N+i-1) + \sum_{j=i+1}^{N} \hat{a}_j \Delta u(k-j+i)\big|_{i<j} \\
&\quad + \sum_{j=1}^{i} \hat{a}_j \Delta u(k-j+i)\big|_{i\geqslant j} \qquad i=1,2,\cdots,P
\end{aligned}
\tag{9-1}
$$

式中，$\Delta u(k-j+i)=u(k-j+i)-u(k-j+i-1)$。很明显，式（9-1）中第一、二项相加就是 k 时刻以前输入变化序列对输出量 y_m 作用的预测，第三项则是 k 时刻以后输入序列对输出量的作用，也就是对输出量受到未来输入序列影响的预测。

为简单起见，可将式（9-1）用向量形式表示为

$$
\boldsymbol{y}_m(k+1)=\hat{a}_s\boldsymbol{u}(k)+\boldsymbol{A}_1\Delta\boldsymbol{u}_1(k)+\boldsymbol{A}_2\Delta\boldsymbol{u}_2(k+1) \tag{9-2}
$$

其中

$$
\begin{aligned}
\boldsymbol{y}_m(k+1)&=[y_m(k+1),y_m(k+2),\cdots,y_m(k+P)]^{\mathrm{T}}\\
\boldsymbol{u}(k)&=[u(k-N),u(k-N+1),\cdots,u(k-N+P-1)]^{\mathrm{T}}\\
\Delta\boldsymbol{u}_1(k)&=[\Delta u(k-N+1),\Delta u(k-N+2),\cdots,\Delta u(k-1)]^{\mathrm{T}}\\
\Delta\boldsymbol{u}_2(k+1)&=[\Delta u(k),\Delta u(k+1),\cdots,\Delta u(k+P-1)]^{\mathrm{T}}
\end{aligned}
$$

$$
\boldsymbol{A}_1=\begin{bmatrix}\hat{a}_N & \hat{a}_{N-1} & \cdots & \hat{a}_2\\ & \hat{a}_N & \cdots & \hat{a}_3\\ & & \ddots & \vdots\\ 0 & & \hat{a}_N\cdots & \hat{a}_{P+1}\end{bmatrix}_{P\times(N-1)}
\qquad
\boldsymbol{A}_2=\begin{bmatrix}\hat{a}_1 & & & \\ \hat{a}_2 & \hat{a}_1 & 0 & \\ \vdots & \vdots & \ddots & \\ \hat{a}_P & \hat{a}_{P-1} & \cdots & \hat{a}_1\end{bmatrix}_{P\times P}
$$

如果得到的是图 9-2 所示的脉冲响应曲线 $\hat{h}(t)$，则可得到预测到 P 步的模型输出为

$$
y_m(k+i)=\sum_{j=1}^{N}\hat{h}_j u(k-j+i) \qquad i=1,2,\cdots,P \tag{9-3}
$$

如果将式（9-3）写成控制增量形式，只需再写出 k 时刻预测到 $(P-1)$ 步的模型输出为

$$
y_m(k+i-1)=\sum_{j=1}^{N}\hat{h}_j u(k+i-j-1) \qquad i=1,2,\cdots,P
$$

并与式（9-3）相减，得到

$$
y_m(k+i)=y_m(k+i-1)+\sum_{j=1}^{N}\hat{h}_j\Delta u(k-j+i) \tag{9-4}
$$

式中，$\Delta u(k+i-j)=u(k+i-j)-u(k+i-j-1)$。

同样，式（9-3）也可用向量形式表示为

$$
\boldsymbol{y}_m(k+i)=\boldsymbol{H}_1\boldsymbol{u}_1(k)+\boldsymbol{H}_2\boldsymbol{u}_2(k+1) \tag{9-5}
$$

其中

$$
\begin{aligned}
\boldsymbol{y}_m(k+1)&=[y_m(k+1),y_m(k+2),\cdots,y_m(k+P)]^{\mathrm{T}}\\
\boldsymbol{u}_1(k)&=[u(k-N+1),u(k-N+2),\cdots,u(k-1)]^{\mathrm{T}}
\end{aligned}
$$

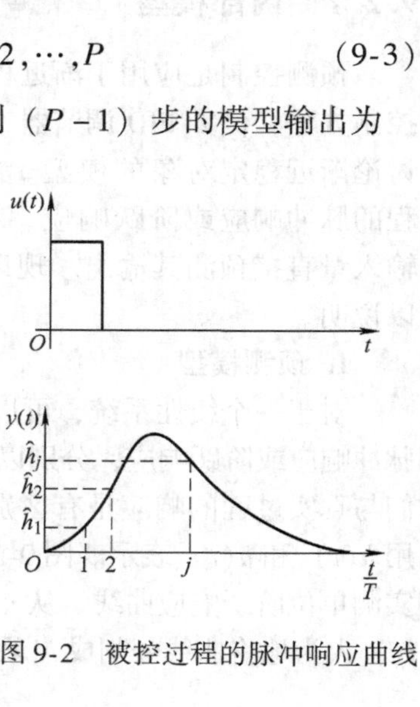

图 9-2　被控过程的脉冲响应曲线

$$u_2(k+1)=[u(k),u(k+1),\cdots,u(k+P-1)]^{\mathrm{T}}$$

$$\boldsymbol{H}_1=\begin{bmatrix}\hat{h}_N & \hat{h}_{N-1} & \cdots & \hat{h}_2\\ & \hat{h}_N & \cdots & \hat{h}_3\\ & \ddots & & \vdots\\ 0 & & \hat{h}_N\cdots & \hat{h}_{P+1}\end{bmatrix}_{P\times(N-1)} \qquad \boldsymbol{H}_2=\begin{bmatrix}\hat{h}_1 & & & \\ \hat{h}_2 & \hat{h}_1 & 0 & \\ \hat{h}_3 & \cdots & & \\ \vdots & \vdots & \ddots & \\ \hat{h}_P & \hat{h}_{P-1} & \cdots & \hat{h}_1\end{bmatrix}_{P\times P}$$

2. 开环和闭环预测模型

式（9-2）和式（9-5）是分别根据阶跃响应和脉冲响应得到的在 k 时刻的预测模型。它们完全依赖于内部模型，而与被控过程在 k 时刻的实际输出无关，因而称它们为开环预测模型。考虑到实际被控过程中存在着时变或非线性等因素，或多或少地存在着模型误差，加上系统中的各种随机干扰，使得预测模型不可能与实际被控过程的输出完全符合，因此需要对上述开环模型进行修正。修正的方法很多，例如对随机干扰可以采用滤波器或状态观测器等方法。在预测控制中常用一种反馈修正方法，即闭环预测。具体做法是，将第 k 步的实际对象的输出测量值与预测模型输出之间的误差附加到模型的预测输出 $y_{\mathrm{m}}(k+i)$ 上，得到闭环预测模型，用 $y_{\mathrm{p}}(k+1)$ 表示

$$y_{\mathrm{p}}(k+1)=y_{\mathrm{m}}(k+1)+h_{\mathrm{o}}[y(k)-y_{\mathrm{m}}(k)] \tag{9-6}$$

其中

$$y_{\mathrm{p}}(k+1)=[y_{\mathrm{p}}(k+1),y_{\mathrm{p}}(k+2),\cdots,y_{\mathrm{p}}(k+P)]^{\mathrm{T}}$$

$$h_{\mathrm{o}}=[1,1,\cdots,1]^{\mathrm{T}}$$

现以式（9-4）表示的脉冲响应预测模型为例，写出其闭环预测模型。由式（9-6）可以得出

$$\begin{aligned}y_{\mathrm{p}}(k+i)&=y_{\mathrm{m}}(k+i)+[y(k)-y_{\mathrm{m}}(k)]\\&=y(k)+[y_{\mathrm{m}}(k+i)-y_{\mathrm{m}}(k)]\\&=y(k)+\sum_{j=1}^{N}\hat{h}_j[\Delta u(k+i-j)+\Delta u(k+i-j-1)+\cdots+\\&\quad\Delta u(k+2-j)+\Delta u(k+1-j)]\quad i=1,2,\cdots,P\end{aligned} \tag{9-7}$$

考虑到脉冲响应和阶跃响应系数之间有如下关系：

$$\hat{a}_i=\sum_{j=1}^{i}\hat{h}_j \tag{9-8}$$

并假设

$$\begin{cases}S_1=\sum_{j=2}^{N}\hat{h}_j\Delta u(k+1-j)\\ S_2=\sum_{j=3}^{N}\hat{h}_j\Delta u(k+2-j)\\ \qquad\vdots\\ S_P=\sum_{j=P+1}^{N}\hat{h}_j\Delta u(k+P-j)\\ P_j=\sum_{i=1}^{j}S_j\end{cases} \tag{9-9}$$

展开式（9-7）并稍加整理，然后将式（9-8）、式（9-9）代入，可以得到闭环预测模型为

$$y_p(k+1) = h_o y(k) + p + A\Delta u(k+1) \tag{9-10}$$

其中

$$y_p(k+1) = [y_p(k+1), y_p(k+2), \cdots, y_p(k+P)]^T$$

$$\boldsymbol{h}_o = [1, 1, \cdots, 1]^T$$

$$\boldsymbol{p} = [P_1, P_2, \cdots, P_P]^T$$

$$\Delta u(k+1) = [\Delta u(k), \Delta u(k+1), \cdots, \Delta u(k+P-1)]^T$$

$$\boldsymbol{A} = \begin{bmatrix} \hat{a}_1 & & & \\ \hat{a}_2 & \hat{a}_1 & & 0 \\ \hat{a}_3 & \hat{a}_2 & \hat{a}_1 & \\ \vdots & \vdots & & \ddots \\ \hat{a}_P & \hat{a}_{P-1} & \cdots & & \hat{a}_1 \end{bmatrix}$$

式（9-10）就是动态矩阵控制（DMC）算法所用的闭环预测模型。

从式（9-6）可以看出，由于每个预测时刻都引入当时实际过程的输出和模型输出的偏差，使闭环预测模型不断得到修正，显然这种方法可以有效地克服模型的不精确性和系统中存在的不确定性。因此，也有人把反馈修正作为预测控制的特点之一。

9.2.2 参考轨迹

预测控制的目的是使系统的输出变量 $y(t)$ 沿着一条事先规定的曲线逐渐到达设定值 y_{sp}。这条指定的曲线称为参考轨迹 y_r。通常，参考轨迹采用从现在时刻实际输出值出发的一阶指数形式。它在未来 P 个时刻的值为

$$\begin{cases} y_r(k+i) = \alpha^i y(k) + (1-\alpha^i) y_{sp} \qquad i = 1, 2, \cdots, P \\ y_r(k) = y(k) \end{cases} \tag{9-11}$$

式中，$\alpha = \exp(-T/\tau)$；T 为采样周期；τ 为参考轨迹的时间常数。从式（9-11）可以看到，采用这种形式的参考轨迹，将减小过量的控制作用，使系统的输出能平滑地达到设定值。同时，从理论上也可以证明，参考轨迹的时间常数越大（α 越大），系统的“柔性”越好，鲁棒性也越强，但控制的快速性却变差。因此，应在两者兼顾的原则下预先设计和在线调整 α 值。

9.2.3 控制算法

控制算法就是求解出一组 L 个控制量 $u(k) = [u(k), u(k+1), \cdots, u(k+L-1)]^T$，使得所选定的目标函数最优，此处 L 称为控制步长。目标函数可以采取各种不同形式。例如，可以选取

$$J = \sum_{i=1}^{P} [y_p(k+i) - y_r(k+i)]^2 \omega_i \tag{9-12}$$

式中，ω_i 为非负权系数，用来调整未来各采样时刻误差在品质指标 J 中所占份额。

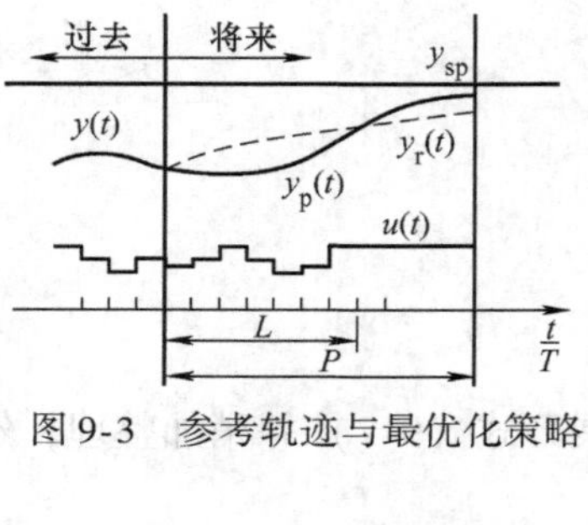

图 9-3 参考轨迹与最优化策略

图 9-3 表示了在最优化策略下的参考轨迹与预测模型输出。在这类算法中，由于参考轨迹已经确定，完全可以用通常的优化方法，如最小二乘法、梯度法、二次规划等来

求解。这里需要强调的一点是，预测控制具有独特的优化模式——滚动优化模式。它不是采取一个不变的全局优化目标，而是采取滚动式的有限时域优化策略。其优化过程不是一次离线进行，而是反复在线进行的。尽管它只能得到全局的次优解，但由于采用闭环校正、迭代计算和滚动实施，始终把优化建立在实际的基础上，使控制结果达到实际上的最优。这一点对工业应用有着十分重要的意义。

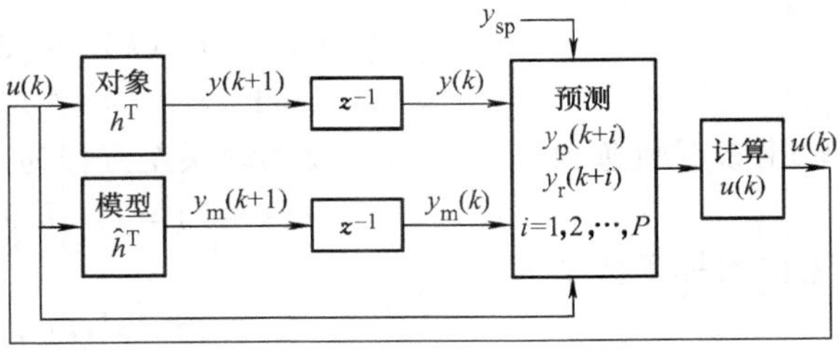

图 9-4　预测控制算法原理图

预测控制算法原理图如图 9-4 所示。为了具体了解这种算法，下面举两个例子加以说明。

1. 模型算法控制（MAC）

假设过程实际脉冲响应为　　$\boldsymbol{h}=[h_1,h_2,\cdots,h_N]^T$

预测模型脉冲响应为　　$\hat{\boldsymbol{h}}=[\hat{h}_1,\hat{h}_2,\cdots,\hat{h}_N]^T$

已知开环预测模型为　　$y_m(k+i)=\sum_{j=1}^{N}\hat{h}_j u(k-j+i)$　　(9-13)

为使问题简化，这里假设预测步长 $P=1$，控制步长 $L=1$，这就是单步预测、单步控制问题。实现最优时，应有 $y_r(k+1)=y_m(k+1)$，将开环预测模型，式（9-13）代入，则有

$$y_r(k+1)=y_m(k+1)=\sum_{j=2}^{N}\hat{h}_j u(k-j+1)+\hat{h}_j u(k)$$

由此可以解得

$$u(k)=\frac{1}{\hat{h}_1}[y_r(k+1)-\sum_{j=2}^{N}\hat{h}_j u(k+1-j)]$$

假设

$$y_r(k+1)=\alpha y(k)+(1-\alpha)y_{sp}$$

$$\boldsymbol{u}(k-1)=[u(k-1),u(k-2),\cdots,u(k+1-N)]^T$$

$$\boldsymbol{\Phi}=[e_2,e_3,\cdots,e_{N-1},0]^T$$

其中

$$\boldsymbol{e}_i=[0,0,\cdots,1,0,\cdots,0]^T$$

↑第 i 项

则单步控制 $u(k)$ 为

$$u(k)=\frac{1}{\hat{h}_1}\{(1-\alpha)y_{sp}+(\alpha\boldsymbol{h}^T-\hat{\boldsymbol{h}}^T\boldsymbol{\Phi})u(k-1)\}\tag{9-14}$$

若考虑闭环预测控制，只要用闭环预测模型代替式（9-13），就可以得到闭环下的单步控制 $u(k)$ 为

$$u(k)=\frac{1}{\hat{h}_1}\left\{y_r(k+1)-[y(k)-y_m(k)]-\sum_{j=2}^{N}\hat{h}_j u(k+1-j)\right\}$$

在做同样假设后，有

$$u(k)=\frac{1}{\hat{h}_1}\{(1-\alpha)y_{sp}+[\hat{\boldsymbol{h}}^T(I-\boldsymbol{\Phi})-\boldsymbol{h}^T(1-\alpha)]u(k-1)\}\tag{9-15}$$

上面讨论的是单步预测单步控制下的 MAC 算法。至于更一般情况下的 MAC 控制量可推导如下。

已知被控过程预测模型和闭环校正预测模型分别为

$$y_{\mathrm{m}}(k+1)=\hat{a}_{\mathrm{s}}u(k)+A_1\Delta u_1(k)+A_2\Delta u_2(k+1)$$

$$y_{\mathrm{p}}(k+1)=y_{\mathrm{m}}(k+1)+h_{\mathrm{o}}[y(k)-y_{\mathrm{m}}(k)]$$

输出参考轨迹为 $y_{\mathrm{r}}(k+1)$，设系统误差方程为

$$e(k+1)=y_{\mathrm{r}}(k+1)-y_{\mathrm{p}}(k+1)$$

若取目标函数 $\boldsymbol{J}$ 为

$$\boldsymbol{J}=\boldsymbol{e}^{\mathrm{T}}\boldsymbol{Q}e+\Delta\boldsymbol{u}_2^{\mathrm{T}}R\Delta u_2$$

式中，$\boldsymbol{Q}$ 为非负定加权对称矩阵；$\boldsymbol{R}$ 为正定控制加权对称矩阵。

使上述目标函数最小，可求得最优控制量 $\Delta\boldsymbol{u}_2$ 为

$$\Delta\boldsymbol{u}_2=[\boldsymbol{A}_2^{\mathrm{T}}Q\boldsymbol{A}_2+R]^{-1}\boldsymbol{A}_2^{\mathrm{T}}\boldsymbol{Q}\boldsymbol{e}' \tag{9-16}$$

其中，e'为参考轨迹与在零输入响应下闭环预测输出之差，表示为

$$e'(k+1)=y_{\mathrm{r}}(k+1)-\{\hat{a}_{\mathrm{s}}u(k)+A_1\Delta u_1(k)+h_{\mathrm{o}}[y(k)-y_{\mathrm{m}}(k)]\}$$

2. 动态矩阵控制（DMC）

式（9-10）是 DMC 算法中的离散卷积模型

$$y_{\mathrm{p}}=A\Delta u+h_{\mathrm{o}}y(k)+p$$

通常情况下，预测步长 P 不同于控制步长 L，取 $L<P$，则式（9-10）中的 $\boldsymbol{A}\Delta\boldsymbol{u}$ 项应表示为

$$\Delta\boldsymbol{u}=[\Delta u(k),\Delta u(k+1),\cdots,\Delta u(k+L-1)]^{\mathrm{T}}$$

$$\boldsymbol{A}=\begin{bmatrix}\hat{a}_1 & & & \\ \hat{a}_2 & \hat{a}_1 & 0 & \\ \vdots & \vdots & \ddots & \\ \hat{a}_L & \hat{a}_{L-1} & \cdots & \hat{a}_1 \\ \vdots & \vdots & & \\ \hat{a}_P & \hat{a}_{P-1} & \cdots & \hat{a}_{P-L+1}\end{bmatrix}_{P\times L}$$

系统的误差方程为参数轨迹与预测模型之差。若采用公式（9-11）所示参考轨迹，则有

$$\boldsymbol{e}=y_{\mathrm{r}}-y_{\mathrm{p}}=\begin{bmatrix}1-\alpha \\ 1-\alpha^2 \\ \vdots \\ 1-\alpha^P\end{bmatrix}[y_{\mathrm{sp}}-y(k)]-A\Delta u-p$$

令

$$\boldsymbol{e}'=\begin{bmatrix}(1-\alpha)e_k-P_1 \\ (1-\alpha^2)e_k-P_2 \\ \vdots \\ (1-\alpha^P)e_k-P_P\end{bmatrix}$$

其中

$$e_k=y_{\mathrm{sp}}-y(k)$$

可写为

$$\boldsymbol{e}=-A\Delta u+\boldsymbol{e}' \tag{9-17}$$

式中，$\boldsymbol{e}$ 表示参考轨迹与闭环预测值之差；$\boldsymbol{e}'$表示参考轨迹与零输入下闭环预测值之差；e_k

则是 k 时刻设定值与系统实际输出之差值。

若取优化目标函数为

$$\boldsymbol{J}=\boldsymbol{e}^{\mathrm{T}}\boldsymbol{e}$$

将式（9-17）代入，可得无约束情况下目标函数最小时的最优控制量 Δu 为

$$\Delta\boldsymbol{u}=(\boldsymbol{A}^{\mathrm{T}}A)^{-1}\boldsymbol{A}^{\mathrm{T}}\boldsymbol{e}' \tag{9-18}$$

如果预测步长 P 与控制步长 L 相等，则可求得控制向量的精确解为

$$\Delta u=A^{-1}\boldsymbol{e}' \tag{9-19}$$

这里需要说明一点，在通常情况下，虽然计算出最优控制量 $\Delta\boldsymbol{u}$ 序列，但往往只是将第一项 $\Delta u(k)$ 输送到实际系统，到下一采样时刻再重新计算 $\Delta\boldsymbol{u}$ 序列，并输出该序列中的第一个 $\Delta\boldsymbol{u}$ 值，周而复始。在有些情况下，为了减少计算量，也可以实施前面几个控制值。此时要注意，如果模型不准确，将会使系统的动态性能变差。

以上从三个部分讨论了预测控制的基本原理。它们之间的相互联系可以用图 9-5 来加以概括。正是这三要素构成了预测控制的本质特性。从图中可以看到，参考轨迹实质上是一个滤波器，它的引入不仅增加了系统的“柔性”，而且可以提高系统的鲁棒性，这一点将在以后讨论。反馈校正模型正是应用了控制理论中的反馈原理。在预测模型的每一步计算中，都将实际系统的信息叠加到基础模型，使模型不断得到在线校正。采用滚动优化策略，使系统在控制的每一步实现静态参数的优化，而在控制的全过程中表现为动态优化，增加了优化控制的现实性。正是这些基本特性，使预测控制在众多的过程控制策略中受到人们的重视。

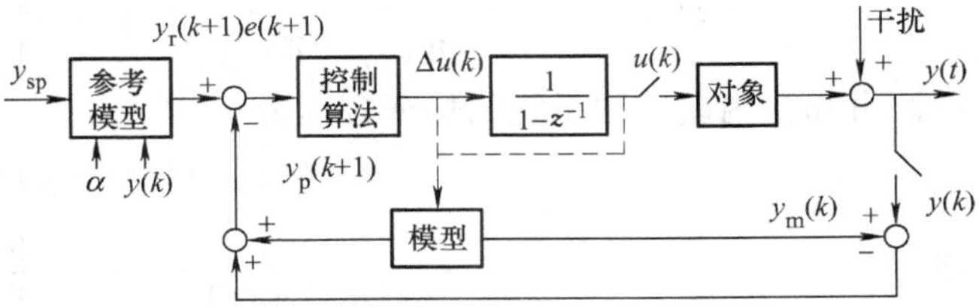

图 9-5　预测控制系统框图

9.3　预测控制方法的机理分析

由于预测控制采用了离散卷积模型、滚动优化指标和隐含的系统设计参数，要对它进行理论分析十分困难。本节将从两个不同的方面对预测控制的机理进行初步的探讨。

9.3.1　内模控制结构法

内模控制的概念是由 Garcia 等人于 1982 年提出来的。为了用它来分析预测控制的机理，首先应讨论内模控制的基本思想。

图 9-6 是最常见的反馈控制系统框图，其中，$W(z)$ 和 $W_c(z)$ 是被控过程和调节器的脉冲传递函数，$Y(z)$、$Y_{sp}(z)$ 和 $D(z)$ 分别为输出、设定值和不可测干扰。反馈系统是将过程的输出作为反馈，这就使得不可测干扰对输出的影响在反馈量中与其他因素混在一起，有时会被淹没而得不到及时的补偿。图 9-6 可以等效地变换成内模控制系统的形式，如图 9-7 所示。其中 $\hat{W}(z)$ 是过程 $W(z)$ 的数学模型，又称内部模型。若用 $W(z)$ 表示图中点画线框内的闭环，则有

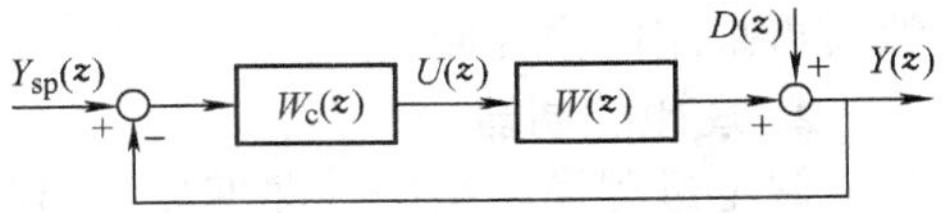

图 9-6　反馈控制系统框图

$$C(z)=\frac{W_c(z)}{1+\hat{G}(z)G_c(z)} \tag{9-20}$$

或

$$W_c(z)=\frac{C(z)}{1+C(z)\hat{W}(z)}$$

与图 9-6 相比可以看到，在内模控制系统中，由于引入了内部模型，反馈量已由原来的输出全反馈变为扰动估计量的反馈，而且控制器的设计也变得十分容易。当模型 $\hat{W}(z)$ 不能精确地描述被控过程时，干扰估计量 $\hat{D}(z)$ 将包含模型失配的某些信息，从而有利于系统鲁棒性的设计。下面将就内模控制具有的特性进行详细讨论。

1. 对偶稳定性

由图 9-7 可以得到系统的传递函数为

$$Y(z)=\frac{W(z)C(z)}{1+C(z)[W(z)-\hat{W}(z)]}Y_{sp}(z)+\frac{1-\hat{W}(z)C(z)}{1+C(z)[W(z)-\hat{W}(z)]}D(z) \tag{9-21}$$

由此可知，内模控制系统的特征方程为

$$1+C(z)[W(z)-\hat{W}(z)]=0$$

或

$$\frac{1}{C(z)W(z)+1}+1-\frac{\hat{W}(z)}{W(z)}=0$$

如果对象模型是精确的，即 $W(z)=\hat{W}(z)$，则上式可简化为

$$\frac{1}{C(z)W(z)}=0 \tag{9-22}$$

因此，内模控制系统稳定的充分必要条件是上式的根全部位于单位圆内。

若过程 $W(z)$ 是稳定的，则其特征方程

$$\frac{1}{C(z)}=0 \tag{9-23}$$

的根应全部位于单位圆内。同样，若图 9-7 中控制器 $C(z)$ 是稳定的，则其特征方程

$$\frac{1}{W(z)}=0 \tag{9-24}$$

的根也应全部位于单位圆内。

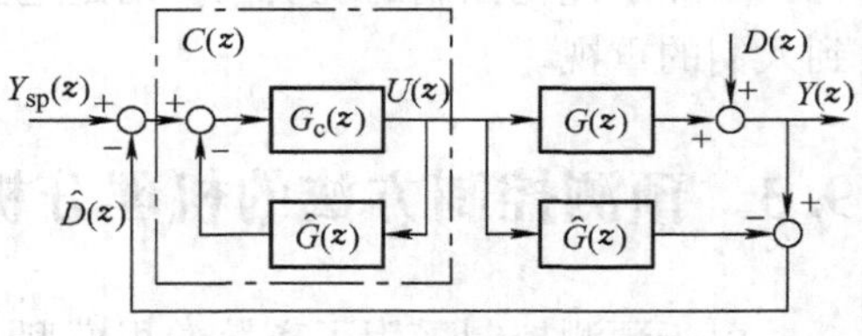

图 9-7　内模控制系统框图

由式（9-22）可见，内模控制系统的根由两部分构成，一部分是式（9-23）的根，一部分是式（9-24）的根，此外没有其他的根。这就导出了内模控制的对偶稳定性：在被控过程模型精确的条件下，当控制器 $C(z)$ 和被控过程 $W(z)$ 都稳定时，内模控制系统的闭环也一定是稳定的。

在工业过程中，大多数被控过程是开环稳定的，因而在设计内模控制系统时，只要设计的控制器开环稳定，整个系统就必然是稳定的。所以内模控制解决了控制系统设计中分析稳定性的困难。当然，如果某些过程不具有开环稳定性，不妨先组成反馈控制系统使之稳定，然后再采用内模控制。

2. 理想控制器

假定过程模型精确，即 $\hat{W}(z)=W(z)$，如果设计 $C(z)=\hat{W}^{-1}(z)$，且模型的逆 $\hat{W}^{-1}(z)$ 存在，并且可以实现，那么，由式（9-21）可以得到

$$Y(z) = W(z)C(z)[Y_{sp}(z) - D(z)] + D(z)$$

$$= \begin{cases} Y_{sp}(z) & \text{设定值扰动下} \\ 0 & \text{外部扰动下} \end{cases}$$

显然，$C(z)$ 是一个理想的控制器。

应该注意到特性 2 有一个先决条件，即 $\hat{W}^{-1}(z)$ 存在而且可以实现。然而，对一般对象来说，$W(z)$ 往往会有纯时滞，有时 $W(z)$ 还有单位圆外的零点。在这种情况下，$C(z)$ 是不可实现的或不稳定的。此时，不能直接采用理想控制器。同时还应注意到，当采用理想控制器时，系统对模型误差将会十分敏感。

3. 无稳态偏差

只要控制器的增益为模型静态增益的倒数，即

$$C(1) = \hat{W}^{-1}(1)$$

且模型准确，闭环系统稳定，则根据终值定理，在设定值作单位阶跃变化时，由式（9-21）得到系统输出 $y(t)$ 的稳态值为

$$y(\infty) = \lim_{t\to\infty} y(t) = \frac{W(1)\hat{W}^{-1}(1)}{1 + \hat{W}^{-1}(1)[W(1) - \hat{W}(1)]}Y_{sp}(1) + \frac{1 - \hat{W}(1)\hat{W}^{-1}(1)}{1 + \hat{W}^{-1}(1)[W(1) - \hat{W}(1)]}D(1) = Y_{sp}(1) = 1$$

此式表示内模控制系统不存在稳态误差。

4. 鲁棒性

应该看到，内模控制的对偶稳定性是在假定过程模型 $\hat{W}(z)$ 准确的情况下得到的。这个条件在实际中很难保证。因此，在模型与过程失配时，即使过程和内模控制器都稳定，闭环系统还有可能不稳定，需要考虑如何使控制系统具有足够的鲁棒性。在内模控制系统中，是通过在控制器前附加一个滤波器来实现的。从图 9-8 的框图中，可以写出加入滤波器 $F(z)$ 以后系统的特征方程为

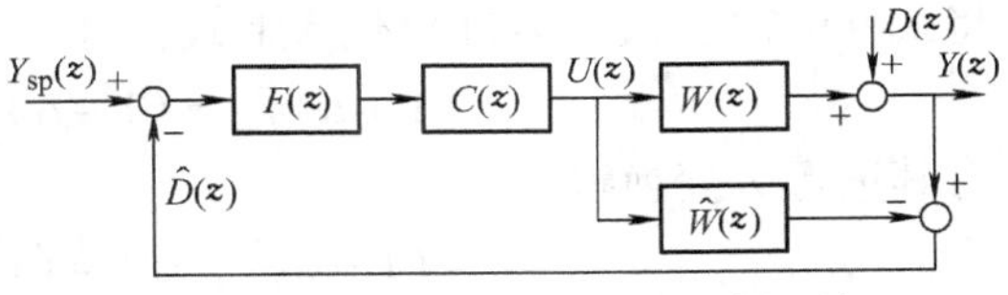

图 9-8　带有滤波器的内模控制系统

$$\frac{1}{C(z)} + F(z)[W(z) - \hat{W}(z)] = 0 \qquad (9\text{-}25)$$

当模型与过程失配而系统不稳定时，可以通过设计 $F(z)$ 使式（9-25）的全部特征根位于单位圆内。$F(z)$ 的设计方法依被控过程的特性而有所不同。现举例说明之。

假设被控过程与模型的脉冲传递函数为

$$W(z) = (z^{-2} + z^{-1})H(z)$$

$$\hat{W}(z) = 2z^{-1}H(z)$$

其中，$H(z)$ 为脉冲传递函数中不含纯时滞且所有极点、零点均在单位圆内的部分。此时，取控制器 $C(z) = H^{-1}(z)$，将它代入系统特征方程式（9-25），则有

$$H(z)[1 + F(z)(z^{-2} + z^{-1})] = 0 \qquad (9\text{-}26)$$

若 $F(z) = 1$，则式（9-26）有两个根位于单位圆上，系统会出现持续振荡。如果选择一个一阶环节作为滤波器，即

$$F(z) = \frac{1-\alpha}{1-\alpha z^{-1}} \qquad 0 < \alpha < 1$$

则式（9-26）中原来两个持续振荡的根变为

$$z_1, z_2 = \frac{1}{2} \pm \frac{1}{2}\sqrt{4\alpha - 3}$$

对任何 α 值（$0<\alpha<1$），此两根都在单位圆内，从而保持了系统的稳定。显然，加入滤波器后将会使系统的动态响应变得柔和一些，同时也提高了系统的鲁棒性。

事实上，模型与被控过程的适配情况，往往难以用数学方程来表达。因此，滤波系数 α 一般可以根据对控制品质的要求在线整定。

以上从四个方面讨论了内模控制的特性。那么，它与预测控制又有什么内在的联系呢？为此，可以从设计它们的控制器入手来分析比较。

特性 2 中已经说明，内模控制器 $C(z)=\hat{W}^{-1}(z)$ 是一个理想控制器，但只有当 $\hat{W}^{-1}(z)$ 存在并可实现时才有现实意义。如果上述条件不满足，可以寻找一个 $\hat{W}^{-1}(z)$ 的近似解，实现内模控制。预测控制中的控制器在 9.2 中已经讨论过，图 9-4 表示了预测控制算法的原理。为了写出其控制器的表达式，先列出与之有关的公式［见式（9-7）、式（9-11）和式（9-12）］。

闭环预测输出方程：$y_p(k+i)=y_m(k+i)+[y(k)-y_m(k)]$

参考轨迹方程：$\begin{cases} y_r(k+i)=\alpha^i y(k)+(1-\alpha^i)y_{sp} & i=1,2,\cdots,P \\ y_r(k)=y(k) \end{cases}$

优化目标函数：$J=\sum_{i=1}^{P}[y_p(k+i)-y_r(k+i)]^2\omega_i$

假设预测步长等于控制步长，且 $P=L=1$，即为单步预测控制，则求解式（9-12）就比较容易，只需令

$$y_p(k+1)=y_r(k+1)$$

将式（9-7）、式（9-11）代入上式，有

$$(1-\alpha)y_{sp}=(1-\alpha)y(k)+y_m(k+1)-y_m(k)]$$

对其进行 Z 变换得

$$(1-\alpha)Y_{sp}(z)=(1-\alpha)Y(z)+(z-1)Y_m(z) \tag{9-27}$$

假设已知被控过程及其模型分别为

$$zY(z)=H(z)U(z)$$
$$zY_m(z)=\hat{H}(z)U(z)$$

将上式代入式（9-27）并整理得

$$\begin{cases} \dfrac{U(z)}{Y_{sp}(z)} = \dfrac{1-\alpha}{z^{-1}(1-\alpha)H(z)+(1-z^{-1})\hat{H}(z)} \\ \dfrac{Y(z)}{Y_{sp}(z)} = \dfrac{(1-\alpha)[z^{-1}H(z)]}{z^{-1}(1-\alpha)H(z)+(1-z^{-1})\hat{H}(z)} \end{cases} \tag{9-28}$$

图 9-9 即为上述闭环传递函数的框图。可以将前向通道和反馈通道中的（$1-\alpha$）移入控制器 $1/[(1-z^{-1})\hat{H}(z)]$ 中，并令

$$F(z)=\frac{1-\alpha}{(1-z^{-1})}$$

$$W_c(z)=\hat{H}^{-1}(z)$$

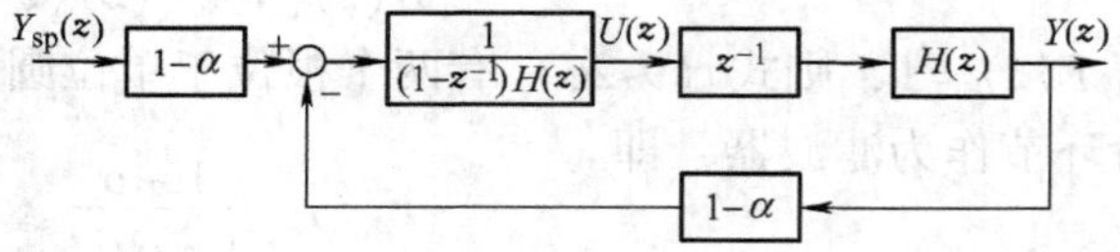

图 9-9　预测控制在 $P=L=1$ 时的系统结构

如果将 $F(z)$ 看成是内模控制中的滤

波器，则单步预测时的控制器 $W_c(z)$ 与内模控制器 $C(z)$ 一样，即控制器为被控过程模型的逆。内模控制器在 $P=L=1$ 时也有如式（9-14）所示的预测控制规律。因此可以说，单步预测控制是内模控制的一个特例。

同样，对于预测控制中的 DMC 算法而言，式（9-19）表述了在预测步长 P 和控制步长 L 相等时 DMC 控制算法的控制律，即

$$\Delta u = A^{-1}e'$$

显然，上述结果与内模控制规律相同，即控制器为被控过程模型的逆。在内模控制系统中，当取 $P=L$ 时，也有式（9-19）中的结果。因此，可以说 DMC 算法就是内模控制在 $P=L$ 时的特殊情况。

以上分析比较证明了 MAC 和 DMC 算法均是内模控制的特殊形式，说明内模控制是带有普遍性的一般原理。由于其机理清楚，理论分析比较成熟，因而可以借助于内模控制理论来了解预测控制的机理与特点。

9.3.2 状态空间表示法

如果将预测控制算法转换为状态空间描述形式，就可用现代控制理论来分析研究预测控制系统。下面介绍一种改进的 MAC 算法的状态空间表达形式。假设预测长度 P 等于阶跃响应的截断长度 N，且 $\hat{a}_N=\hat{a}_s$，则在 $(k-1)$ 时刻的预测模型为

$$\begin{bmatrix} y_m(k) \\ y_m(k+1) \\ \vdots \\ y_m(k+N-1) \end{bmatrix} = \hat{a}_N \begin{bmatrix} u(k-N) \\ u(k-N+1) \\ \vdots \\ u(k-1) \end{bmatrix} + \begin{bmatrix} 0 & \hat{a}_{N-1} & \hat{a}_{N-2} & \cdots & \hat{a}_1 \\ & 0 & \hat{a}_{N-1} & \cdots & \hat{a}_2 \\ & & \ddots & & \vdots \\ & 0 & & & \hat{a}_{N-1} \\ & & & & 0 \end{bmatrix} \begin{bmatrix} \Delta u(k-N) \\ \Delta u(k-N+1) \\ \vdots \\ \Delta u(k-1) \end{bmatrix} \tag{9-29}$$

式中
$$u(k-i) = \sum_{j=0}^{k-i} \Delta u(k-i-j) \qquad i=N,N-1,\cdots,1$$

如果假定系统在 $(k-N)$ 时启动，则当 $i>N$ 时，$\Delta u(k-i)=0$，式（9-29）中第一项可展开成如下形式：

$$\hat{a}_N \begin{bmatrix} \Delta u(k-N)+0 \\ \Delta u(k-N)+\Delta u(k-N+1)+0 \\ \vdots \\ \Delta u(k-N)+\Delta u(k-N+1)+\cdots+\Delta u(k-1) \end{bmatrix} = \begin{bmatrix} \hat{a}_N & & & 0 \\ \hat{a}_N & \hat{a}_N & & \\ \hat{a}_N & \hat{a}_N & \hat{a}_N & \\ \vdots & & & \ddots \\ \hat{a}_N & \cdots & & \hat{a}_N \end{bmatrix} \begin{bmatrix} \Delta u(k-N) \\ \Delta u(k-N+1) \\ \vdots \\ \Delta u(k-1) \end{bmatrix}$$

将此式代入式（9-29），并将两项合并，则有

$$\begin{bmatrix} y_m(k) \\ y_m(k+1) \\ \vdots \\ y_m(k+N-1) \end{bmatrix} = \begin{bmatrix} \hat{a}_N & \hat{a}_{N-1} & \hat{a}_{N-2} & \cdots & \hat{a}_1 \\ \hat{a}_N & \hat{a}_N & \hat{a}_{N-1} & \cdots & \hat{a}_2 \\ & & & & \vdots \\ \vdots & \vdots & & \ddots & \\ \hat{a}_N & \hat{a}_N & \hat{a}_N & \cdots & \hat{a}_N \end{bmatrix} \begin{bmatrix} \Delta u(k-N) \\ \Delta u(k-N+1) \\ \vdots \\ \Delta u(k-1) \end{bmatrix}$$

若定义 $x_i(k)=y_m(k+i-1)$ 为系统的状态变量，其中 $i=1, 2, \cdots, N$，经过推导，可得系统状态空间表达式为

$$\begin{cases}x(k+1)=\boldsymbol{G}x(k)+\boldsymbol{a}\Delta u(k)\\ y_m(k)=\boldsymbol{c}x(k)\end{cases} \tag{9-30}$$

其中

$$x(k+1)=[x_1(k+1),x_2(k+1),\cdots,x_N(k+1)]^{\mathrm{T}}$$

$$\boldsymbol{G}=\begin{bmatrix}0 & 1 & 0 & \cdots & 0\\ 0 & 0 & 1 & \cdots & 0\\ & \ddots & & \ddots & \vdots\\ & & & \ddots & 1\\ 0 & 0 & \cdots & & 0\end{bmatrix} \quad \boldsymbol{a}=\begin{bmatrix}a_1\\ a_2\\ \vdots\\ a_N\end{bmatrix}$$

$$\boldsymbol{c}=[1\quad 0\quad 0\quad \cdots\quad 0]$$

系统的开环预测方程可表示为

$$y_{\mathrm{p}}(k)=\boldsymbol{C}_{\mathrm{p}}x(k) \tag{9-31}$$

其中 $\boldsymbol{C}_{\mathrm{p}}=[\boldsymbol{I}_P|\boldsymbol{O}_{P\times(N-P)}]_{P\times N}$

I_P 为 P 阶单位阵。

从式（9-30）所表示的输出方程很容易得到系统的可观测矩阵为

$$\boldsymbol{O}=\begin{bmatrix}c\\ cG\\ \vdots\\ cG^{N-1}\end{bmatrix}=\boldsymbol{I}_N$$

这说明上述系统总是可观测的，因而其状态也是完全可以重构的。由于系统中状态向量的各分量 $x_i(k)$，$i=1, 2, \cdots, N$，是 k 时刻及其以后的输出变量预测值，大多数是不可直接测量的，只能用观测器来构造，即根据输出 y 和输入 Δu 的线性组合来观测。下面从这个观点出发来研究预测控制的结构。

由式（9-6）、式（9-11）、式（9-16）、式（9-30）和式（9-31）可以构成如图 9-10 所示的预测控制系统结构，这些公式是：

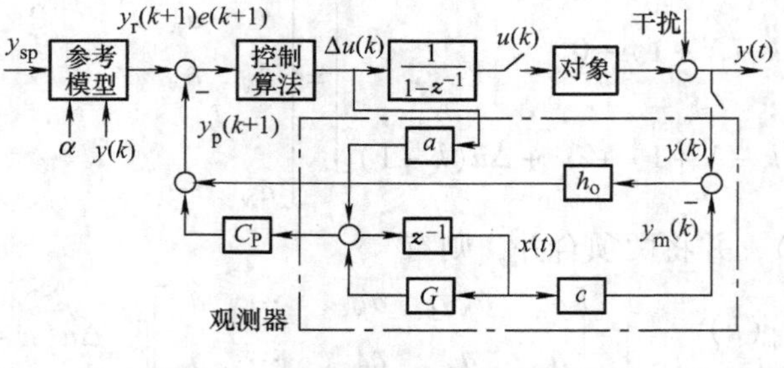

图 9-10　MAC 预测控制系统结构图

$$\boldsymbol{y}_p(k+1)=\boldsymbol{C}_{\mathrm{p}}\boldsymbol{x}(k+1)+\boldsymbol{h}_{\mathrm{o}}[y(k)-y_{\mathrm{m}}(k)]$$
$$\boldsymbol{y}_r(k+1)=\boldsymbol{\alpha}y(k)+\boldsymbol{\alpha}'y_{\mathrm{sp}}$$

$$\boldsymbol{e}(k+1)=\boldsymbol{y}_r(\mathrm{k}+1)-\boldsymbol{y}_\mathrm{p}(\mathrm{k}+1)$$
$$\boldsymbol{e}'(\mathrm{k}+1)=\boldsymbol{y}_r(\mathrm{k}+1)-\boldsymbol{y}_\mathrm{p}(\mathrm{k}+1/\mathrm{k})$$
$$\Delta\boldsymbol{u}(k)=[\boldsymbol{A}_2^\mathrm{T}\boldsymbol{Q}\boldsymbol{A}_2+\boldsymbol{R}]^{-1}\boldsymbol{A}_2^\mathrm{T}\boldsymbol{Q}\boldsymbol{e}'=\boldsymbol{A}*\boldsymbol{e}'$$
$$\boldsymbol{x}(k+1)=\boldsymbol{G}\boldsymbol{x}(k)+\boldsymbol{\alpha}\Delta\boldsymbol{u}(k)$$
$$\boldsymbol{y}_m(\mathrm{k})=\boldsymbol{c}\boldsymbol{x}(k)$$
$$\boldsymbol{y}_\mathrm{p}(\mathrm{k})=\boldsymbol{C}_\mathrm{p}\boldsymbol{x}(k)$$

其中

$$\boldsymbol{\alpha}=[\alpha^1,\alpha^2,\cdots,\alpha^i,\cdots]^\mathrm{T}\qquad i=1,2,\cdots,P$$
$$\boldsymbol{\alpha}'=[1-\alpha^1,1-\alpha^2,\cdots,1-\alpha^i,\cdots]^\mathrm{T}\qquad i=1,2,\cdots,P$$

可以看出，图9-10虚线框内的结构好像是一种简单的观测器，其等效的状态空间表达式为

$$x(k+1)=Gx(k)+a\Delta u(k)$$
$$y_\mathrm{p}(k+1)=C_\mathrm{p}x(k+1)+h_\mathrm{o}[y(k)-cx(k)]$$

显然，这是一种开环观测器。利用状态空间表示方法对MAC算法进行分析，可以进一步了解预测控制的本质。它是利用系统的可观测性构造的一种观测器，实现了对系统未来输出的预测，从而增加了系统的信息量，提高了系统的控制品质。

如果将上述开环观测器改为闭环观测器，可以进一步改善性能。图9-11即为改进后的MAC系统结构。

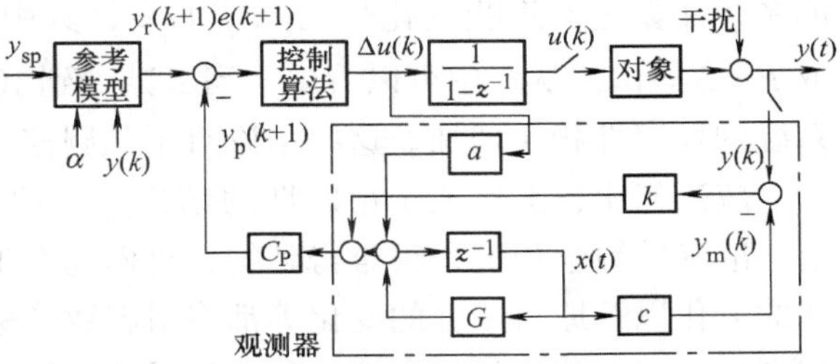

图9-11　具有闭环状态观测器的MAC系统结构

其闭环观测器方程如下：

$$x(k+1)=Gx(k)+a\Delta u(k)+k[y(k)-cx(k)]$$
$$y_\mathrm{p}=C_\mathrm{p}x(k)$$

其中，k 为观测器增益，需要适当选择以便保证观测器的稳定性，同时特征值负实部要足够大，使估计值能较快地跟上实际值。

上面从两个方面分析和解剖了预测控制算法的结构和机理，这有助于进一步了解其本质。但是，对预测控制的理论研究还有待深入和完善，这已成为它能否在实际中得到广泛应用和推广的关键。

9.4　预测控制的几个重要问题

9.4.1　预测控制系统的稳定性与鲁棒性

讨论在单步预测控制下控制系统的结构（见图9-9），相应的系统闭环脉冲传递函数为

$$\frac{Y(z)}{Y_\mathrm{sp}(z)}=\frac{(1-\alpha)[z^{-1}H(z)]}{z^{-1}(1-\alpha)H(z)+(1-z^{-1})\hat{H}(z)}\tag{9-32}$$

系统的特征方程为

$$z^{-1}(1-\alpha)H(z)+(1-z^{-1})\hat{H}(z)=0$$

如果要判断此闭环系统是否稳定，只需检验式（9-32）中是否有在单位圆以外的根。

假设系统的模型十分精确，即 $H(z)=\hat{H}(z)$，则式（9-32）可以简化为

$$\frac{Y(z)}{Y_{\mathrm{sp}}(z)}=\frac{1-\alpha}{z-\alpha}$$

在这种情况，只要参考轨迹中的滤波系数 $\alpha<1$，则系统满足稳定条件。也就是说，系统的稳定性与参考模型的设计有关。显然，α 越大，则系统越稳定，响应曲线越“柔和”。这个结论虽然简单明了，但它是在单步预测条件下推导的结果。在多步预测等其他情况下的稳定性分析比较复杂，还有待进一步探讨。现在已有一些关于整定参数对稳定性影响方面的结论。对于具有单调阶跃响应的过程，在预测模型的截断步长 N 等于预测步长 P 的假设下，只要控制步长 L 选择得足够小，则系统稳定。图 9-12给出了被控过程的传递函数为

$$W(s)=\frac{1}{100s^2+12s+1}\mathrm{e}^{-20s}$$

的系统在设定值阶跃变化下的响应曲线，其中取 $P=N=10$，从图中可以看出，当 L 减少到 10、2 和 1 时，动态响应曲线的波动明显减弱，系统的稳定性相应增加。这些结论对于预测控制的设计和调整无疑是很有益的。

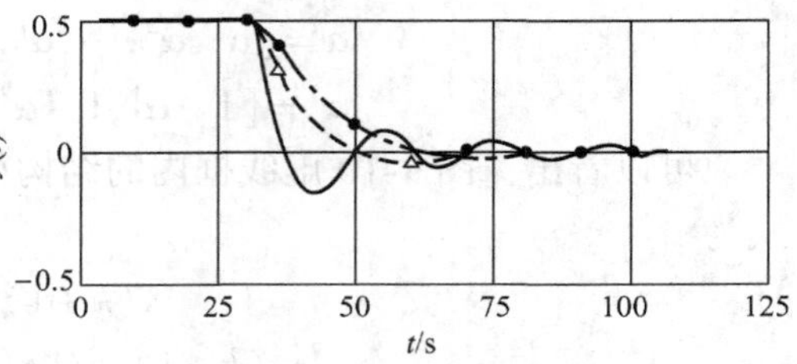

图 9-12　控制步长 L 对系统设定值阶跃响应的影响
——，$L=10$ 时；－－－，$L=2$ 时；－·－，$L=1$ 时

应当指出，上述关于稳定性的结论是在假定过程模型十分准确的情况下得到的。事实上，准确的数学模型是很难得到的，更何况在工业应用环境中，系统运行工作点的偏移，部件的老化以及原料成分的变化等都将引起数学模型的偏差。因此，需要研究系统在数学模型与实际过程失配时的稳定性，即，使系统性能仍保持在允许范围内的能力，通常称之为系统的鲁棒性。显然，系统的鲁棒性是评价控制质量的一个重要指标。实践证明，预测控制有较强的鲁棒性，而且易于在线调整。遗憾的是预测控制产生鲁棒性的机理至今尚未从理论上得到完善的分析。这里只对简单情况下的模型失配进行鲁棒性的讨论。

假设系统只存在模型增益的失配，可表为

$$h_i=\hat{h}_i q \qquad i=1,2,\cdots,N$$

其中，q 为标量。也即

$$H(z)=\hat{H}(z)q$$

将此式代入式（9-28）有

$$\frac{Y(z)}{Y_{\mathrm{sp}}(z)}=\frac{(1-\alpha)[z^{-1}H(z)]}{z^{-1}(1-\alpha)H(z)+(1-z^{-1})\hat{H}(z)}=\frac{(1-\alpha)[z^{-1}\hat{H}(z)q]}{z^{-1}(1-\alpha)\hat{H}(z)q+(1-z^{-1})\hat{H}(z)}$$

$$=\frac{(1-\alpha)q}{z-[1-(1-\alpha)q]}$$

由此可以看到如要系统仍然稳定，则只要极点 $[1-(1-\alpha)q]$ 在单位圆内。换句话说，只要模型失配偏差满足不等式

$$0<q<2/(1-\alpha)$$

可以看到，无论系统的稳定性还是鲁棒性都与参考轨迹的滤波系数 α 有关。图 9-13 是一个仿真实例。被控过程是催化裂化装置中的反应器，经辨识已得其脉冲传递函数为

$$W(z)=\frac{0.01-0.0085z^{-1}}{1-1.87z^{-1}+1.09z^{-2}+0.165z^{-3}}z^{-5}$$

为研究系统的鲁棒性，将其数学模型改为

$$\hat{W}(z)=\frac{0.1-0.085z^{-1}}{1-1.5z^{-1}+z^{-2}+0.4z^{-3}}z^{-5}$$

当α取为零，即参考轨迹$y_r=y_{sp}$时，裂化气中汽油组分百分比含量y呈现等幅振荡，如图9-13a所示。α不断增大，系统逐渐趋于稳定。当$\alpha=0.8$时，系统的设定值响应曲线如图9-13b所示。可以看到，参考模型的选择在预测控制系统的稳定性和鲁棒性中起着举足轻重的作用。选择的合理与否直接影响到系统对环境不确定性的抵抗能力。一般来说，一个响应慢的参考轨迹将会增强系统的鲁棒性。

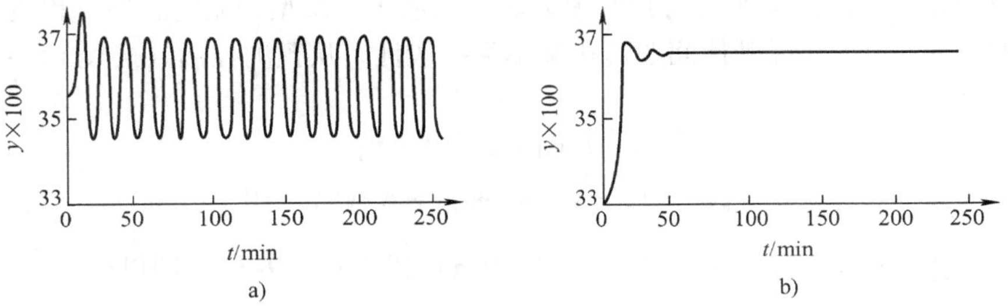

图9-13 有关鲁棒性的仿真实例

9.4.2 非最小相位系统中的预测控制

由于在各种实际控制系统中，具有非最小相位特征的过程相继出现，引起了人们对非最小相位系统的关注。现在分析如果将预测控制应用到这类系统，会产生什么问题。

这里首先引用前面讨论过的系统，其脉冲传递函数如式（9-28）所示，即

$$\frac{U(z)}{Y_{sp}(z)}=\frac{(1-\alpha)}{z^{-1}(1-\alpha)H(z)+(1-z^{-1})\hat{H}(z)}$$
$$\frac{Y(z)}{Y_{sp}(z)}=\frac{(1-\alpha)[z^{-1}H(z)]}{z^{-1}(1-\alpha)H(z)+(1-z^{-1})\hat{H}(z)} \tag{9-33}$$

当数学模型准确时，式（9-28）变成

$$\frac{U(z)}{Y_{sp}(z)}=\frac{z(1-\alpha)}{(z-\alpha)H(z)}$$
$$\frac{Y(z)}{Y_{sp}(z)}=\frac{1-\alpha}{z-\alpha} \tag{9-34}$$

可以看到，实际过程传递函数$H(z)$没有出现在$Y(z)/Y_{sp}(z)$中，只要$\alpha<1$，系统的输出将跟踪参考轨迹。但是$H(z)$却出现在$U(z)/Y_{sp}(z)$中，而且$H(z)$的零点变成系统输入传递函数的极点。假如过程具有非最小相位特性，也就是说它可能有零点落在单位圆之外，此时，由式（9-33）可以清楚地看到系统的输入$u(t)$将是发散的。对系统输出来说，只要$H(z)$中的不稳定零点不受到激励，输出量$y(t)$仍保持有界而且继续跟踪参考轨迹。但事实上，实际系统中物理元件的饱和或操作量的限幅等都将迫使输入量$u(t)$受到限制，一旦$u(t)$受到上、下限的制约，式（9-33）中$Y(z)/Y_{sp}(z)$分子分母上的$H(z)$不能完全

相消，此时输出量 $y(t)$ 将脱离参考轨迹而发散，这就说明，不经过特殊处理，预测控制将难以应用到非最小相位系统。

从以上分析可以看到，若为最小相位系统设计预测控制器，只要数学模型 $\hat{H}(z)$ 与真实被控过程的 $H(z)$ 相同或相近，系统就是稳定的；若对非最小相位系统进行设计，情况就不同了，需要根据使特征方程 $(1-\alpha)H(z)+(z-1)\hat{H}(z)$ 的全部根都落在单位圆内的原则来选择 $H(z)$，从而使 $y(t)$ 能较好地跟踪 y_{sp}。显然，满足这种选择原则的 $\hat{H}(z)$ 不是唯一的。设计中往往需要借助于其他准则，因而就有不同的处理方法，有线性二次型控制、极点配置、带有加权因子的性能指标以及在预测步长内取输入控制量为常数等方法。这里只介绍前面两种方法。

1. 线性二次型控制方法

为了应用这种方法，必须先将预测模型转换为适于二次型控制的状态方程表达形式。

首先假设 $y_{sp}=0$，这样既使问题简化又不失一般性。从预测控制（MAC）一步预测时的表述可以得到

$$y_p(k+1)=y_r(k+1)$$

即

$$y_m(k+1)-y_m(k)+(1-\alpha)y(k)=0 \tag{9-35}$$

已知 $y(k)=\sum_{j=1}^{N}h_j u(k-j)$，将 $y(k)$ 和式（9-3）代入式（9-35）即可得

$$\begin{aligned}\hat{h}_1 u(k)=&[\hat{h}_1-h_2-(1-\alpha)h_1]u(k-1)+\cdots+\\&[\hat{h}_{N-1}-h_N-(1-\alpha)h_{N-1}]u(k-N+1)+\\&[\hat{h}_N-(1-\alpha)h_N]u(k-N)\end{aligned} \tag{9-36}$$

假设参考轨迹与被控过程输出之间的误差为 $e(k)$，则

$$e(k)=y(k)-y_r(k)=y(k)-\alpha y(k-1)$$

展开为

$$e(k)=[h_1,h_2-\alpha h_1,\cdots,h_N-\alpha h_{N-1},-\alpha h_N]\begin{bmatrix}u(k-1)\\u(k-2)\\\vdots\\u(k-N)\\u(k-N-1)\end{bmatrix}=\boldsymbol{q}^{\mathrm{T}}\boldsymbol{\xi}(k-1) \tag{9-37}$$

其中

$$\boldsymbol{q}=[h_1,h_2-\alpha h_1,\cdots,h_N-\alpha h_{N-1},-\alpha h_N]^{\mathrm{T}}$$

$$\boldsymbol{\xi}(k-1)=\begin{bmatrix}u(k-1)\\\vdots\\u(k-N-1)\end{bmatrix}$$

考虑到

$$\boldsymbol{\xi}(k)-\boldsymbol{H}\boldsymbol{\xi}(k-1)=u(k) \tag{9-38}$$

其中

$$\boldsymbol{H}=\begin{bmatrix}0&0&0&\cdots&0&0\\1&0&0&\cdots&0&0\\0&1&0&\cdots&0&0\\&&&\ddots&&\\0&0&0&\cdots&1&0\end{bmatrix}_{(N+1)\times(N+1)}$$

将式（9-36）代入式（9-38）消去 $u(k)$，有

$$\begin{aligned}\boldsymbol{\xi}(k) &= \boldsymbol{H\xi}(k-1) + \boldsymbol{b}[\boldsymbol{L}^{\mathrm{T}} \quad | \quad 0]\boldsymbol{\xi}(k-1) \\ &= \boldsymbol{H\xi}(k-1) + \boldsymbol{b\beta}(k-1)\end{aligned} \tag{9-39}$$

其中，$\boldsymbol{b} = [1, 0, \cdots, 0]^{\mathrm{T}}$

$$\boldsymbol{L} = \frac{1}{h_1}[\hat{h}_1 + \hat{h}_2 - (1-\alpha)h_1, \cdots, \hat{h}_{N-1} + \hat{h}_N - (1-\alpha)h_{N-1}, \hat{h}_N - (1-\alpha)h_N]^T$$

$$\boldsymbol{\beta}(k-1) = [\boldsymbol{L}^{\mathrm{T}} \quad | \quad 0]\boldsymbol{\xi}(k-1) \tag{9-40}$$

到此已将上述预测控制转化为状态方程表达式。

为了求解其最优控制规律，采用了二次型最优目标，即

$$J = \frac{1}{2}\sum_{j=1}^{\infty} e^2(j) = \frac{1}{2}\sum_{j=1}^{\infty} [\boldsymbol{\xi}^{\mathrm{T}}(j) q q^{\mathrm{T}} \boldsymbol{\xi}(j)]$$

将有关 $\xi(k)$ 和 q 的公式代入，求得二次型最优解为

$$\beta(k) = -[(b^{\mathrm{T}}Pb)^{-1}b^{\mathrm{T}}PH]\xi(k) = \hat{L}\xi(k) \tag{9-41}$$

其中 P 是黎卡堤方程的稳态解。可以看到，最优控制 $\beta(k)$ 是状态向量 $\boldsymbol{\xi}(k)$的线性函数。注意，式（9-41）中 $\beta(k)$ 的表达式不同于式（9-40），这是因为可以证明 $\beta(k)$ 是与 $\boldsymbol{\xi}(k)$ 的最后一个元素无关的。从最优解式（9-41）便能得到一个在 $y(k)$ 和 $y_{\mathrm{r}}(k)$ 的方差最小意义下的$\hat{\boldsymbol{h}}$的最优选择，并使系统特征多项式的所有根均落在单位圆内。

显然，上述求解过程是通过离线求解黎卡堤方程来求取$\hat{\boldsymbol{h}}$的。但解$\hat{\boldsymbol{h}}$需要知道真实对象的 h，因此，特征方程对$\hat{H}(z)$ 的摄动和失配的灵敏度分析是十分重要的，还待进一步研究。另外，黎卡堤方程的解与 h 及参考轨迹有关，如果要实现在线控制，则需要每步解一次黎卡堤方程，这是难以实现的，尚需进一步改进。

2. 极点配置方法

众所周知，采用极点配置设计方法的基本点在于选择$\hat{H}(z)$，使之尽可能接近 $H(z)$。但对于非最小相位系统，如果被控过程脉冲传递函数中有不稳定的根，在应用极点配置法时，应首先将它分成两部分，即

$$H(z) = P_{\mathrm{s}}(z)P_{\mathrm{u}}(z) \tag{9-42}$$

其中，$P_{\mathrm{s}}(z)$ 包含了 $H(z)$ 中的全部稳定的根，$P_{\mathrm{u}}(z)$ 则包含不稳定的根。同时，让数学模型$\hat{H}(z)$ 也相应地分成两部分，即

$$\hat{H}(z) = P_{\mathrm{s}}(z)P_{\mathrm{ms}}(z) \tag{9-43}$$

其中，$P_{\mathrm{ms}}(z)$ 正是要用极点配置法加以确定的部分。将式（9-42）和式（9-43）代入系统特征方程，则有

$$P_{\mathrm{s}}(z)[P_{\mathrm{u}}(z)(1-\alpha) + (z-1)P_{\mathrm{ms}}(z)] = 0 \tag{9-44}$$

显然，$P_{\mathrm{ms}}(z)$ 是在保证式（9-44）稳定的条件下进行选择。如果让 $P_{\mathrm{u}}(z)(1-\alpha) + (z-1)P_{\mathrm{ms}}(z)$ 的根都在原点，则输出 $y(t)$ 收敛较快；若使式（9-44）的根一部分在原点，另一部分在单位圆内，则 $y(t)$ 响应比较平滑。

采用这种方法的困难在于如何决定系统极点的最佳位置。另外，由于在 $P_{\mathrm{s}}(z)$ 中有可能包含接近 1 的极点，如果出现对 $H(z)$ 很小的摄动，系统就有可能出现不稳定。

9.4.3 大时滞系统中的预测控制

大时滞系统是工业生产过程中较常见的，但又是难以控制的，一直是过程控制界关注的研究方向。现在来讨论预测控制在大时滞系统中的应用问题。

为简便起见，仍以 MAC 中的单步预测控制为例进行分析。其控制律为

$$u(k)=\frac{1}{\hat{h}_1}\{(1-\alpha)y_{\mathrm{sp}}+[\hat{\boldsymbol{h}}^{\mathrm{T}}(I-\Phi)-\boldsymbol{h}^{\mathrm{T}}(1-\alpha)]u(k-1)\} \tag{9-45}$$

对于大时滞系统，显然 $\hat{h}_1=0$，所以式（9-45）所示控制律不能实现，必须加以修改，排除 $\hat{\boldsymbol{h}}^{\mathrm{T}}$ 中的零元素。

假设

$$\hat{\boldsymbol{h}}=[0,0,\cdots,0,\hat{h}_1,\hat{h}_2,\cdots\hat{h}_{N-l_m}]^{\mathrm{T}}$$

将 l_m 个零元素移到后面，构成新的向量 $\hat{\boldsymbol{h}}_\tau$

$$\hat{\boldsymbol{h}}_\tau=[\hat{h}_1,\hat{h}_2,\cdots\hat{h}_{N-l_m},0,0,\cdots,0]^{\mathrm{T}}$$

其中，$\hat{h}_1\neq0$，此时得到的模型输出为

$$y_m(k+1)=\hat{\boldsymbol{h}}^{\mathrm{T}}u(k)=\hat{\boldsymbol{h}}_\tau^{\mathrm{T}}u(k-l_m)$$

为求解 $u(k)$，必须预测未来 l_m+1 时刻的输出值

$$y_{\mathrm{p}}(k+l_m+1)=\hat{h}_\tau^{\mathrm{T}}u(k)+y(k)-y_m(k)$$

如果选择参考轨迹为

$$y_{\mathrm{r}}(k+l_m+1)=\alpha y(k)+(1-\alpha)y_{\mathrm{sp}}$$

在无约束条件下的最优控制律可由式

$$y_{\mathrm{r}}(k+l_m+1)=y_{\mathrm{p}}(k+l_m+1) \tag{9-46}$$

求取。将有关公式代入，有

$$(1-\alpha)[y_{\mathrm{sp}}-y(k)]=\hat{\boldsymbol{h}}_\tau^{\mathrm{T}}u(k)-\hat{\boldsymbol{h}}_\tau^{\mathrm{T}}u(k-l_m-1) \tag{9-47}$$

从式（9-47）可以解得最优控制量 $\boldsymbol{u}(k)$ 得

$$\boldsymbol{u}(k)=u(k-l_m-1)+\frac{1}{\hat{h}_1}\left\{(1-\alpha)[y_{\mathrm{sp}}-y(k)]-(\hat{h}_2,\cdots,\hat{h}_{N-l_m})\begin{bmatrix}u(k-1)-u(k-l_m-2)\\ \vdots\\ u(k-N+l_m+1)-u(k-N)\end{bmatrix}\right\} \tag{9-48}$$

将式（9-48）与式（9-15）对照，可知在大时滞情况下它所表示的控制律是可实现的，$u(k)$ 将不会发散。但应当指出其控制效果并不好，因系统输出响应具有阶梯性质。这一点可以由如下分析得到。从式（9-46）推导出系统的脉冲传递函数为

$$\frac{U(z)}{Y_{\mathrm{sp}}(z)}=\frac{(1-\alpha)}{(z^{l_m+1}-1)\hat{H}(z)+(1-\alpha)H(z)}$$

$$\frac{Y(z)}{Y_{\mathrm{sp}}(z)}=\frac{(1-\alpha)H(z)}{(z^{l_m+1}-1)\hat{H}(z)+(1-\alpha)H(z)}$$

其中

$$\hat{H}(z)=\hat{h}_1z^{-l_m-1}+\hat{h}_2z^{-l_m-2}+\cdots+\hat{h}_{N-l_m}z^{-N}$$

$$H(z)=h_1z^{-l_m-1}+h_2z^{-l_m-2}+\cdots+h_{N-l_m}z^{-N}$$

当模型精确时，系统的脉冲传递函数可以简化为

$$\frac{Y(z)}{Y_{sp}(z)}=\frac{(1-\alpha)}{z^{l_m+1}-\alpha} \tag{9-49}$$

从式（9-49）可以得到阶梯输出响应 $y(k)$ 为

$$y(k)=\begin{cases}0 & k<(l_m+1)\\ (1-\alpha)y_{sp} & (l_m+1)\leqslant k<2(l_m+1)\\ (1-\alpha)(1+\alpha)y_{sp} & 2(l_m+1)\leqslant k<3(l_m+1)\\ \vdots & \vdots\\ (1-\alpha)(1+\alpha+\cdots+\alpha^{N-1})y_{sp} & N(l_m+1)\leqslant k\leqslant(N+1)(l_m+1)\end{cases}$$

当 $k\to\infty$ 时，$y(\infty)=\lim\limits_{N\to\infty}(1-\alpha^N)y_{sp}=y_{sp}$

如果模型失配，则 $y(k)$ 的阶梯响应更为严重。纯时滞越大，阶梯越宽。因此，简单地用 $\hat{\boldsymbol{h}}_\tau^{\mathrm{T}}$ 来代替 $\hat{\boldsymbol{h}}^{\mathrm{T}}$ 的方法并不能得到满足的结果。下面采用 DMC 的方法，其预测模型由式（9-10）表示，即

$$y_p=\boldsymbol{A}\Delta u+p+h_o y(k)$$

控制律式（9-18）为

$$\Delta u=(\boldsymbol{A}^{\mathrm{T}}A)^{-1}\boldsymbol{A}^{\mathrm{T}}e'$$

为了克服大时滞，需要重新构造动态矩阵 $\boldsymbol{A}$，即剔除阶跃响应中数值为零的部分。将 $t>\tau$（纯时滞）以后的响应分割为 N 段，得到 a_1，a_2，…，a_N，进而构成了没有时滞部分的动态矩阵，即

$$\boldsymbol{A}'=\begin{bmatrix}\hat{a}_1 & & & \\ \hat{a}_2 & \hat{a}_1 & & \\ \cdot & & \ddots & \\ \cdot & & & \hat{a}_1\\ \cdot & & & \vdots\\ \hat{a}_P & \hat{a}_{P-1} & \cdots & \hat{a}_{P-L+1}\end{bmatrix}_{P\times L}$$

以 $\boldsymbol{A}'$代替 $\boldsymbol{A}$ 代入式（9-10）中，得到的输出预报值已消除了纯时滞的影响，把它反馈给控制器后计算出的控制向量将能产生较好的控制效果。图 9-14 为 DMC 预报控制原理图，其中校正回路是为了防止模型误差以及提高抗干扰能力而设置的。经过对 4 个具有不同情况的大时滞系统进行仿真，结果表明它的预测输出的确提前了 τ，而且控制系统能够及时跟踪设定值的变动和克服系统中的外扰，较好地解决了大时滞系统的控制难题。应当指出，当动态矩阵中开始几个元素 a_1、a_2 等数值较小时，控制器的输出会出现明显的振铃现象。还需要采取其他方法，例如可在目标函数中增加一个带有加权约束阵的控制向量项来加以克服。

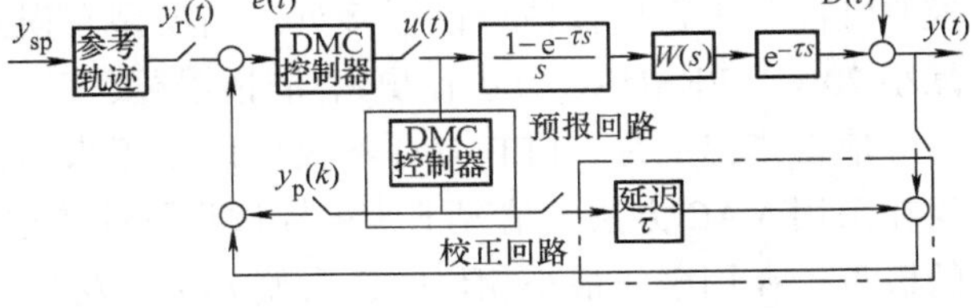

图 9-14　DMC 预报控制原理图

另外，还值得介绍一种基于预测偏差的模型算法控制（PEBMAC），它也是一种单步预测控制。但着眼于实际稳态值与参考值之间的偏差，这种方法开拓了单步预测控制难以应用的领域，它既保持了 MAC 的主要优点，又能直接用于大时滞系统。为了表述 PEBMAC 方法，

先对预测稳态差的含义作一规定。

定义系统设定值y_{sp}与系统某环节在恒值u激励下所产生响应的稳态值之差为该环节在u激励下的预测稳态差，用ε_p表示。

在上述定义下，可以叙述这种方法的基本原理。

(1) 预测模型

仍然采用过程脉冲响应序列$\{\hat{h}_i\}$。该模型在输入u的作用下，其预测稳态差为

$$\varepsilon_p(k+1)=y_{sp}-k_m u(k) \tag{9-50}$$

其中
$$k_m=\sum_{i=1}^{N}\hat{h}_i$$

(2) 参考轨迹

对PEBMAC来说，应建立过程预测稳态差的参考轨迹。这里取

$$\varepsilon_r(k+1)=\alpha\varepsilon_p(k)+(1-\alpha)e(k) \tag{9-51}$$

其中，$e(k)=y(k)-y_m(k)$，而α为参考轨迹的斜率。

(3) 控制算法

控制律则应满足

$$J=\min_u|\varepsilon_p(k+1)-\varepsilon_r(k+1)| \tag{9-52}$$

图9-15为PEBMAC的结构框图。

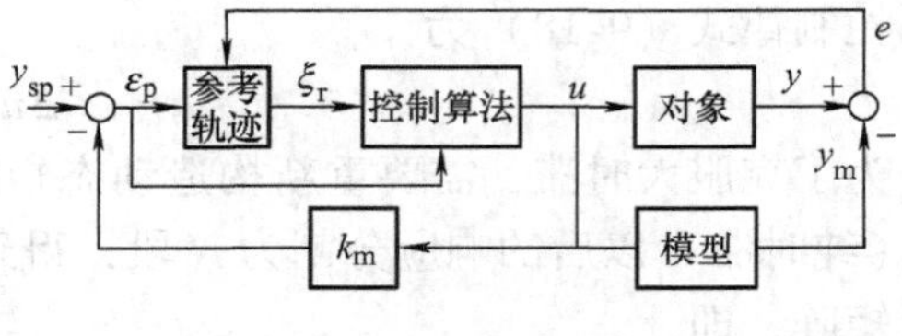

图9-15 基于预测偏差的模型算法控制框图

在控制量无约束时，由式(9-50)~式(9-52)可以得到

$$\frac{U(z)}{Y_{sp}(z)}=\frac{\beta}{1-\alpha z^{-1}+\beta[H(z)-\hat{H}(z)]}$$
$$\frac{Y(z)}{Y_{sp}(z)}=\frac{\beta H(z)}{1-\alpha z^{-1}+\beta[H(z)-\hat{H}(z)]} \tag{9-53}$$

其中，$\beta=(1-\alpha)/k_m$。

可以证明，对于采用PEBMAC的系统，只要过程参数的摄动仍能保证系统极点位于单位圆内，则系统输出对设定值的阶跃变化和干扰扰动的响应都是稳定无差的。

前面曾讨论过在采用MAC的大时滞系统中，虽然对控制律进行了修正使控制量不致发散，但系统的输出会出现阶梯型响应，而且时滞越大，阶梯越宽。但在采用PEBMAC的系统中，预测的是系统稳态时的偏差，与纯时滞无关，因而可以避免上述阶梯情况的发生，其实际响应类似于史密斯预估补偿。也就是说，这种方法能比较简单地解决用多步MAC才能解决的时滞问题。仿真研究证明PEBMAC可以得到较好的控制效果。在模型准确时，它的控制性能与史密斯预估补偿器接近，当模型有误差时，例如时间常数缩小40%，时滞时间减小20%，PEBMAC方法比史密斯补偿器要好。

值得指出的是，PEBMAC不仅可以用于大时滞系统，同样适用于非最小相位系统。因为在采用MAC方法的情况下，被控过程脉冲传递函数的零点会变成控制量$U(z)$表示式中的极点。在用于非最小相位时，会使$u(k)$发散。但采用了PEBMAC方法时，若模型无差，式(9-53)就成为

$$\frac{U(z)}{Y_{sp}(z)}=\frac{\beta}{1-\alpha z^{-1}}$$

$$\frac{Y(z)}{Y_{sp}(z)}=\frac{\beta H(z)}{1-\alpha z^{-1}}$$

可见 $u(k)$ 和 $y(k)$ 都是收敛的。一般情况下被控过程 $H(z)$ 的零点也不会成为 $U(z)/Y_{sp}(z)$ 的极点。

通过上述讨论可以看到，由于预测控制方法本身具有预报输出的功能，很容易实现史密斯预估补偿原理，从而为解决大时滞控制的问题开辟了一条新的途径。

本节仅对预测控制的稳定性、鲁棒性，以及在非最小相位系统和大时滞系统应用中的若干问题进行了粗浅的讨论。至于带有约束条件的系统、非线性系统和多变量系统等的预测控制问题，可以在基本控制算法的基础上加以扩展，当然还有不少问题需要研究解决。

思考题与习题

9-1 预测控制是在什么背景下发展起来的？它具有什么优点？适用于什么场合？

9-2 利用多步预测控制算法，可求得控制向量为

$$\Delta \boldsymbol{u}_{m}^{T}(k)=[\Delta u_{m}(k),\Delta u_{m}(k+1),\cdots,\Delta u_{m}(k+L-1)]$$

其中，L 是控制步长，下标 m 表示多步预测控制。一般情况下，只实施 $\Delta \boldsymbol{u}_{m}^{T}(k)$ 中的第一项，即 $\Delta u_{m}(k)$。那么，对同一被控过程进行控制时，这种多步预测控制求得的 $\Delta u(k)$ 是否相同？控制结果是否一样？

9-3 在 DMC 算法中，预测步长 P 和控制步长 L 有不同选择，假设选择如下三种情况：(1) $P=L=1$，(2) $P=L>1$，(3) $P\neq L$。试求出上述三种情况下的控制量。如果分别在同一被控过程上加以实施，试讨论其控制效果。

9-4 在用过程状态空间表示法分析预测控制机理时，需要将预测卷积模型转换为状态方程。试从单位阶跃响应序列 a_1，a_2，…，a_N 和脉冲响应序列 h_1，h_2，…，h_N 分别推导出预测控制算法的状态空间表达式。

9-5 某被控过程的脉冲响应序列为（0.15，0.25，0.2，0.18，0.15，0.08），在预测步长为3，控制步长为2，$y_{sp}=y_r=10$ 的情况下，利用动态矩阵控制算法进行控制，假设已知被控过程实际输出 $y(k)=9.0$，$y(k+1)=9.5$，且向量 $\boldsymbol{P}$ 的初始值 $\boldsymbol{P}_0=[0.1,\ 0.1,\ 0.1]^T$，试求出第一、第二控制向量。

第 10 章　模型参数自适应时滞补偿控制

【本章内容要点】

1. 讨论了一种参数自适应时滞补偿器的构成原理及设计方法。该时滞补偿器可应用于满足条件 10.1 的大时滞不确定过程。

2. 针对工业过程参数不确定及时滞摄动的特点，用一族模型去拟合受控过程不确定及摄动部分。其目的是使系统稳态时的模型与实际过程相匹配；预测输出与受控过程不确定及时滞摄动部分的输出一致；模型的输出与实际过程的输出一致。这样无论实际受控过程的参数怎样变化，只要不影响系统的稳定性，参数自适应时滞补偿器的模型总能和实际过程趋于一致，并提前（标称时滞）获得大时滞不确定过程实际输出的预测值，以便在构成闭环控制系统时替代实际输出作为反馈信号。从而解决了一大类大时滞不确定过程的时滞补偿与输出预测问题。

3. 介绍了基于 Lyapunov 稳定理论的参数自适应律存在条件及设计方法，并给出了参数自适应律模型。

4. 对于无时滞摄动或时滞摄动很小的工业过程，在对控制系统的动态性能要求不高的情况下，可采用增益自适应时滞补偿器。基于 Lyapunov 稳定理论讨论了模型增益自适应律设计方法，并获得了增益自适应律模型。

5. 给出了一阶和二阶时滞补偿系统结构和模型参数自适应算式。例 10-1、10-2 分别对两个典型的一阶不确定大时滞过程进行一阶自适应时滞补偿器的设计与仿真；例 10-3 对一典型的含有二阶未建模动态的过程进行了一阶自适应时滞补偿器的设计与仿真；例 10-4 对一典型的八阶不确定过程进行了一阶模型参数自适应时滞补偿器的设计与仿真；例 10-5 对一典型的大时滞二阶不确定过程进行了二阶模型参数自适应时滞补偿器的设计与仿真。仿真结果表明，在方波、阶跃等信号的激励下，模型的初始参数及时滞具有很大偏差的情况下，模型参数自适应时滞补偿器具有良好的时滞补偿及输出预测和跟踪性能。

10.1　概述

Smith 预估补偿器的特点是预先估计出过程在基本扰动下的动态特性，后由预估器进行补偿，使被迟延了的被调量超前反映到调节器，使调节器提前动作，从而能明显地减少超调量并加速调节过程。遗憾的是 Smith 预估器对系统受到的负荷扰动无能为力。这是因为预估器模型与掌握过程特性的精度有密切的关系。简单地说，Smith 预估补偿器有两个缺点：

1）对模型的偏差极为敏感。如对模型参数（包括滞后时间）非常敏感，甚至极小的模型偏差都可能导致闭环系统的不稳定。

2）抗扰动能力低。当运行条件发生变化时将影响控制效果、甚至导致闭环系统的不稳定。

多年来，人们为了寻求弥补 Smith 预估补偿器的缺陷付出了不懈的努力。本章介绍了一种模型参数自适应时滞补偿器。该时滞补偿器不是以单个模型描述被控过程，而是以时滞不确定被控过程的输出为跟踪目标，用一族模型和一个时滞环节去拟合被控过程。基于 Lyapunov 稳定理论综合出模型参数自适应律，使补偿器的参数始终跟随被控对象的变化。仿真研究表明，在参数不匹配及出现负荷扰动的情况下，模型参数自适应时滞补偿器均具有良好的预估补偿能力。从而弥补了 Smith 预估补偿器的两个缺点，使其能够方便可行地应用于生产实践。

10.2 模型参数自适应时滞补偿器

设被控过程的数学模型（实时准确的数学模型）及标称模型（标准条件下的数学模型）分别为式（10-1）和式（10-5）。为了克服过程的时滞，并考虑到过程参数的不确定性，采用图 10-1 所示的模型参数自适应时滞补偿器。

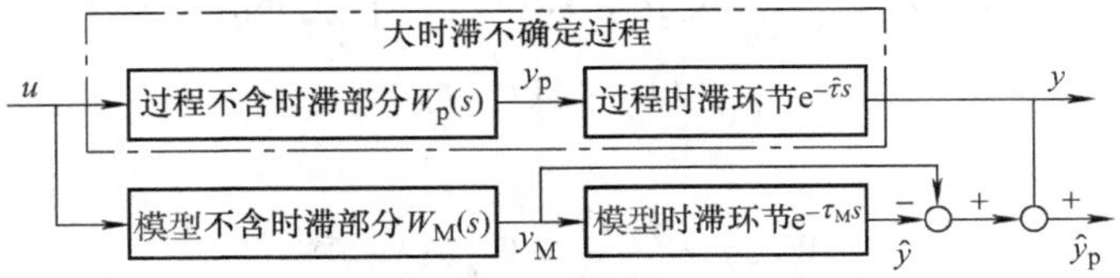

图 10-1　带参数自适应时滞补偿器的大时滞不确定过程

$$p^n y_p(t) + \left\{ \sum_{i=0}^{n-1} \hat{a}_i p^i \right\} y_p(t) = \left\{ \sum_{j=0}^{m} \hat{b}_j p^j \right\} u(t) \tag{10-1}$$

$$y(t) = y_p(t - \hat{\tau}) \tag{10-2}$$

相应的传递函数为

$$W(s) = \frac{y(s)}{u(s)} = W_p(s) e^{-\hat{\tau} s} \tag{10-3}$$

其中

$$W_p(s) = \frac{y_p(s)}{u(s)} = \frac{\hat{b}_m s^m + \cdots + \hat{b}_1 s + \hat{b}_0}{s^n + \hat{a}_{n-1} s^{n-1} + \cdots + \hat{a}_1 s + \hat{a}_0} \tag{10-4}$$

标称模型为

$$p^n y_p^*(t) + \left\{ \sum_{i=0}^{n-1} a_i p^i \right\} y_p^*(t) = \left\{ \sum_{j=0}^{m} b_j p^j \right\} u(t) \tag{10-5}$$

$$y^*(t) = y_p^*(t - \tau_p) \tag{10-6}$$

相应的传递函数为

$$W^*(s) = \frac{y^*(s)}{u(s)} = W_p^*(s) e^{-\tau_p s} \tag{10-7}$$

其中

$$W_p^*(s) = \frac{y_p^*(s)}{u(s)} = \frac{b_m s^m + \cdots + b_1 s + b_0}{s^n + a_{n-1} s^{n-1} + \cdots + a_1 s + a_0} \tag{10-8}$$

式中

$$\hat{a}_i = a_i + \Delta_{a_i},\ i = 0, 1\cdots, n-1$$

$$\hat{b}_j = b_j + \Delta_{b_j},\ j = 0, 1\cdots, m$$

$$\hat{\tau} = \tau_p + \Delta_\tau$$

式中，$\hat{a}_i(i=0,1\cdots,n-1)$、$\hat{b}_j(j=0,1\cdots,m,m\leqslant n-1)$ 分别为过程参数的实际值；$a_i(i=0,1\cdots,n-1)$、$b_j(j=0,1\cdots,m,m\leqslant n-1)$ 分别为过程参数的标称值；τ_p 为纯时滞的标称值；$\Delta_{a_i}(t)$、$\Delta_{b_j}(t)$、$\Delta_\tau(t)$ 分别为模型参数及纯时滞的不确定或摄动部分；$y(t)$ 为受控过程的输出；$y_p(t)$是不可检测的，为过程不含时滞部分的输出；$y_p^*(t)$ 为标称模型的输出；$y^*(t)$为 $y_p^*(t)$经滞后的标称模型输出；$u(t)$ 为控制。图 10-1 中 $\hat{y}(t)$ 为时滞不确定过程参数自适应模型的输出，$y_M(t)$ 为参数自适应模型不含时滞部分的输出，$\hat{y}_p(t)$ 为 $y_p(t)$ 的预测值，由式（10-9）描述。参数自适应模型及标称时滞环节分别由式（10-10）和式（10-11）描述。

$$\hat{y}_p(t) = y(t) - \hat{y}(t) + y_M(t) \tag{10-9}$$

$$p^n y_M(t) + \left\{\sum_{i=0}^{n-1} a_{M_i} p^i\right\} y_M(t) = \left\{\sum_{j=0}^{m} b_{M_j} p^j\right\} u(t) \tag{10-10}$$

$$\hat{y}(t) = y_M(t - \tau_M) \tag{10-11}$$

相应的传递函数为

$$\hat{W}(s) = \frac{\hat{y}(s)}{u(s)} = W_M(s)\mathrm{e}^{-\tau_M s} \tag{10-12}$$

其中

$$W_M(s) = \frac{y_M(s)}{u(s)} = \frac{b_{M_m}s^m + \cdots + b_{M_1}s + b_{M_0}}{s^n + a_{M_{n-1}}s^{n-1} + \cdots + a_{M_1}s + a_{M_0}} \tag{10-13}$$

若 $\tau_M = \hat{\tau}$，则一定存在合适的自适应律使得$\lim\limits_{t\to\infty} a_{M_i} = a_i + \Delta_{a_i}$，$\lim\limits_{t\to\infty} b_{M_j} = b_j + \Delta_{b_j}$，则$\lim\limits_{t\to\infty}\hat{y}(t) = y(t)$，$\lim\limits_{t\to\infty}\hat{y}_p(t) = y_p(t)$，$\lim\limits_{t\to\infty} y_M(t) = y_p(t)$。由于模型滞后时间 τ_M 是常数，而 $\hat{\tau}$ 是不确定的，因此 $\tau_M = \hat{\tau}$ 不能成立。

不妨在受控过程的数学模型式（10-1）中，令纯时滞为常数即标称值 τ_p，同时令 $\tau_M = \tau_p$。为了弥补时滞摄动 Δ_τ，引入参数增量 $\alpha_{a_i}[\Delta_\tau]$、$\beta_{b_j}[\Delta_\tau]$，令

$$\tilde{\Delta}_{a_i} = \Delta_{a_i} + \alpha_{a_i}[\Delta_\tau]$$

$$\tilde{\Delta}_{b_j} = \Delta_{b_j} + \beta_{b_j}[\Delta_\tau]$$

这样，受控过程可重新描述为

$$p^n \tilde{y}_p(t) + \left\{\sum_{i=0}^{n-1} \tilde{a}_i p^i\right\} \tilde{y}_p(t) = \left\{\sum_{j=0}^{m} \tilde{b}_j p^j\right\} u(t) \tag{10-14}$$

$$y(t) = \tilde{y}_p(t - \tau_p) \tag{10-15}$$

相应的传递函数为

$$W(s) = \frac{y(s)}{u(s)} = \widetilde{W}_p(s)\mathrm{e}^{-\tau_p s} \tag{10-16}$$

其中

$$\widetilde{W}_{\mathrm{p}}(s)=\frac{\tilde{y}_{\mathrm{p}}(s)}{u(s)}=\frac{\tilde{b}_m s^m+\cdots+\tilde{b}_1 s+\tilde{b}_0}{s^n+\tilde{a}_{n-1}s^{n-1}+\cdots+\tilde{a}_1 s+\tilde{a}_0} \tag{10-17}$$

式中

$$\tilde{a}_i=a_i+\tilde{\Delta}_{a_i},\ i=0,1\cdots,n-1$$

$$\tilde{b}_j=b_j+\tilde{\Delta}_{b_j},\ j=0,1\cdots,m$$

条件 10.1： a. $|\Delta_{a_i}|\leqslant h_{a_i}$，$i=0$，$1\cdots$，$n-1$，$h_{a_i}\in[0,+\infty)$；

b. $|\Delta_{b_j}|\leqslant h_{b_j}$，$j=0$，$1\cdots$，$m$，$h_{b_i}\in[0,+\infty)$；

c. $|\Delta_{\tau}|\leqslant h_{\tau}$，$h_{\tau}\in[0,+\infty)$；

d. $|\alpha_{a_i}\ [\Delta_{\tau}]|\leqslant h_{\alpha_i}$，$h_{\alpha_i}\in[0,+\infty)$；

e. $|\beta_{b_j}\ [\Delta_{\beta}]|\leqslant h_{\beta_j}$，$h_{\beta_j}\in[0,+\infty)$；

f. $s^n+\left\{\sum\limits_{i=0}^{n-1}\hat{a}_i s^i\right\}$ 和$s^n+\left\{\sum\limits_{i=0}^{n-1}\tilde{a}_i s^i\right\}$ 均为 Hurwitz 多项式。

问题 10.1：对于由式（10-1）~式（10-8）描述的时滞补偿系统，定义广义误差为

$$\hat{e}_{\mathrm{y}}(t)=\hat{y}_{\mathrm{p}}(t)-y_{\mathrm{M}}(t)$$

$$\tilde{e}_{\mathrm{y}}(t)=\tilde{y}_{\mathrm{p}}(t)-\hat{y}_{\mathrm{p}}(t)$$

$$\varepsilon_{\mathrm{y}}(t)=y(t)-\hat{y}(t)$$

设计自适应律使得

$$\lim_{t\to\infty}\hat{e}_{\mathrm{y}}(t)=0$$

$$\lim_{t\to\infty}\tilde{e}_{\mathrm{y}}(t)=0$$

$$\lim_{t\to\infty}\varepsilon_{\mathrm{y}}(t)=0$$

$$\lim_{t\to\infty}a_{\mathrm{M}_i}[\hat{e}_{\mathrm{y}}(t)]=a_i+\tilde{\Delta}_{a_i}$$

$$\lim_{t\to\infty}b_{\mathrm{M}_j}[\hat{e}_{\mathrm{y}}(t)]=b_j+\tilde{\Delta}_{b_j}$$

从而图 10-1 可等效为图 10-2。其中 $\mathrm{e}^{-\tau_{\mathrm{p}}s}$为标称时滞环节，$\mathrm{e}^{-\Delta_{\tau}s}$为时滞环节的摄动部分。

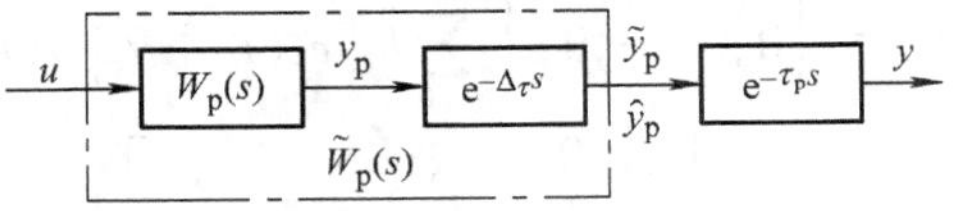

图 10-2　经参数自适应时滞补偿后的等效过程

注 10.1：将受控过程式（10-1）描述为式（10-16），实际上是用一族模型去拟合 $W_{\mathrm{p}}(s)\mathrm{e}^{-\Delta_{\tau}s}$。族模型$\widetilde{W}_{\mathrm{p}}(s)$ 可描述为

$$\left\{\widetilde{W}_{\mathrm{p}}(s):\begin{array}{l}\hat{a}_i-\alpha_{a_i}[\Delta_{\tau}]\leqslant\tilde{a}_i\leqslant\hat{a}_i+\alpha_{a_i}[\Delta_{\tau}],\ i=0,1,\cdots,n-1\\ \hat{b}_j-\beta_{b_j}[\Delta_{\tau}]\leqslant\tilde{b}_j\leqslant\hat{b}_j+\beta_{b_j}[\Delta_{\tau}],\ j=0,1,\cdots,m\end{array}\right\} \tag{10-18}$$

注 10.2：参数自适应时滞补偿器不要求 $\tau_{\mathrm{M}}=\hat{\tau}$ 及 $W_{\mathrm{M}}(s)=W_{\mathrm{p}}(s)$，只追求$\lim\limits_{t\to\infty}\hat{W}(s)=W(s)$、$\lim\limits_{t\to\infty}\hat{y}_{\mathrm{p}}(t)=\tilde{y}_{\mathrm{p}}(t)$、$\lim\limits_{t\to t}y_{\mathrm{M}}(t)=\hat{y}_{\mathrm{p}}(t)$及$\lim\limits_{t\to\infty}\hat{y}(t)=y(t)$。而传统的 Smith 补偿器要求 $\tau_{\mathrm{M}}=\hat{\tau}$ 及

$W_M(s)=W_p(s)$，追求 $y_M(t)=\hat{y}_p(t)$ 及 $\hat{y}(t)=y(t)$。由于过程参数甚至结构的不确定性，使传统 Smith 补偿器的使用条件难以满足。

注 10.3：条件 10.1 中 f 可等价为 $W_p(s)$ 及 $W_p(s)e^{-\Delta_\tau s}$ 为 Lyapunov 意义下的渐近稳定。

10.3 基于 Lyapunov 稳定理论的模型参数自适应律

受控过程不含标称时滞部分及参数自适应模型分别由式（10-14）和式（10-10）描述。由于大时滞过程控制的根本难点在于实际系统中的 $y_p(t)$ 及 $\tilde{y}_p(t)$ 不能检测，不妨用图 10-1 中的预测值 $\hat{y}_p(t)$ 替代式（10-14）中的 $\tilde{y}_p(t)$ 得

$$p^n\hat{y}_p(t)+\left\{\sum_{i=0}^{n-1}\tilde{a}_i p^i\right\}\hat{y}_p(t)=\left\{\sum_{j=0}^{m}\tilde{b}_j p^j\right\}u(t) \tag{10-19}$$

取广义误差 $\hat{e}_y(t)=\hat{y}_p(t)-y_M(t)$，将参数自适应模型（10-10）写成

$$p^n y_M(t)+\left\{\sum_{i=0}^{n-1}a_{M_i}[\hat{e}_y(t)]p^i\right\}y_M(t)=\left\{\sum_{j=0}^{m}b_{M_j}[\hat{e}_y(t)]p^j\right\}u(t) \tag{10-20}$$

则由式（10-19）和式（10-20）得广义误差方程为

$$p^n\hat{e}_y(t)+\left\{\sum_{i=0}^{n-1}\tilde{a}_i p^i\right\}\hat{e}_y(t)+\left\{\sum_{i=0}^{n-1}\bar{a}_i[(\hat{e}_y(t)]p^i\right\}y_M(t)=\left\{\sum_{j=0}^{m}\bar{b}_j[(\hat{e}_y(t)]p^j\right\}u(t) \tag{10-21}$$

式中

$$\bar{a}_i[\hat{e}_y(t)]=\tilde{a}_i-a_{M_i}[\hat{e}_y(t)],\ i=0,1\cdots,n-1$$

$$\bar{b}_j[\hat{e}_y(t)]=\tilde{b}_j-b_{M_j}[\hat{e}_y(t)],\ j=0,1\cdots,m \tag{10-22}$$

从式（10-21）可得状态方程为

$$\dot{\hat{\boldsymbol{\varepsilon}}}_y(t)=\tilde{A}_p\hat{\boldsymbol{\varepsilon}}_y(t)+\overline{\boldsymbol{\Phi}}(t)+\overline{\boldsymbol{\Psi}}(t) \tag{10-23}$$

式中

$$\hat{\boldsymbol{\varepsilon}}_y(t)=[\hat{e}_y(t),\dot{\hat{e}}_y(t),\cdots,\hat{e}_y^{(n-1)}(t)]^T \tag{10-24}$$

$$\overline{\boldsymbol{\Phi}}(t)=\left[0,0,\cdots,0,\left\{\sum_{i=0}^{m}\bar{a}_i[\hat{e}_y(t)]p^j\right\}y_M(t)\right]^T \tag{10-25}$$

$$\overline{\boldsymbol{\Psi}}(t)=\left[0,0,\cdots,0,\left\{\sum_{j=0}^{m}\bar{b}_j[\hat{e}_y(t)]p^j\right\}u(t)\right]^T \tag{10-26}$$

$$\tilde{\boldsymbol{A}}_p=\begin{bmatrix} 0 & \vdots & I_{n-1} \\ \cdots\cdots & \cdots\cdots & \cdots\cdots \\ -\tilde{a}_0, & -\tilde{a}_1,\cdots, & -\tilde{a}_{n-1}\end{bmatrix} \tag{10-27}$$

构造 Lyapunov 函数

$$V=\hat{\boldsymbol{\varepsilon}}_y^T\boldsymbol{P}_\lambda\hat{\boldsymbol{\varepsilon}}_y+\bar{\boldsymbol{a}}^T\boldsymbol{P}_\alpha\bar{\boldsymbol{a}}+\bar{\boldsymbol{b}}^T\boldsymbol{P}_\beta\bar{\boldsymbol{b}} \tag{10-28}$$

其中，$\boldsymbol{P}_\lambda$ 为正定对称矩阵，即

$$\boldsymbol{P}_\lambda=\begin{bmatrix}\lambda_{11} & \lambda_{12} & \cdots & \lambda_{1n}\\ \lambda_{21} & \lambda_{22} & \cdots & \lambda_{2n}\\ \vdots & \vdots & & \vdots\\ \lambda_{n1} & \lambda_{n2} & \cdots & \lambda_{nn}\end{bmatrix},\ \lambda_{ij}=\lambda_{ji},\boldsymbol{P}_\lambda=\boldsymbol{P}_\lambda^T>0$$

$$\boldsymbol{P}_\alpha = \mathrm{diag}\{\alpha_0,\alpha_1,\cdots,\alpha_{n-1}\} > 0$$

$$\boldsymbol{P}_\beta = \mathrm{diag}\{\beta_0,\beta_1,\cdots,\beta_m\} > 0$$

$$\bar{\boldsymbol{a}} = [\bar{a}_0,\bar{a}_1,\cdots,\bar{a}_{n-1}]^{\mathrm{T}}$$

$$\bar{\boldsymbol{b}} = [\bar{b}_0,\bar{b}_1,\cdots,\bar{b}_m]^{\mathrm{T}}$$

则

$$\begin{aligned}\dot{V} &= \hat{\boldsymbol{\varepsilon}}_{\mathrm{y}}^{\mathrm{T}}\boldsymbol{P}_\lambda \dot{\hat{\boldsymbol{\varepsilon}}}_{\mathrm{y}} + \dot{\hat{\boldsymbol{\varepsilon}}}_{\mathrm{y}}^{\mathrm{T}}\boldsymbol{P}_\lambda \hat{\boldsymbol{\varepsilon}}_{\mathrm{y}} + \bar{\boldsymbol{a}}^{\mathrm{T}}\boldsymbol{P}_\alpha \dot{\bar{\boldsymbol{a}}} + \dot{\bar{\boldsymbol{a}}}^{\mathrm{T}}\boldsymbol{P}_\alpha \bar{\boldsymbol{a}} + \bar{\boldsymbol{b}}^{\mathrm{T}}\boldsymbol{P}_\beta \dot{\bar{\boldsymbol{b}}} + \dot{\bar{\boldsymbol{b}}}^{\mathrm{T}}\boldsymbol{P}_\beta \bar{\boldsymbol{b}} \\ &= \hat{\boldsymbol{\varepsilon}}_{\mathrm{y}}^{\mathrm{T}}(\boldsymbol{P}_\lambda \tilde{\boldsymbol{A}}_{\mathrm{p}} + \tilde{\boldsymbol{A}}_{\mathrm{p}}^{\mathrm{T}}\boldsymbol{P}_\lambda)\hat{\boldsymbol{\varepsilon}}_{\mathrm{y}} + 2(\bar{\boldsymbol{a}}^{\mathrm{T}}\boldsymbol{P}_\alpha \dot{\bar{\boldsymbol{a}}} + \hat{\boldsymbol{\varepsilon}}_{\mathrm{y}}^{\mathrm{T}}\boldsymbol{P}_\lambda \boldsymbol{\Phi}) + (\bar{\boldsymbol{b}}^{\mathrm{T}}\boldsymbol{P}_\beta \dot{\bar{\boldsymbol{b}}} + \hat{\boldsymbol{\varepsilon}}_{\mathrm{y}}^{\mathrm{T}}\boldsymbol{P}_\lambda \boldsymbol{\Psi})\end{aligned} \qquad (10\text{-}29)$$

由条件 10.1f 知 $\tilde{\boldsymbol{A}}_{\mathrm{p}}$ 是稳定的，故（$P_\lambda \tilde{\boldsymbol{A}}_{\mathrm{p}} + \tilde{\boldsymbol{A}}_{\mathrm{p}}^{T} P_\lambda$）$<0$。因此，只要式（10-29）右边的第二、第三项为零，即可保证 $\dot{V}<0$，使系统渐近稳定，并可得到参数自适应律。令

$$\bar{a}^{\mathrm{T}}P_\alpha \dot{\bar{a}} + \hat{\varepsilon}_{\mathrm{y}}^{\mathrm{T}}P_\lambda \Phi = 0, \quad \bar{b}^{\mathrm{T}}P_\beta \dot{\bar{b}} + \hat{\varepsilon}_{\mathrm{y}}^{\mathrm{T}}P_\lambda \Psi = 0$$

即

$$\sum_{i=0}^{n-1}\bar{a}_i^{\mathrm{T}}\alpha_i \dot{\bar{a}}_i = \left\{\sum_{k=0}^{n-1}\lambda_{(k+1)n}p^k\right\}\hat{e}_{\mathrm{y}}\left\{\sum_{i=0}^{n-1}\bar{a}_i[\hat{e}_{\mathrm{y}}(t)]\,p^i\right\}y_{\mathrm{M}}(t)$$

$$\sum_{j=0}^{m}\bar{b}_j^{\mathrm{T}}\beta_j \dot{\bar{b}}_j = -\left\{\sum_{k=0}^{n-1}\lambda_{(k+1)n}p^k\right\}\hat{e}_{\mathrm{y}}\left\{\sum_{j=0}^{n-1}\bar{b}_j[\hat{e}_{\mathrm{y}}(t)]\,p^j\right\}u(t)$$

从而得

$$\dot{\bar{a}}_i = \frac{1}{\alpha_i}\left\{\sum_{k=0}^{n-1}\lambda_{(k+1)n}\hat{e}_{\mathrm{y}}^{(k)}\right\}y_{\mathrm{M}}^{(i)}(t), \quad i = 0,1\cdots,n-1 \qquad (10\text{-}30)$$

$$\dot{\bar{b}}_j = -\frac{1}{\beta_j}\left\{\sum_{k=0}^{n-1}\lambda_{(k+1)n}\hat{e}_{\mathrm{y}}^{(k)}\right\}u^{(j)}(t), \quad j = 0,1\cdots,m \qquad (10\text{-}31)$$

在实际的生产过程中，虽然参数 $\tilde{a}_i$ 和 $\tilde{b}_j$ 有一定的变化，但其变化的速度是很缓慢的，并且其变化幅度也是有限的。因此，与 $\dot{a}_{\mathrm{M}_i}[\hat{e}_{\mathrm{y}}(t)]$ 和 $\dot{b}_{\mathrm{M}_j}[\hat{e}_{\mathrm{y}}(t)]$ 相比，可以认为是常数。这样由式（10-22）、式（10-30）、式（10-31）得

$$\dot{a}_{\mathrm{M}_i}[\hat{e}_{\mathrm{y}}(t)] = -\frac{1}{\alpha_i}\left\{\sum_{k=0}^{n-1}\lambda_{(k+1)n}\hat{e}_{\mathrm{y}}^{(k)}\right\}y_{\mathrm{M}}^{(i)}(t), \quad i = 0,1\cdots,n-1 \qquad (10\text{-}32)$$

$$\dot{b}_{\mathrm{M}_j}[\hat{e}_{\mathrm{y}}(t)] = \frac{1}{\beta_j}\left\{\sum_{k=0}^{n-1}\lambda_{(k+1)n}\hat{e}_{\mathrm{y}}^{(k)}\right\}u^{(j)}(t), \quad j = 0,1\cdots,m \qquad (10\text{-}33)$$

从式（10-32）、式（10-33）中可见，参数自适应律中含有 $y_{\mathrm{M}}(t)$ 和 $u(t)$ 的各阶导数，不过从参数自适应模型中获得 $y_{\mathrm{M}}(t)$ 和 $u(t)$ 的各阶导数是很方便的。基于 Lyapunov 稳定理论的大时滞不确定过程参数自适应时滞补偿系统如图 10-3 所示。

结论 10.1：对于式（10-1）描述的大时滞不确定过程，可设计图 10-3 所示的参数自适应时滞补偿器，自适应模型由式（10-20）表示，在满足条件 10.1f 的情况下，系统渐近稳定，其参数自适应律为式（10-32）和式（10-33）。

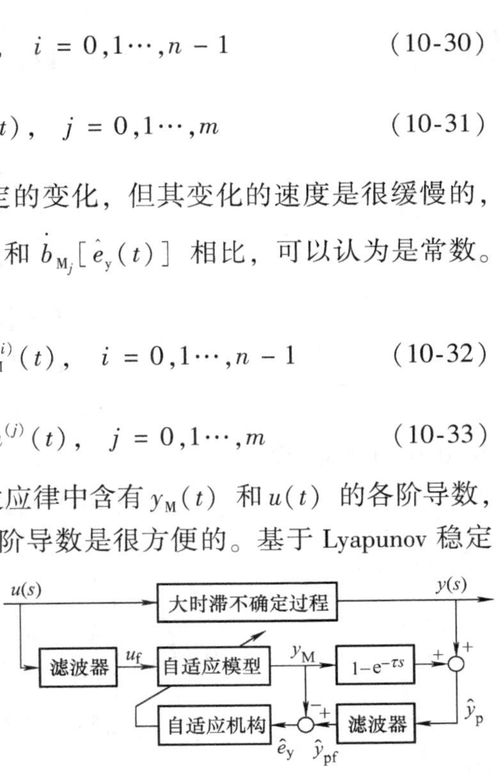

图 10-3　大时滞不确定过程参数自适应时滞补偿系统结构

10.4 基于 Lyapunov 稳定理论的增益自适应律

在实践中，若受控过程的纯滞后时间 $\hat{\tau}$ 没有摄动，在对系统的动态性能要求不高的情况下，可采用增益自适应时滞补偿器。这样可大大降低系统的复杂性，同时其静态补偿效果也是很好的。如果在式（10-19）与式（10-20）中，除增益以外的参数均相等，则可将式(10-19)、式（10-20）分别重新写成

$$p^n \hat{y}_p(t) + \left\{ \sum_{i=0}^{n-1} a_i p^i \right\} \hat{y}_p(t) = \tilde{K}_p \left[\sum_{j=0}^{m} b_j p^j \right] u(t) \tag{10-34}$$

$$p^n y_M(t) + \left\{ \sum_{i=0}^{n-1} a_i p^i \right\} y_M(t) = K_M[\hat{e}_y(t)] \left[\sum_{j=0}^{m} b_j p^j \right] u(t) \tag{10-35}$$

式中，$\tilde{K}_p = K_p + \Delta_{K_p}$，$K_p$ 为增益的标称值，$\Delta_{K_p} \in [0, +\infty)$ 为增益的不确定或摄动部分。考虑广义误差 $\hat{e}_y(t) = \hat{y}_p(t) - y_M(t)$，由式（10-34）、式（10-35）可得广义误差方程为

$$p^n \hat{e}_y(t) + \left\{ \sum_{i=0}^{n-1} a_i p^i \right\} \hat{e}_y(t) = \tilde{K}[\hat{e}_y(t)] \left[\sum_{j=0}^{m} b_j p^j \right] u(t) \tag{10-36}$$

其状态方程为

$$\dot{\hat{\boldsymbol{\varepsilon}}}_y(t) = \boldsymbol{A}_p \hat{\boldsymbol{\varepsilon}}_y(t) + \tilde{K}[\hat{e}_y(t)] \boldsymbol{b} u(t) \tag{10-37}$$

$$e_y(t) = \boldsymbol{c}^T \hat{\boldsymbol{\varepsilon}}_y(t) \tag{10-38}$$

式中

$$\hat{\boldsymbol{\varepsilon}}_y(t) = [\hat{\varepsilon}_{y_1}(t), \hat{\varepsilon}_{y_2}(t), \cdots, \hat{\varepsilon}_{y_{n-1}}(t)]^T$$

$$\boldsymbol{A}_p = \begin{bmatrix} 0 & \vdots & -a_1 \\ \cdots & \vdots & -a_2 \\ \boldsymbol{I}_{n-1} & \vdots & \vdots \\ & \vdots & -a_{n-1} \end{bmatrix}$$

$$\boldsymbol{b} = [b_0, b_1, \cdots, b_m, 0, \cdots, 0]^T$$

$$\boldsymbol{c} = [0, \cdots, 0, 1]^T$$

$$\tilde{K}[\hat{e}_y(t)] = \tilde{K}_p - K_M[\hat{e}_y(t)] \tag{10-39}$$

构造 Lyapunov 函数

$$V = \hat{\boldsymbol{\varepsilon}}_y^T(t) \boldsymbol{P}_\lambda \hat{\boldsymbol{\varepsilon}}_y(t) + \beta \tilde{K}^2[\hat{e}_y(t)] \tag{10-40}$$

式中

$$\beta > 0,\ \boldsymbol{P}_\lambda = \begin{bmatrix} \lambda_{11} & \lambda_{12} & \cdots & \lambda_{1n} \\ \lambda_{21} & \lambda_{22} & \cdots & \lambda_{2n} \\ \vdots & \vdots & & \vdots \\ \lambda_{n1} & \lambda_{n2} & \cdots & \lambda_{nn} \end{bmatrix},\ \lambda_{ij} = \lambda_{ji},\ \boldsymbol{P}_\lambda = \boldsymbol{P}_\lambda^T > 0 \tag{10-41}$$

则

$$\begin{aligned} \dot{V} &= \hat{\boldsymbol{\varepsilon}}_y^T \boldsymbol{P}_\lambda \dot{\hat{\boldsymbol{\varepsilon}}}_y + \dot{\hat{\boldsymbol{\varepsilon}}}_y^T \boldsymbol{P}_\lambda \hat{\boldsymbol{\varepsilon}}_y + 2\beta \tilde{K}\dot{\tilde{K}} \\ &= \hat{\boldsymbol{\varepsilon}}_y^T [\boldsymbol{P}_\lambda \boldsymbol{A}_p + \boldsymbol{A}_p^T \boldsymbol{P}_\lambda] \hat{\boldsymbol{\varepsilon}}_y + 2[\hat{\boldsymbol{\varepsilon}}_y^T \boldsymbol{P}_\lambda \tilde{K} \boldsymbol{b} u + \beta \tilde{K}\dot{\tilde{K}}] \end{aligned} \tag{10-42}$$

由条件 10.1f 知 A_p 是稳定的，故（$P_\lambda A_p + A_p^T P_\lambda$）<0。因此，只要式（10-42）右边的第二项为零，即可保证 $\dot{V}<0$，使系统渐近稳定，并可得到增益自适应律。令 $\hat{\varepsilon}_y^T P_\lambda \tilde{K} bu + \beta \tilde{K} \dot{\tilde{K}} = 0$，得

$$\dot{\tilde{K}} = -\frac{1}{\beta}\hat{\varepsilon}_y^T(t) P_\lambda bu(t) \tag{10-43}$$

考虑在实际的生产过程中，$\tilde{K}_p$ 的漂移是比较缓慢的，因此可忽略 $\dot{\Delta}_{K_p}$。这样根据式（10-39）得增益自适应律为

$$\dot{K}_M[\hat{e}_y(t)] = \frac{1}{\beta}\hat{\varepsilon}_y^T(t) P_\lambda bu(t) \tag{10-44}$$

图 10-4 是大时滞不确定过程增益自适应时滞补偿器结构，令 $K_M[\hat{e}_y(t)]$ 的初始值 $K_M(0) = K_p$ 较佳。若广义误差方程（10-36）的传递函数 $c^T(sI - A_p)^{-1}b$ 为正实函数，则有

$$P_\lambda b = \alpha, \ \alpha = const > 0 \tag{10-45}$$

这样增益自适应律中就不含广义误差 $\dot{\hat{e}}_y$ 的导数项。由式（10-44）和式（10-45）得

$$\dot{K}_M[\hat{e}_y(t)] = \frac{\alpha}{\beta}\hat{e}_y(t)u(t) \tag{10-46}$$

结论 10.2：对于式（10-1）描述的大时滞不确定过程，若受控过程的纯滞后时间 $\widehat{\tau}$ 没有摄动，可设计图 10-4 所示的增益自适应时滞补偿器，自适应模型由式（10-35）表示，在满足条件 10.1f 时，系统渐近稳定，其增益自适应律为式（10-44）。

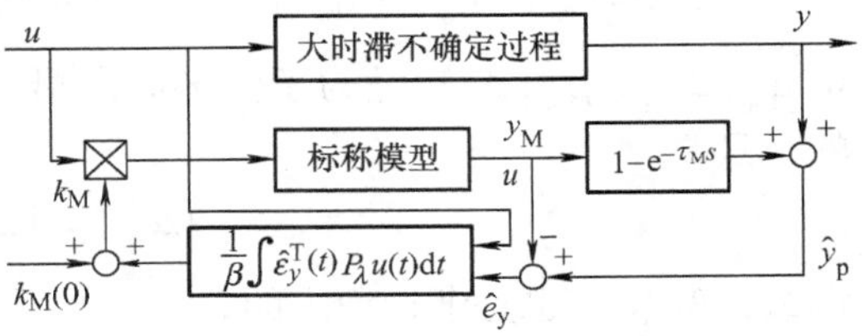

图 10-4　模型增益自适应时滞补偿系统结构

10.5　典型参数自适应时滞补偿器设计与仿真

在工程设计中，通常对分布参数系统或带有大时滞的集中参数系统尽可能运用带有大时滞的一阶或二阶模型进行描述。因此，本节将采用带有大时滞的一阶或二阶自适应模型，对几例常见的典型自衡工业过程进行参数自适应时滞补偿器设计，并通过仿真检验模型输出对过程响应的预测及跟踪能力。

10.5.1　一阶参数自适应时滞补偿器设计与仿真

设被控过程的数学描述为

$$W(s) = \frac{y(s)}{u(s)} = W_p(s)e^{-\widehat{\tau}s} \tag{10-47}$$

其中
$$W_p(s) = \frac{y_p(s)}{u(s)} = \frac{\hat{b}_0}{s + \hat{a}_0}$$

$$\widehat{\tau} = \tau_p + \Delta_\tau$$

由式（10-7）、式（10-8）得其标称模型为

$$W^*(s)=\frac{y^*(s)}{u(s)}=W_p^*(s)e^{-\tau_p s} \tag{10-48}$$

$$W_p^*(s)=\frac{y_p^*(s)}{u(s)}=\frac{b_0}{s+a_0} \tag{10-49}$$

由式（10-16）、式（10-17）得被控过程的族模型描述为

$$W(s)=\frac{y(s)}{u(s)}=\widetilde{W}_p(s)e^{-\tau_p s} \tag{10-50}$$

其中

$$\widetilde{W}_p(s)=\frac{\tilde{y}_p(s)}{u(s)}=\frac{\tilde{b}_0}{s+\tilde{a}_0} \tag{10-51}$$

式中

$$\tilde{a}_0=a_0+\tilde{\Delta}_{a_0}$$

$$\tilde{\Delta}_{a_0}=\Delta_{a_0}+\alpha_{a_0}[\Delta_\tau]$$

$$\tilde{b}_0=b_0+\tilde{\Delta}_{b_0}$$

$$\tilde{\Delta}_{b_0}=\Delta_{b_0}+\beta_{b_0}[\Delta_\tau]$$

$|\Delta_{a_0}|\leqslant h_{a_0}$、$|\Delta_{b_0}|\leqslant h_{b_0}$、$|\alpha_{a_0}[\Delta_\tau]|\leqslant h_{\alpha_0}$、$|\beta_{b_0}[\Delta_\tau]|\leqslant h_{\beta_0}$，$h_{a_0}$、$h_{b_0}$、$h_{\alpha_0}$、$h_{\beta_0}\in[0,+\infty)$。其中 $\alpha_{a_0}[\Delta_\tau]$、$\beta_{b_0}[\Delta_\tau]$ 是为了弥补时滞摄动 Δ_τ 所引入的参数增量。显然若 W_p^* 是渐近稳定的，只要

$$|\tilde{\Delta}_{a_0}|=|\Delta_{a_0}+\alpha_{a_0}[\Delta_\tau]|<a_0 \tag{10-52}$$

那么，$\tilde{W}_p(s)$ 也是渐近稳定的。

由式（10-12）、式（10-13）得自适应模型为

$$\hat{W}(s)=\frac{\hat{y}(s)}{u(s)}=W_M(s)e^{-\tau_M s} \tag{10-53}$$

其中

$$W_M(s)=\frac{y_M(s)}{u(s)}=\frac{b_{M_0}}{s+a_{M_0}} \tag{10-54}$$

$$\dot{a}_{M_0}[\hat{e}_y(t)]=-\frac{\lambda}{\alpha}\hat{e}_y y_M(t)$$

$$\dot{b}_{M_0}[\hat{e}_y(t)]=\frac{\lambda}{\beta}\hat{e}_y u(t)$$

即

$$a_{M_0}[\hat{e}_y(t)]=-\frac{\lambda}{\alpha}\int\hat{e}_y y_M(t)\,dt-a_{M_0}(0) \tag{10-55}$$

$$b_{M_0}[\hat{e}_y(t)]=\frac{\lambda}{\beta}\int\hat{e}_y u(t)\,dt+b_{M_0}(0) \tag{10-56}$$

式中模型参数初始值 a_{M_0}（0）、b_{M_0}（0）及 λ、α、β 选择的任意性比较大，λ 应大于零，令 a_{M_0}（0）、b_{M_0}（0）分别取 a_0、b_0。α、β 决定着自适应跟踪速度，可通过仿真选择合适的值。图 10-5 为一阶参数自适应时滞补偿系统结构。

惯性时滞又称为容积时滞。该类时滞主要来源于多个单容过程串联，容积的数量可能有几个甚至几十个，如分布参数系统具有无穷多个微分容积。因此，容积越大或数量越多，其

滞后的时间越长。对于这类系统的建模，通常采用低阶模型进行近似。先后出现了平衡实现、分量代价、协方差等价实现、汉克尔范数逼近等新的状态空间方法。极点数远多于零点数（简称大极点盈数）系统的有限维降阶模型往往是非最小相位的，这是因为右半平面零点是对极点盈数降低的补偿。高阶系统在初始的一段时间内响应几乎是零。因为降阶模型没有与实际系统脉冲响应相同阶的时间导数，为了实现开始几乎是零的响应，只能借助于小幅振荡。而这种小幅振荡是典型的非最小相位系统特性。

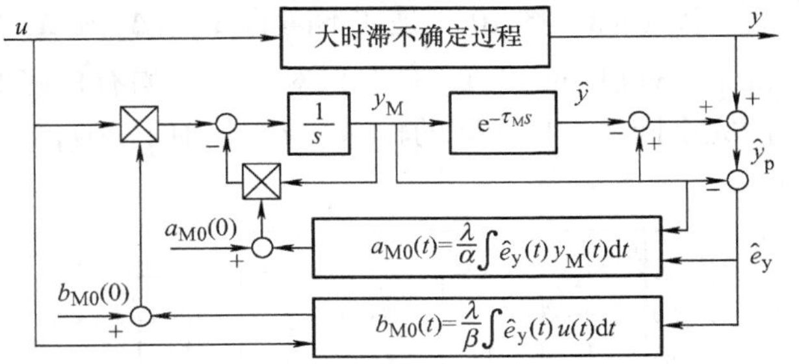

图 10-5　一阶参数自适应时滞补偿系统结构

工程上通常采用低阶模型加纯时滞环节对高阶过程进行拟合。纯时滞环节正好弥补了原系统的相位滞后。图 10-6 是一个十阶自平衡系统的阶跃响应曲线，看上去很容易误认为是一个带有时滞的惯性环节。用带有时滞的低阶模型拟合高阶系统的方法主要有响应曲线法和 H_2 最优拟合法等。然而无论是响应曲线法还是 H_2 最优拟合的解析法，其拟合对象均是系统在一定条件下的阶跃响应曲线。而系统的响应无时无刻不受工作条件或生产负荷的变化等影响而变化，因此其实际应用效果可想而知。针对这种情况，在低阶模型加纯时滞环节的基础上引入模型参数自适应机构，使低阶模型的参数根据广义预测输出误差自动修正，使模型输出逼近高阶复杂系统的输出。图 10-7 是对高阶不确定过程采用一阶参数自适应时滞补偿的系统结构。

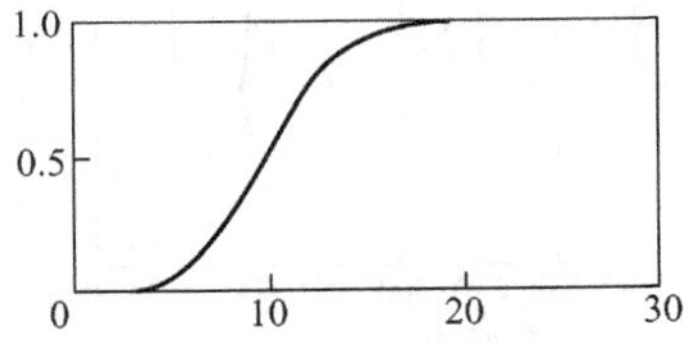

图 10-6　高阶系统 $W(s)=1/(s+1)^{10}$ 的阶跃响应曲线

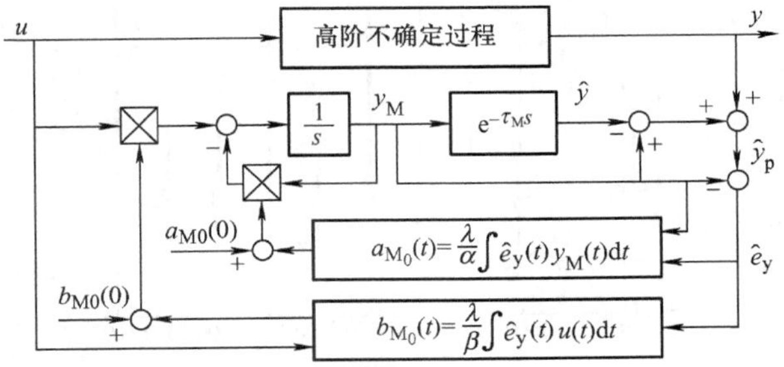

图 10-7　高阶不确定过程一阶参数自适应时滞补偿系统结构

例 10-1　设大时滞不确定过程为 $W(s)=W_p(s)e^{-\hat{\tau}s}$，$W_p(s)=\dfrac{\hat{b}_0}{s+\hat{a}_0}$

其标称模型为　$W^*(s)=W_p^*(s)e^{-30s}$，　$W_p^*(s)=\dfrac{0.5}{6.67s+1}=\dfrac{0.075}{s+0.15}$

取 $a_{M_0}(0)=a_0=0.15$、$b_{M_0}(0)=b_0=0.075$、$\lambda/\alpha=-0.001$、$\lambda/\beta=0.0005$，则由式（10-55）和式（10-56）得

$$a_{M_0}[\hat{e}_y(t)]=-0.001\int \hat{e}_y(t)y_M(t)dt-0.15$$

$$b_{M_0}[\hat{e}_y(t)]=0.0005\int \hat{e}_y(t)u(t)dt+0.075$$

图 10-8、图 10-9 是在不同的 Δ_{a_0}、Δ_{b_0} 和 Δ_{τ} 情况下的系统响应曲线。可以看出在各种情况下，$\hat{y}(t)$ 对 $y(t)$、$y_{\mathrm{M}}(t)$ 对 $\hat{y}_{\mathrm{p}}(t)$ 均有良好的跟踪能力。并且预测值 $\hat{y}_{\mathrm{p}}(t)$ 与 $u(t)$ 之间完全同步，比实际的输出 $y(t)$ 超前了 30s。

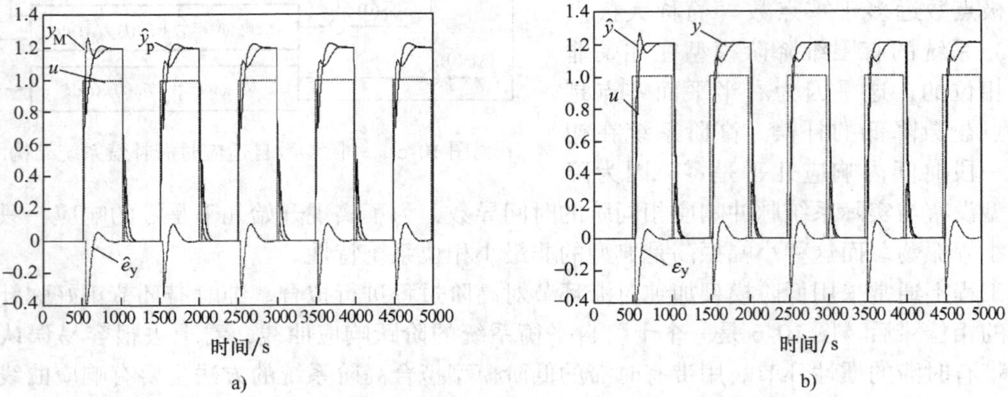

图 10-8　受控过程为 $W(s)=\dfrac{1.2}{24s+1}\mathrm{e}^{-36s}=\dfrac{0.05}{s+0.0417}\mathrm{e}^{-36s}$ 时的仿真结果

a) $W(s)=0.05\mathrm{e}^{-36s}/(s+0.0417)$，输入信号 $u(t)$ 为方波时，$y_{\mathrm{M}}(t)$ 跟踪预测输出 $\hat{y}_{\mathrm{p}}(t)$ 的情况

b) $W(s)=0.05\mathrm{e}^{-36s}/(s+0.0417)$，输入信号 $u(t)$ 为方波时，$\hat{y}(t)$ 跟踪输出 $y(t)$ 的情况

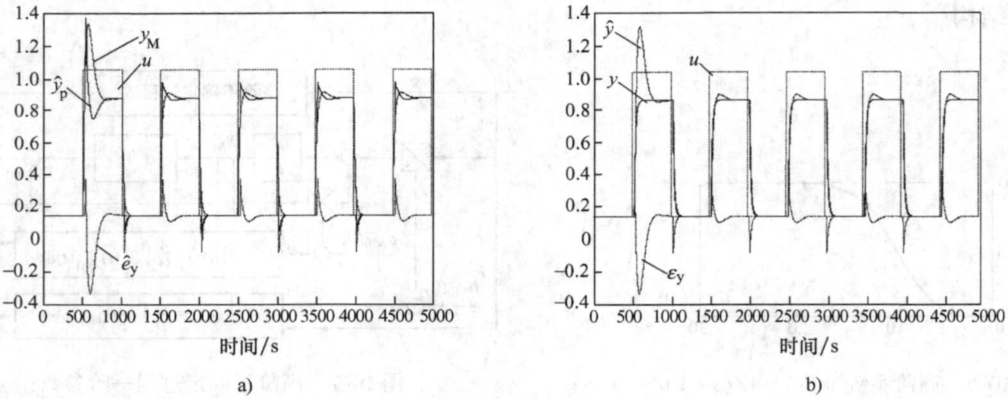

图 10-9　受控过程为 $W(s)=\dfrac{0.8}{16s+1}\mathrm{e}^{-36s}=\dfrac{0.05}{s+0.0625}\mathrm{e}^{-36s}$ 时的仿真结果

a) $W(s)=0.05\mathrm{e}^{-36s}/(s+0.0625)$，输入信号 $u(t)$ 为方波时 $y_{\mathrm{M}}(t)$ 跟踪预测输出 $\hat{y}_{\mathrm{p}}(t)$ 的情况

b) $W(s)=0.05\mathrm{e}^{-36s}/(s+0.0625)$，输入信号 $u(t)$ 为方波时 $\hat{y}(t)$ 跟踪输出 $y(t)$ 的情况

例 10-2　设一大时滞不确定过程为

$$W(s)=W_{\mathrm{p}}(s)\mathrm{e}^{-\hat{\tau}s},\qquad W_{\mathrm{p}}(s)=\frac{1}{s+1}$$

其标称模型为

$$W^{*}(s)=W_{\mathrm{p}}^{*}(s)\mathrm{e}^{-6s},\qquad W_{\mathrm{p}}^{*}(s)=\frac{1.36}{0.91s+1}=\frac{1.5}{s+1.1}$$

取 $a_{M_0}(0)=a_0=1.1$、$b_{M_0}(0)=b_0=1.5$、$\lambda/\alpha=-0.001$、$\lambda/\beta=0.1$，则由式（10-55）和式（10-56）得

$$a_{M_0}[\hat{e}_y(t)] = -0.001\int \hat{e}_y(t)y_M(t)\mathrm{d}t - 1.1$$

$$b_{M_0}[\hat{e}_y(t)] = 0.1\int \hat{e}_y(t)u(t)\mathrm{d}t + 1.5$$

图 10-10、图 10-11 是在不同 Δ_τ 情况下的系统响应曲线。可以看出在各种情况下，$\hat{y}(t)$ 对 $y(t)$、$y_M(t)$ 对 $\hat{y}_p(t)$ 均有良好的跟踪能力。并且预测值 $\hat{y}_p(t)$ 与 $u(t)$ 之间完全同步，比实际的输出 $y(t)$ 超前了 6s。

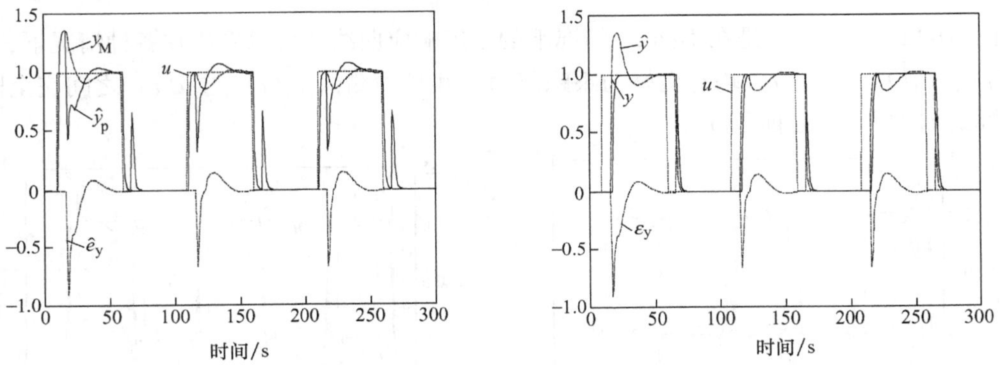

a)　　b)

图 10-10　受控过程为 $W(s)=\mathrm{e}^{-7.5s}/(s+1)$ 时的仿真结果

a）$W(s)=\mathrm{e}^{-7.5s}/(s+1)$，输入信号 $u(t)$ 为方波时 $y_M(t)$ 跟踪预测输出 $\hat{y}_p(t)$ 的情况

b）$W(s)=\mathrm{e}^{-7.5s}/(s+1)$，输入信号 $u(t)$ 为方波时 $\hat{y}(t)$ 跟踪输出 $y(t)$ 的情况

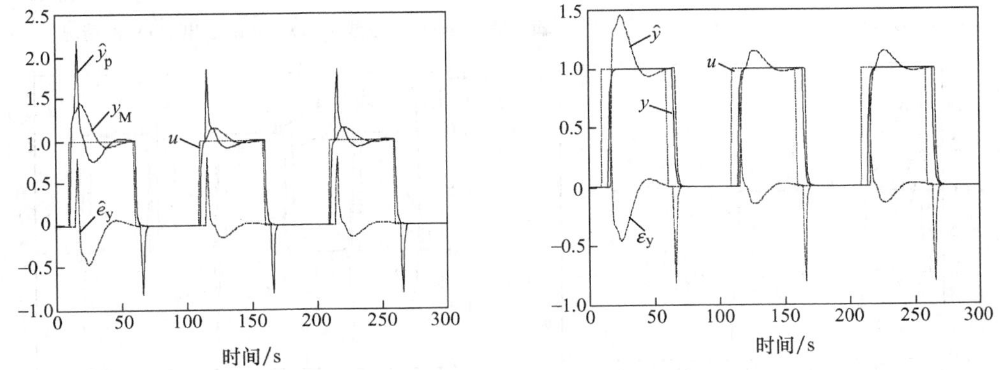

a)　　b)

图 10-11　受控过程为 $W(s)=\mathrm{e}^{-4.3s}/(s+1)$ 时的仿真结果

a）$W(s)=\mathrm{e}^{-4.3s}/(s+1)$，输入信号 $u(t)$ 为方波时 $y_M(t)$ 跟踪预测输出 $\hat{y}_p(t)$ 的情况

b）$W(s)=\mathrm{e}^{-4.3s}/(s+1)$，输入信号 $u(t)$ 为方波时 $\hat{y}(t)$ 跟踪输出 $y(t)$ 的情况

例 10-3　设一大时滞不确定过程为

$$W(s) = W_p(s)e^{-\hat{\tau}s}, \qquad W_p(s) = \frac{1}{(s+1)(s^2+s+1)}$$

其标称模型为

$$W^*(s) = W_p^*(s)e^{-6s}, \qquad W_p^*(s) = \frac{1.36}{0.91s+1} = \frac{1.5}{s+1.1}$$

取 $a_0 = 1.1$、$b_0 = 1.5$、$\lambda/\alpha = -0.001$、$\lambda/\beta = 0.1$，则由式（10-55）和式（10-56）得

$$a_{M_0}[\hat{e}_y(t)] = -0.001\int \hat{e}_y(t)y_M(t)\mathrm{d}t - 1.1$$

$$b_{M_0}[\hat{e}_y(t)] = 0.1\int \hat{e}_y(t)u(t)\mathrm{d}t + 1.5$$

图 10-12、图 10-13 是在不同 Δ_τ 情况下的系统响应曲线。可以看出在各种情况下，$\hat{y}(t)$ 对 $y(t)$、$y_M(t)$ 对 $\hat{y}_p(t)$ 均有良好的跟踪能力。并且预测值 $\hat{y}_p(t)$ 与 $u(t)$ 之间完全同步，比实际的输出 $y(t)$ 超前了 6s。

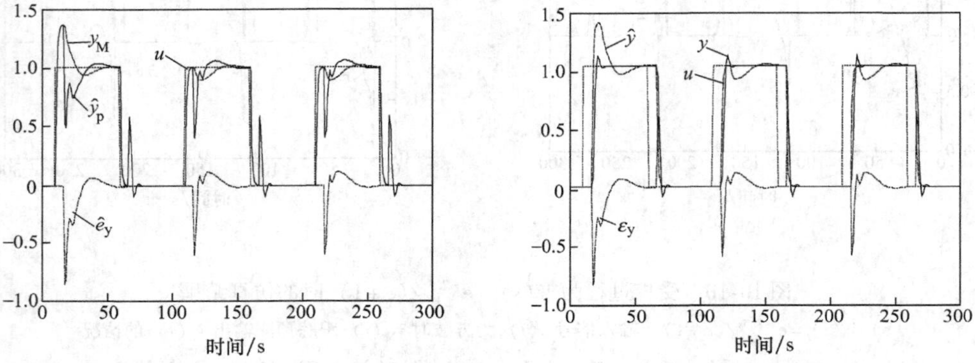

图 10-12　受控过程为 $W(s) = [1/(s+1)(s^2+s+1)]e^{-6.1s}$时的仿真结果

a）$W(s) = [1/(s+1)(s^2+s+1)]e^{-6.1s}$，输入信号 $u(t)$ 为方波时 $y_M(t)$ 跟踪预测输出 $\hat{y}_p(t)$ 的情况

b）$W(s) = [1/(s+1)(s^2+s+1)]e^{-6.1s}$，输入信号 $u(t)$ 为方波时 $\hat{y}(t)$ 跟踪输出 $y(t)$ 的情况

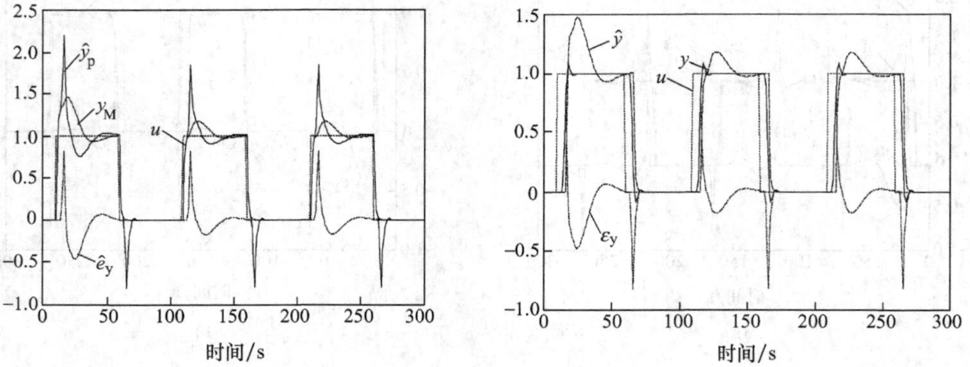

图 10-13　受控过程为 $[1/(s+1)(s^2+s+1)]e^{-3s}$时的仿真结果

a）$W(s) = [1/(s+1)(s^2+s+1)]e^{-3s}$，输入信号 $u(t)$ 为方波时 $y_M(t)$ 跟踪预测输出 $\hat{y}_p(t)$ 的情况

b）$W(s) = [1/(s+1)(s^2+s+1)]e^{-3s}$，输入信号 $u(t)$ 为方波时 $\hat{y}(t)$ 跟踪输出 $y(t)$ 的情况

例 10-4 设一高阶不确定过程为

$$W(s)=\frac{1}{(2s+1)^8}$$

其近似拟合模型为

$$\hat{W}(s)=W_M(s)e^{-\tau_M s},\quad W_M(s)=\frac{y_M(s)}{u(s)}=\frac{b_{M_0}}{s+a_{M_0}}$$

取 $\tau_M=10\text{s}$，$a_0=0.1$、$b_0=1.12$、$\lambda/\alpha=-0.001$、$\lambda/\beta=0.04$，则由式（10-55）和式（10-56）得

$$a_{M_0}[\hat{e}_y(t)]=-0.001\int\hat{e}_y(t)y_M(t)\mathrm{d}t-0.1,\ b_{M_0}[\hat{e}_y(t)]=0.1\int\hat{e}_y(t)u(t)\mathrm{d}t+1.12$$

图 10-14 是在不同输入情况下的系统响应曲线。可以看出在各种情况下，$\hat{y}(t)$ 对 $y(t)$、$y_M(t)$ 对 $\hat{y}_p(t)$ 均有良好的跟踪能力。并且预测值 $\hat{y}_p(t)$ 略滞后于 $u(t)$，比实际的输出 $y(t)$ 超前了 10s。

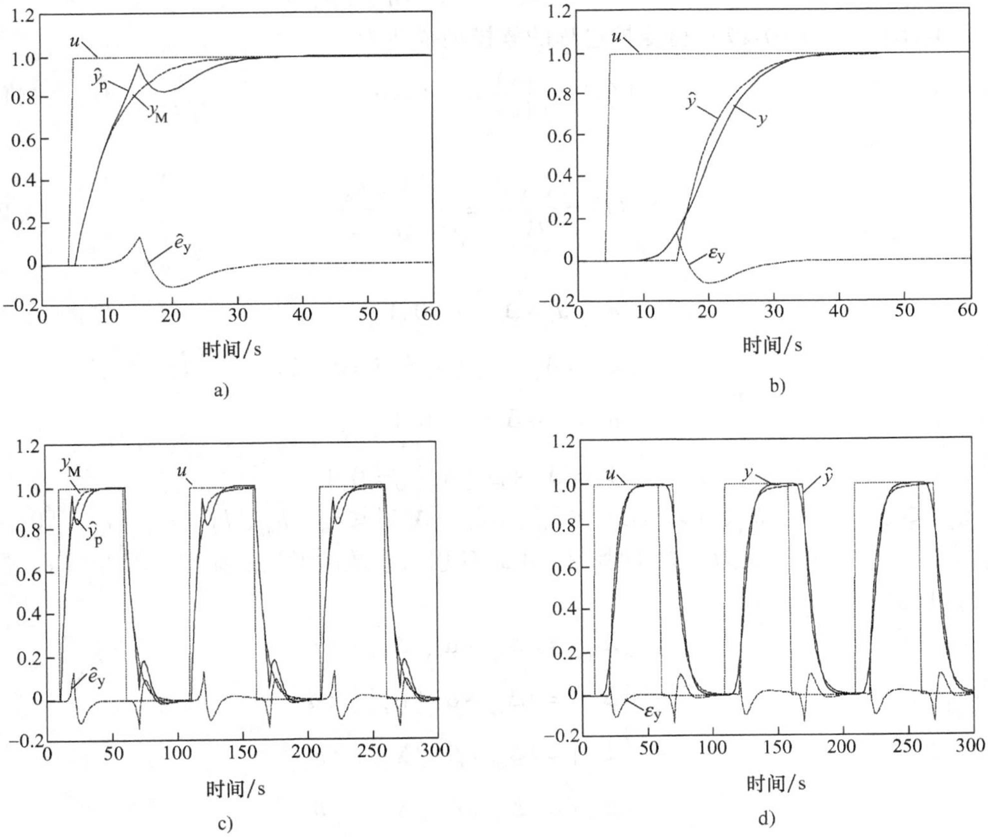

图 10-14 受控过程为 $W(s)=1/(2s+1)^8$ 时的仿真结果

a）$W(s)=1/(2s+1)^8$，输入 $u(t)$ 为阶跃信号时，$y_M(t)$ 跟踪预测输出 $\hat{y}_p(t)$ 的情况

b）$W(s)=1/(2s+1)^8$，输入 $u(t)$ 为阶跃信号时，$\hat{y}(t)$ 跟踪输出 $y(t)$ 的情况

c）$W(s)=1/(2s+1)^8$，输入 $u(t)$ 为方波信号时，$y_M(t)$ 跟踪预测输出 $\hat{y}_p(t)$ 的情况

d）$W(s)=1/(2s+1)^8$，输入 $u(t)$ 为方波信号时，$\hat{y}(t)$ 跟踪输出 $y(t)$ 的情况

10.6 二阶参数自适应时滞补偿器设计与仿真

设带有大时滞的二阶不确定受控过程的数学描述为

$$W(s)=\frac{y(s)}{u(s)}=W_{\mathrm{p}}(s)\mathrm{e}^{-\hat{\tau}s} \tag{10-57}$$

$$W_{\mathrm{p}}(s)=\frac{y_{\mathrm{p}}(s)}{u(s)}=\frac{\hat{b}_1 s+\hat{b}_0}{s^2+\hat{a}_1 s+\hat{a}_0} \tag{10-58}$$

$$\hat{\tau}=\tau_{\mathrm{p}}+\Delta_\tau \tag{10-59}$$

由式（10-7）、式（10-8）得其标称模型为

$$W^*(s)=\frac{y^*(s)}{u(s)}=W_{\mathrm{p}}^*(s)\mathrm{e}^{-\tau_{\mathrm{p}}s} \tag{10-60}$$

$$W_{\mathrm{p}}^*(s)=\frac{y_{\mathrm{p}}^*(s)}{u(s)}=\frac{b_1 s+b_0}{s^2+a_1 s+a_0} \tag{10-61}$$

由式（10-16）、式（10-17）得受控过程的族模型描述为

$$W(s)=\frac{y(s)}{u(s)}=\widetilde{W}_{\mathrm{p}}(s)\mathrm{e}^{-\tau_{\mathrm{p}}s} \tag{10-62}$$

其中

$$\widetilde{W}_{\mathrm{p}}(s)=\frac{\tilde{y}_{\mathrm{p}}(s)}{u(s)}=\frac{\tilde{b}_1 s+\tilde{b}_0}{s^2+\tilde{a}_1 s+\tilde{a}_0} \tag{10-63}$$

式中

$$\tilde{a}_i=a_i+\tilde{\Delta}_{a_i},\ i=0,1$$

$$\tilde{\Delta}_{a_i}=\Delta_{a_i}+\alpha_{a_i}[\Delta_\tau],\ i=0,1$$

$$\tilde{b}_i=b_i+\tilde{\Delta}_{b_i},\ j=0,1$$

$$\tilde{\Delta}_{b_j}=\Delta_{b_j}+\beta_{b_j}[\Delta_\tau],j=0,1$$

$|\Delta_{a_i}|\leqslant h_{a_i}$、$|\Delta_{b_j}|\leqslant h_{b_j}$、$|\alpha_{a_i}[\Delta_\tau]|\leqslant h_{\alpha_i}$、$|\beta_{b_j}\ [\Delta_\tau]|\leqslant h_{\beta_j}$，$h_{a_i}$、$h_{b_j}$、$h_{\alpha_i}$、$h_{\beta_j}\in[0,+\infty)$。其中 $\alpha_{a_i}[\Delta\tau]$、$\beta_{b_j}[\Delta\tau]$ 是为了弥补时滞摄动 Δ_τ 所引入参数的增量。显然，若 $W_{\mathrm{p}}^*(s)$ 是渐近稳定的，只要

$$|\tilde{\Delta}_{a_0}|=|\Delta_{a_0}+\alpha_{a_0}[\Delta_\tau]|<a_0$$

$$|\tilde{\Delta}_{a_1}|=|\Delta_{a_1}+\alpha_{a_1}[\Delta_\tau]|<a_1$$

$$|\tilde{\Delta}_{b_0}|=|\Delta_{b_0}+\beta_{b_0}[\Delta_\tau]|<b_0$$

$$|\tilde{\Delta}_{b_1}|=|\Delta_{b_1}+\beta_{b_1}[\Delta_\tau]|<b_1$$

那么，$\widetilde{W}_{\mathrm{p}}(s)$ 也是渐近稳定的。

由式（10-12）、式（10-13）得自适应模型为

$$\widetilde{W}(s)=\frac{\hat{y}(s)}{u(s)}=W_{\mathrm{M}}(s)\mathrm{e}^{-\tau_{\mathrm{M}}s} \tag{10-64}$$

其中

$$W_{\mathrm{M}}(s)=\frac{y_{\mathrm{M}}(s)}{u(s)}=\frac{b_{\mathrm{M}_1}s+b_{\mathrm{M}_0}}{s^2+a_{\mathrm{M}_1}s+a_{\mathrm{M}_0}} \tag{10-65}$$

由式（10-32）和式（10-33）得

$$\dot{a}_{\mathrm{M}_0}[\hat{e}_{\mathrm{y}}(t)]=-\frac{1}{\alpha_0}[\lambda_{12}\hat{e}_{\mathrm{y}}(t)+\lambda_{22}\dot{\hat{e}}_{\mathrm{y}}(t)]y_{\mathrm{M}}(t)$$

$$\dot{a}_{\mathrm{M}_1}[\hat{e}_{\mathrm{y}}(t)]=-\frac{1}{\alpha_1}[\lambda_{12}\hat{e}_{\mathrm{y}}(t)+\lambda_{22}\dot{\hat{e}}_{\mathrm{y}}(t)]\dot{y}_{\mathrm{M}}(t)$$

$$\dot{b}_{\mathrm{M}_0}[\hat{e}_{\mathrm{y}}(t)]=\frac{1}{\beta_0}[\lambda_{12}\hat{e}_{\mathrm{y}}(t)+\lambda_{22}\dot{\hat{e}}_{\mathrm{y}}(t)]u(t)$$

$$\dot{b}_{\mathrm{M}_1}[\hat{e}_{\mathrm{y}}(t)]=\frac{1}{\beta_1}[\lambda_{12}\hat{e}_{\mathrm{y}}(t)+\lambda_{22}\dot{\hat{e}}_{\mathrm{y}}(t)]\dot{u}(t)$$

即

$$a_{\mathrm{M}_0}[\hat{e}_{\mathrm{y}}(t)]=-\frac{1}{\alpha_0}\int[\lambda_{12}\hat{e}_{\mathrm{y}}(t)+\lambda_{22}\dot{\hat{e}}_{\mathrm{y}}(t)]y_{\mathrm{M}}(t)\mathrm{d}t-a_{\mathrm{M}_0}(0) \tag{10-66}$$

$$a_{\mathrm{M}_1}[\hat{e}_{\mathrm{y}}(t)]=-\frac{1}{\alpha_1}\int[\lambda_{12}\hat{e}_{\mathrm{y}}(t)+\lambda_{22}\dot{\hat{e}}_{\mathrm{y}}(t)]\dot{y}_{\mathrm{M}}(t)\mathrm{d}t-a_{\mathrm{M}_1}(0) \tag{10-67}$$

$$b_{\mathrm{M}_0}[\hat{e}_{\mathrm{y}}(t)]=\frac{1}{\beta_0}\int[\lambda_{12}\hat{e}_{\mathrm{y}}(t)+\lambda_{22}\dot{\hat{e}}_{\mathrm{y}}(t)]u(t)\mathrm{d}t+b_{\mathrm{M}_0}(0) \tag{10-68}$$

$$b_{\mathrm{M}_1}[\hat{e}_{\mathrm{y}}(t)]=\frac{1}{\beta_1}\int[\lambda_{12}\hat{e}_{\mathrm{y}}(t)+\lambda_{22}\dot{\hat{e}}_{\mathrm{y}}(t)]\dot{u}(t)\mathrm{d}t+b_{\mathrm{M}_1}(0) \tag{10-69}$$

式中模型参数的初始值 $a_{\mathrm{M}_0}(0)$、$a_{\mathrm{M}_1}(0)$、$b_{\mathrm{M}_0}(0)$、$b_{\mathrm{M}_1}(0)$ 及 λ_{12}、λ_{22}、α_0、α_1、β_0、β_1 选择的任意性比较大。λ_{12}、λ_{22}应满足式（10-28）。令 $a_{\mathrm{M}_0}(0)$、$a_{\mathrm{M}_1}(0)$、$b_{\mathrm{M}_0}(0)$、$b_{\mathrm{M}_1}(0)$ 分别取 a_0、a_1、b_0、b_1。α_0、α_1、β_0、β_1 决定着自适应跟踪速度，可通过仿真选择合适的值。图10-15 为二阶对象参数自适应时滞补偿系统结构。图中（$\kappa s+1)/(s+\kappa$）为近似微分环节，κ 可取较大的正数。

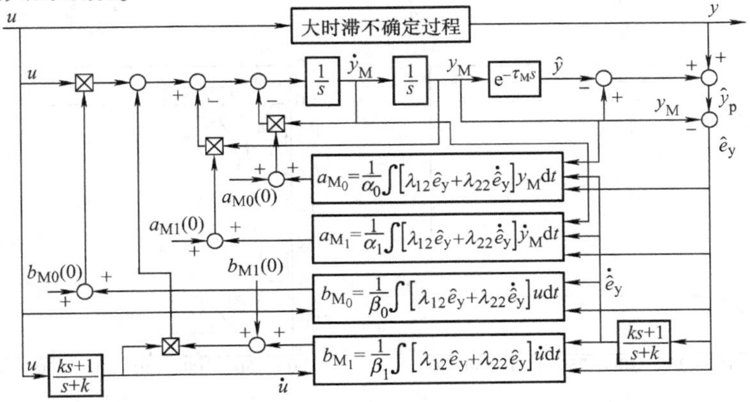

图 10-15　二阶参数自适应时滞补偿系统结构

例 10-5　设大时滞不确定过程为　$W(s)=W_{\mathrm{p}}(s)\mathrm{e}^{-\hat{\tau}s}$，$W_{\mathrm{p}}(s)=\dfrac{\hat{b}_1 s+\hat{b}_0}{s^2+\hat{a}_1 s+\hat{a}_0}$

其标称模型为

$$W^*(s)=W_{\mathrm{p}}^*(s)\mathrm{e}^{-40s},\ W_{\mathrm{p}}^*(s)=\frac{0.1s+1.1}{100s^2+16.67s+1}=\frac{0.001s+0.011}{s^2+0.1667s+0.01}$$

令 $a_{M_0}(0)=a_0=0.01$、$a_{M_1}(0)=a_1=0.1667$、$b_{M_0}(0)=b_0=0.011$、$b_{M_1}(0)=b_1=0.001$、$\lambda_{12}=1$、$\lambda_{22}=4.04$、$1/\alpha_0=0.00012$、$1/\alpha_1=0.0001$、$1/\beta_0=0.00019$、$1/\beta_1=0.0002$。则由式（10-66）~式（10-69）得

$$a_{M_0}[\hat{e}_y(t)]=-0.00012\int[\hat{e}_y(t)+4.04\dot{\hat{e}}_y(t)]y_M(t)\mathrm{d}t-0.01$$

$$a_{M_1}[\hat{e}_y(t)]=-0.0001\int[\hat{e}_y(t)+4.04\dot{\hat{e}}_y(t)]\dot{y}_M(t)\mathrm{d}t-0.1667$$

$$b_{M_0}[\hat{e}_y(t)]=0.00019\int[\hat{e}_y(t)+4.04\dot{\hat{e}}_y(t)]u(t)\mathrm{d}t+0.011$$

$$b_{M_1}[\hat{e}_y(t)]=0.0002\int[\hat{e}_y(t)+4.04\dot{\hat{e}}_y(t)]\dot{u}(t)\mathrm{d}t+0.001$$

式中，$\dot{\hat{e}}_y(t)$ 及 $\dot{u}(t)$ 通过近似微分环节（$100s+1)/(s+100$）获得。

图 10-16 ~图 10-21 是在不同的 Δ_T、Δ_K 和 Δ_τ 情况下的系统响应曲线。可以看出在各种情况下，$\hat{y}(t)$对 $y(t)$、$y_M(t)$对 $\hat{y}_p(t)$均有良好的跟踪能力。并且预测值 $\hat{y}_p(t)$与 $u(t)$之间完全同步，比实际的输出 $y(t)$超前了 20s。

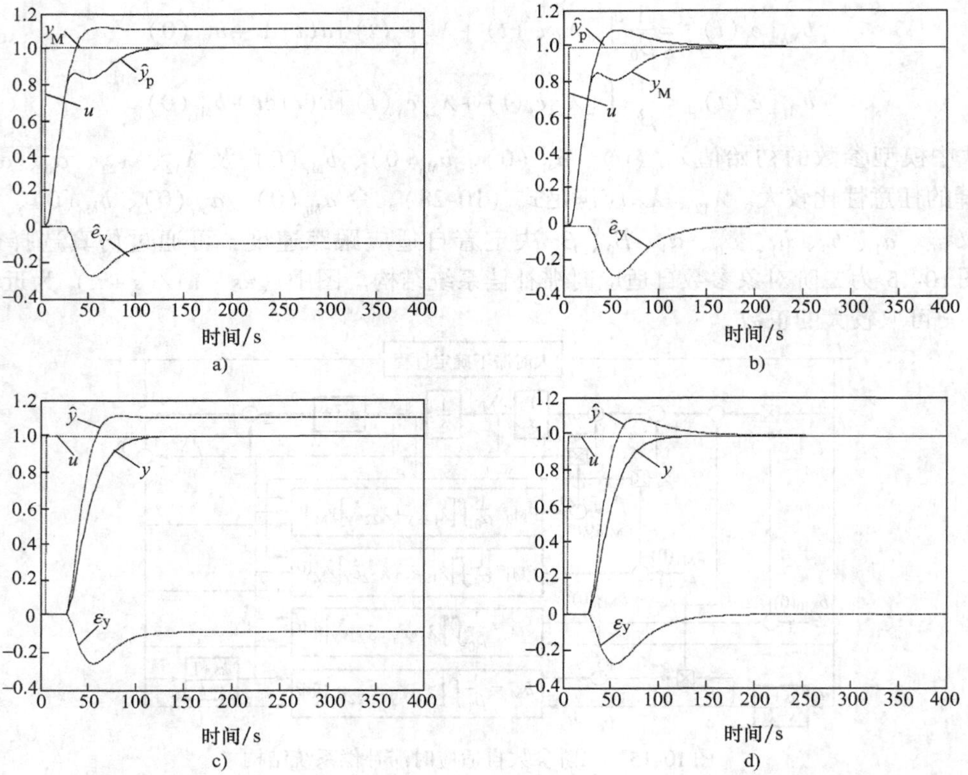

图 10-16　受控过程为 $W(s)=(0.001s+0.0067)e^{-20s}/(s^2+0.1667s+0.0067)$时的仿真结果

a) $W(s)=(0.001s+0.0067)e^{-20s}/(s^2+0.1667s+0.0067)$，输入 $u(t)$ 为阶跃信号时，$y_M(t)$ 跟踪预测输出的 $\hat{y}_p(t)$ 情况(无自适应)

b) $W(s)=(0.001s+0.0067)e^{-20s}/(s^2+0.1667s+0.0067)$，输入 $u(t)$ 为阶跃信号时，$y_M(t)$ 跟踪预测输出的 $\hat{y}_p(t)$ 情况(有自适应)

c) $W(s)=(0.001s+0.0067)e^{-20s}/(s^2+0.1667s+0.0067)$，输入 $u(t)$ 为阶跃信号时，$\hat{y}(t)$ 跟踪输出的 $y(t)$ 情况(无自适应)

d) $W(s)=(0.001s+0.0067)e^{-20s}/(s^2+0.1667s+0.0067)$，输入 $u(t)$ 为阶跃信号时，$\hat{y}(t)$ 跟踪输出的 $y(t)$ 情况(有自适应)

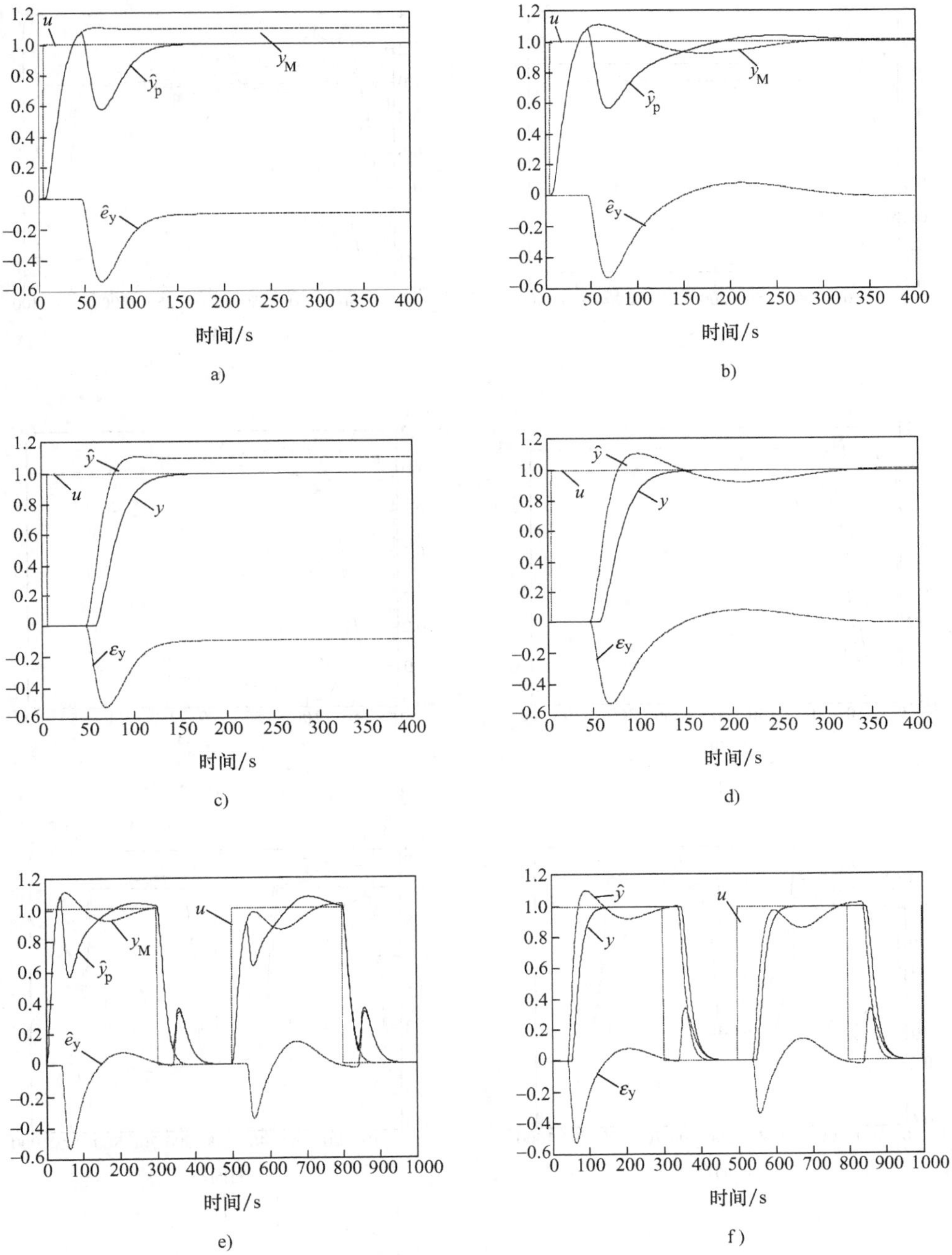

图 10-17　受控过程为 $W(s) = (0.001s+0.0067)e^{-50s}/(s^2+0.1667s+0.0067)$时的仿真结果

a) $W(s) = (0.001s+0.0067)e^{-50s}/(s^2+0.1667s+0.0067)$，输入 $u(t)$为阶跃信号时，$y_M(t)$跟踪预测输出的 $\hat{y}_p(t)$情况(无自适应)

b) $W(s) = (0.001s+0.0067)e^{-50s}/(s^2+0.1667s+0.0067)$，输入 $u(t)$为阶跃信号时，$y_M(t)$跟踪预测输出的 $\hat{y}_p(t)$情况(有自适应)

c) $W(s) = (0.001s+0.0067)e^{-50s}/(s^2+0.1667s+0.0067)$，输入 $u(t)$为阶跃信号时，$\hat{y}(t)$跟踪输出的 $y(t)$情况(无自适应)

d) $W(s) = (0.001s+0.0067)e^{-50s}/(s^2+0.1667s+0.0067)$，输入 $u(t)$为阶跃信号时，$\hat{y}(t)$跟踪输出的 $y(t)$情况(有自适应)

e) $W(s) = (0.001s+0.0067)e^{-50s}/(s^2+0.1667s+0.0067)$，输入 $u(t)$为方波信号时，$y_M(t)$跟踪预测输出的 $\hat{y}_p(t)$情况(有自适应)

f) $W(s) = (0.001s+0.0067)e^{-50s}/(s^2+0.1667s+0.0067)$，输入信号 $u(t)$为阶跃信号时，$\hat{y}(t)$跟踪输出的 $y(t)$情况(有自适应)

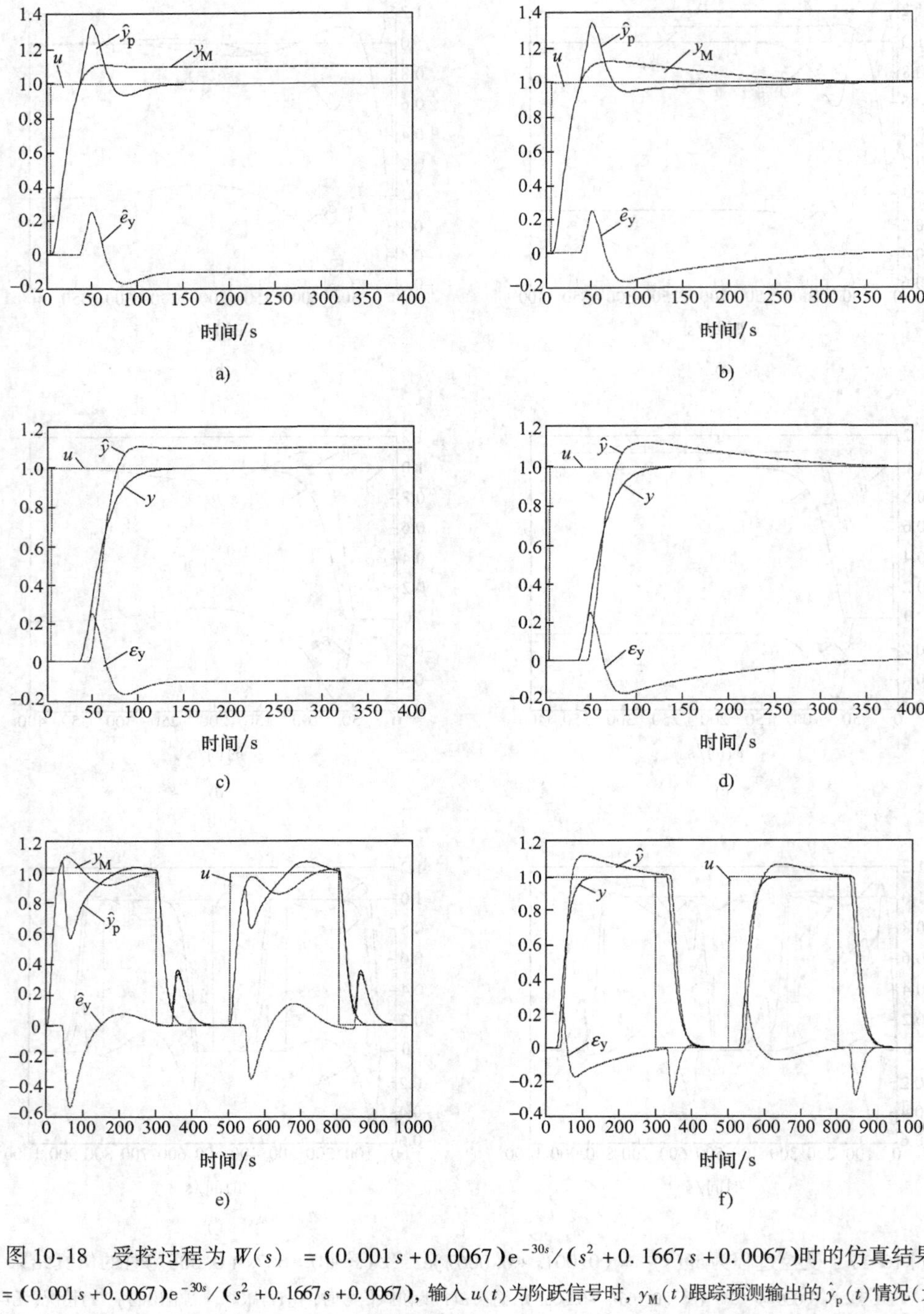

图 10-18　受控过程为 $W(s)=(0.001s+0.0067)e^{-30s}/(s^2+0.1667s+0.0067)$时的仿真结果

a) $W(s)=(0.001s+0.0067)e^{-30s}/(s^2+0.1667s+0.0067)$，输入 $u(t)$ 为阶跃信号时，$y_M(t)$ 跟踪预测输出的 $\hat{y}_p(t)$ 情况（无自适应）

b) $W(s)=(0.001s+0.0067)e^{-30s}/(s^2+0.1667s+0.0067)$，输入 $u(t)$ 为阶跃信号时，$y_M(t)$ 跟踪预测输出的 $\hat{y}_p(t)$ 情况（有自适应）

c) $W(s)=(0.001s+0.0067)e^{-30s}/(s^2+0.1667s+0.0067)$，输入 $u(t)$ 为阶跃信号时，$\hat{y}(t)$ 跟踪输出的 $y(t)$ 情况（无自适应）

d) $W(s)=(0.001s+0.0067)e^{-30s}/(s^2+0.1667s+0.0067)$，输入 $u(t)$ 为阶跃信号时，$\hat{y}(t)$ 跟踪输出的 $y(t)$ 情况（有自适应）

e) $W(s)=(0.001s+0.0067)e^{-30s}/(s^2+0.1667s+0.0067)$，输入 $u(t)$ 为方波信号时，$y_M(t)$ 跟踪预测输出的 $\hat{y}_p(t)$ 情况（有自适应）

f) $W(s)=(0.001s+0.0067)e^{-30s}/(s^2+0.1667s+0.0067)$，输入信号 $u(t)$ 为阶跃信号时，$\hat{y}(t)$ 跟踪输出的 $y(t)$ 情况（有自适应）

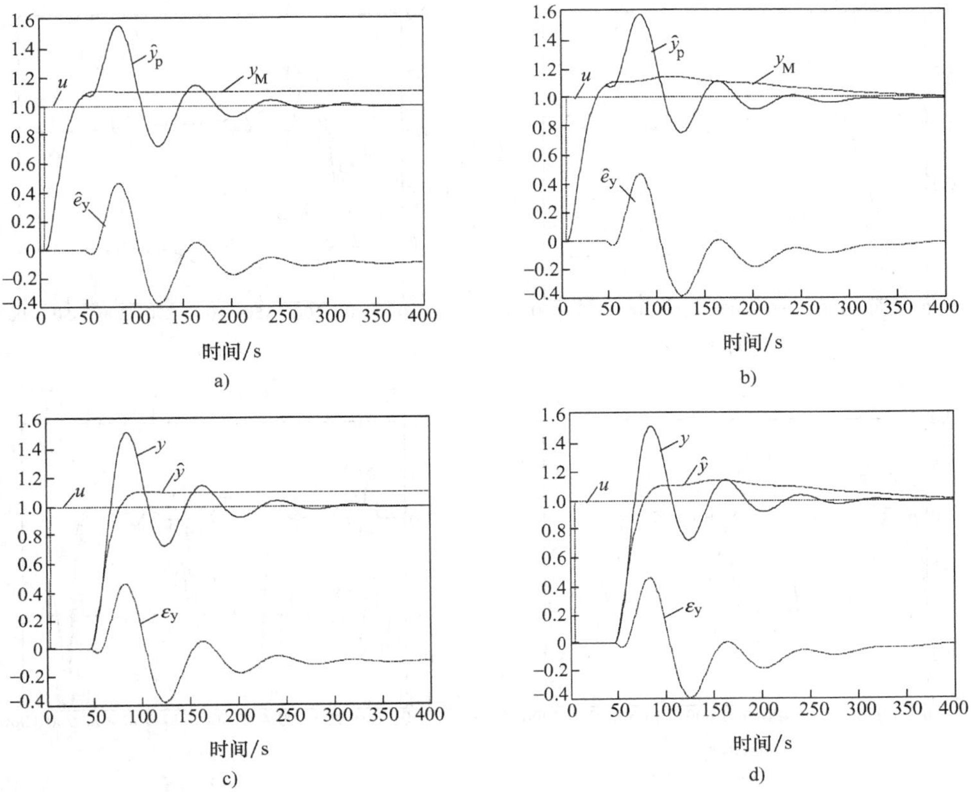

图 10-19 受控过程为 $W(s)=(0.001s+0.0067)e^{-40s}/(s^2+0.03274s+0.0067)$时的仿真结果

a) $W(s)=(0.001s+0.0067)e^{-40s}/(s^2+0.03274s+0.0067)$，输入 $u(t)$为阶跃信号时，$y_M(t)$跟踪预测输出的 $\hat{y}_p(t)$情况（无自适应）

b) $W(s)=(0.001s+0.0067)e^{-40s}/(s^2+0.03274s+0.0067)$，输入 $u(t)$为阶跃信号时，$y_M(t)$跟踪预测输出的 $\hat{y}_p(t)$情况（有自适应）

c) $W(s)=(0.001s+0.0067)e^{-40s}/(s^2+0.03274s+0.0067)$，输入 $u(t)$为阶跃信号时，$\hat{y}(t)$跟踪输出的 $y(t)$情况（无自适应）

d) $W(s)=(0.001s+0.0067)e^{-40s}/(s^2+0.03274s+0.0067)$，输入 $u(t)$为阶跃信号时，$\hat{y}(t)$跟踪输出的 $y(t)$情况（有自适应）

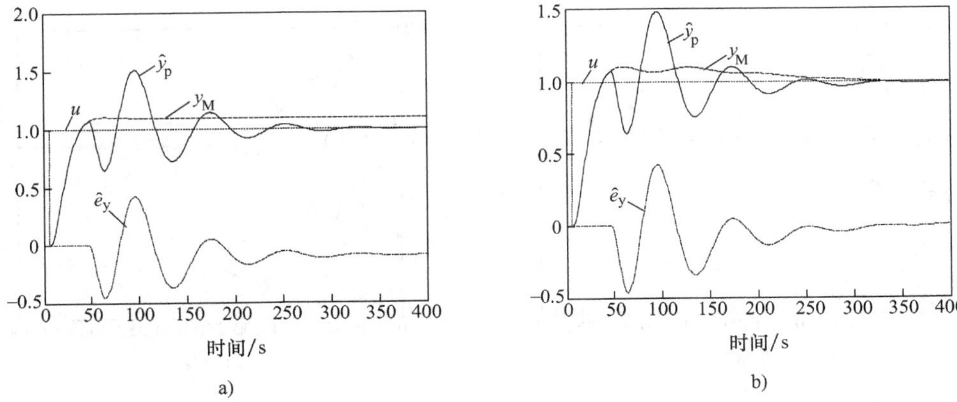

图 10-20 受控过程为 $W(s)=(0.001s+0.0067)e^{-50s}/(s^2+0.03274s+0.0067)$时的仿真结果

a) $W(s)=(0.001s+0.0067)e^{-50s}/(s^2+0.03274s+0.0067)$，输入 $u(t)$为阶跃信号时，$y_M(t)$跟踪预测输出的 $\hat{y}_p(t)$情况（无自适应）

b) $W(s)=(0.001s+0.0067)e^{-50s}/(s^2+0.03274s+0.0067)$，输入 $u(t)$为阶跃信号时，$y_M(t)$跟踪预测输出的 $\hat{y}_p(t)$情况（有自适应）

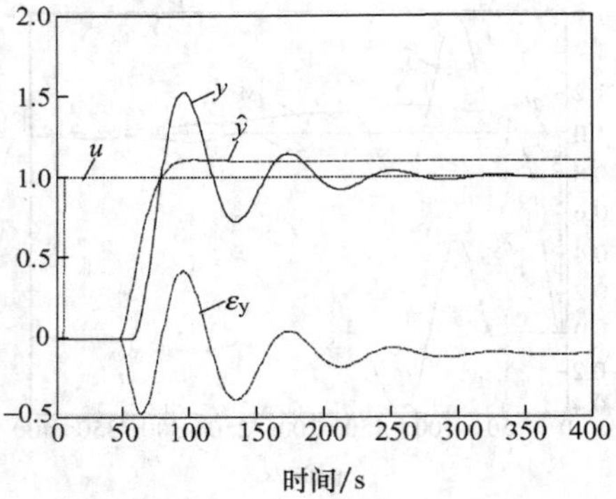

c)

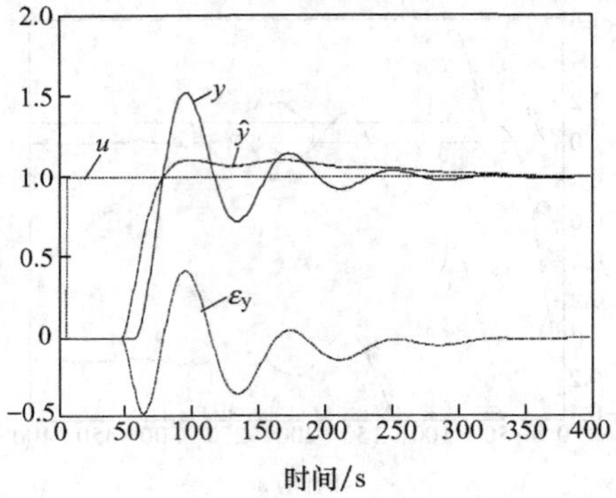

d)

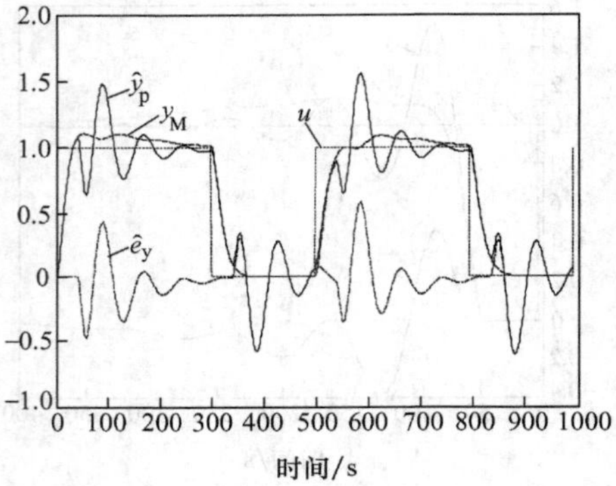

e)

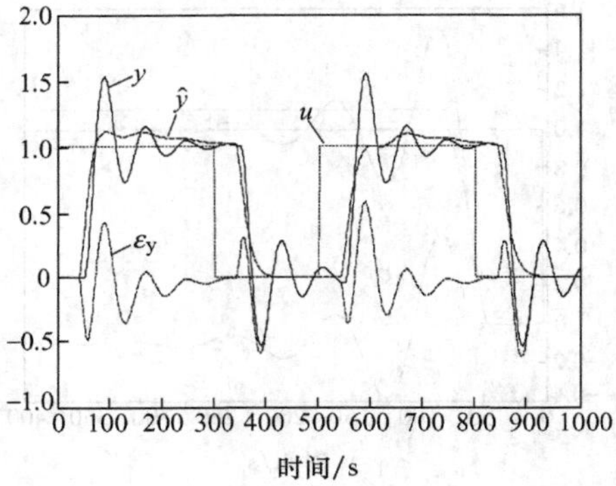

f)

图 10-20　受控过程为 $W(s)=(0.001s+0.0067)e^{-50s}/(s^2+0.03274s+0.0067)$时的仿真结果（续）

c) $W(s)=(0.001s+0.0067)e^{-50s}/(s^2+0.03274s+0.0067)$，输入 $u(t)$为阶跃信号时，$\hat{y}(t)$跟踪输出的 $y(t)$情况(无自适应)

d) $W(s)=(0.001s+0.0067)e^{-50s}/(s^2+0.03274s+0.0067)$，输入 $u(t)$为阶跃信号时，$\hat{y}(t)$跟踪输出的 $y(t)$情况(有自适应)

e) $W(s)=(0.001s+0.0067)e^{-50s}/(s^2+0.03274s+0.0067)$，输入 $u(t)$为方波信号时，$y_M(t)$跟踪预测输出的 $\hat{y}_p(t)$情况(有自适应)

f) $W(s)=(0.001s+0.0067)e^{-50s}/(s^2+0.03274s+0.0067)$，输入信号 $u(t)$为阶跃信号时，$\hat{y}(t)$跟踪输出的 $y(t)$情况(有自适应)

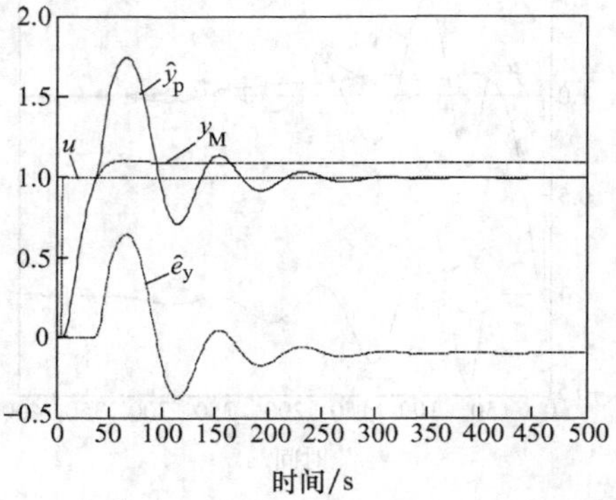

a)

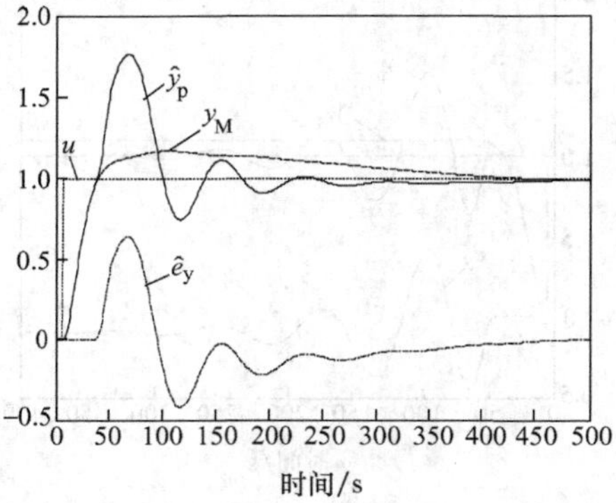

b)

图 10-21　受控过程为 $W(s)=(0.001s+0.0067)e^{-30s}/(s^2+0.03274s+0.0067)$时的仿真结果

a) $W(s)=(0.001s+0.0067)e^{-30s}/(s^2+0.03274s+0.0067)$，输入 $u(t)$为阶跃信号时，$y_M(t)$跟踪预测输出的 $\hat{y}_p(t)$情况(无自适应)

b) $W(s)=(0.001s+0.0067)e^{-30s}/(s^2+0.03274s+0.0067)$，输入 $u(t)$为阶跃信号时，$y_M(t)$跟踪预测输出的 $\hat{y}_p(t)$情况(有自适应)

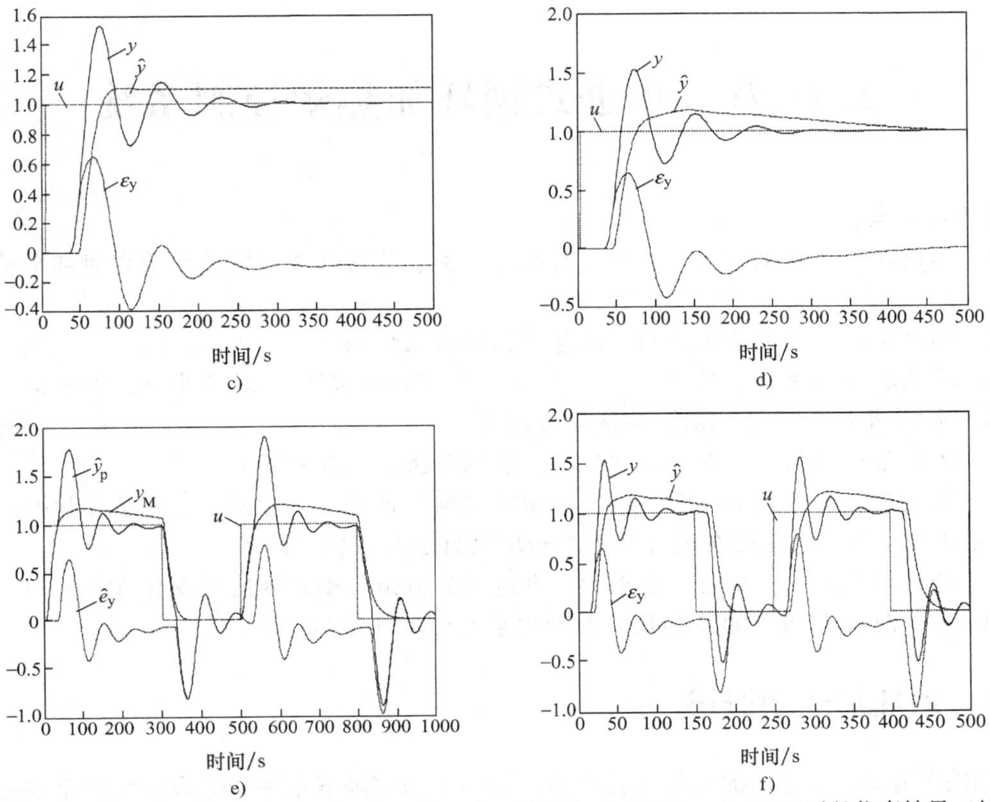

图 10-21 受控过程为 $W(s)=(0.001s+0.0067)\mathrm{e}^{-30s}/(s^2+0.03274s+0.0067)$时的仿真结果（续）

c) $W(s)=(0.001s+0.0067)\mathrm{e}^{-30s}/(s^2+0.03274s+0.0067)$，输入 $u(t)$为阶跃信号时，$\hat{y}(t)$跟踪输出的 $y(t)$情况(无自适应)

d) $W(s)=(0.001s+0.0067)\mathrm{e}^{-30s}/(s^2+0.03274s+0.0067)$，输入 $u(t)$为阶跃信号时，$\hat{y}(t)$跟踪输出的 $y(t)$情况(有自适应)

e) $W(s)=(0.001s+0.0067)\mathrm{e}^{-30s}/(s^2+0.03274s+0.0067)$，输入 $u(t)$为方波信号时，$y_{\mathrm{M}}(t)$跟踪预测输出的 $\hat{y}_{\mathrm{p}}(t)$情况(有自适应)

f) $W(s)=(0.001s+0.0067)\mathrm{e}^{-30s}/(s^2+0.03274s+0.0067)$，输入信号 $u(t)$为阶跃信号时，$\hat{y}(t)$跟踪输出的 $y(t)$情况(有自适应)

思考题与习题

10-1 模型参数自适应时滞补偿器能解决什么样的大时滞过程补偿问题？

10-2 模型参数自适应时滞补偿器的模型结构和参数描述有何特点？对未建模动态和参数不确定问题是如何处理的？

10-3 模型参数自适应时滞补偿器的标称时滞值应该选得大于还是小于过程的实际时滞？为什么？

10-4 获得参数自适应律的条件是什么？获得增益自适应律的条件是什么？

10-5 与第 6 章图 6-11 所示的增益自适应预估补偿控制相比，模型参数自适应时滞补偿器有什么特点？

10-6 与第 6 章图 6-11 所示的增益自适应预估补偿控制相比，本章的增益自适应时滞补偿器有什么不同？

10-7 如图 10-7 所示，为什么能用一阶参数自适应时滞补偿器对高阶系统进行时滞补偿？

10-8 图 10-8、图 10-9 中的仿真曲线说明了什么？

10-9 图 10-10、图 10-11 中的仿真曲线说明了什么？

10-10 图 10-12、图 10-13 中的仿真曲线说明了什么？

10-11 图 10-14 中的仿真曲线说明了什么？

10-12 图 10-16、图 10-17、图 10-18、图 10-19、图 10-20、图 10-21 中的仿真曲线分别说明了什么？

第 11 章　步进式钢坯加热炉控制系统

【本章内容要点】

1. 热连轧生产线上钢坯加热炉的特征、分类、作用及某双蓄热步进式钢坯加热炉的主要参数。

2. 加热炉汽化冷却系统结构、汽包液位特性及检测。

3. 汽包液位单冲量、双冲量、前馈-反馈三冲量和前馈-串级三冲量控制方案。

4. 前馈-串级三冲量控制方案仿真与应用。

5. 燃烧系统结构、特点、工作原理、检测与执行仪表配置。

6. 燃烧系统几种控制方案，包括单回路控制、串级比值控制、空气限幅控制、双闭环交叉限幅控制、空燃比在线自动修正和增益自适应解耦网络等。

7. 针对某加热炉，介绍了基于增益自适应的前馈补偿解耦网络及仿真和应用。

8. 基于西门子 PLC 的某加热炉自动化系统结构及应用。

11.1　钢坯加热炉概述

钢铁工业是国民经济的重要支柱产业，是一个国家经济水平和综合国力的重要衡量标准。钢铁行业的发展直接影响着国防工业、建筑、机械和汽车等多个行业领域的发展。随着我国经济的飞速发展，作为基础重工业的钢铁工业取得了显著的成就。1978 年中国钢铁产量 2800 万 t。2011 年中国钢铁产量 6.88 亿 t，占全球产量的 48%。2005 年之前，中国钢铁工业发展重在满足中、低端产品的市场需求。中厚板、热轧薄板等的产能快速增长，而高端产品如冷轧薄板、品种板、冷轧无取向硅钢等还不足以满足市场需求。根据《钢铁工业“十二五”发展规划》的要求，预计到 2015 年，中国钢铁工业结构调整将取得明显进展，基本形成比较合理的生产力布局，资源保障程度显著提高，钢铁总量和品种质量基本满足国民经济发展需求，部分企业具备较强的国际市场竞争力和影响力，初步实现钢铁工业由大到强的转变。

钢坯加热炉是连续工作的加热设备，是热连轧生产线上最重要的设备之一。钢坯不断地由上料系统从加热炉入料口送入，加热后不断地从出料口排出，输送至轧钢系统轧制成型材。在加热炉稳定工作的条件下，炉膛内部各点的温度可以视为不随时间而变化的稳定态温度场，炉膛内传热可近似地视为稳定态传热。被加热钢坯内部热传导属于不稳定态导热。具有连续加热热工特点的加热炉很多，从结构、热工制度等方面看，连续加热炉可按下列特征进行分类。

1）按温度制度可分为：两段式、三段式和强化加热式。

2）按被加工金属的形状可分为：加热方坯、加热板坯、加热圆管坯和加热异型坯。

3）按所用燃料种类可分为：使用固体燃料、使用气体燃料、使用重油和使用混合燃料。

4）按空气和煤气预热方式可分为：换热式、蓄热式和不预热式。

5）按出料方式可分为：端出料式和侧出料式。

6）按物料在炉内运动的方式可分为：推送式、步进式、辊底式和链式。

推送式加热炉虽然是应用最广泛的，但是，步进式加热炉是各种机械化炉底中使用最广、发展最快的炉型。20世纪70年代以来，各国新建的大型轧机，几乎都配置了步进式加热炉，中小轧机也有不少采用这种炉型。

图11-1　某在建中的加热炉外观

某双蓄热步进式钢坯加热炉如图11-1所示，由钢坯运送系统、燃烧系统和汽化冷却系统三个主要部分组成。钢坯运送系统保证钢坯由入炉辊道送入加热炉，在入炉悬臂辊上定位并由推钢机推正后，通过炉底可动的移动梁作矩形轨迹的重复运动，使钢坯在加热过程中一步一步地从加热炉的进料端传送到出料端，放置在出料悬臂辊上，如图11-2所示，再由出炉辊道送往轧机。燃烧系统基于空气、煤气双蓄热式高温燃烧技术，采用炼铁高炉的附属产物高炉煤气作为燃料，可以保证最高炉温达1250℃。汽化冷却系统采用强制循环冷却方式，保证炉底支承构件能承受强热负荷，维持高机械强度，确保安全可靠，同时将蒸汽回收利用。本章着重介绍燃烧过程与汽化冷却系统控制。主要参数如下：

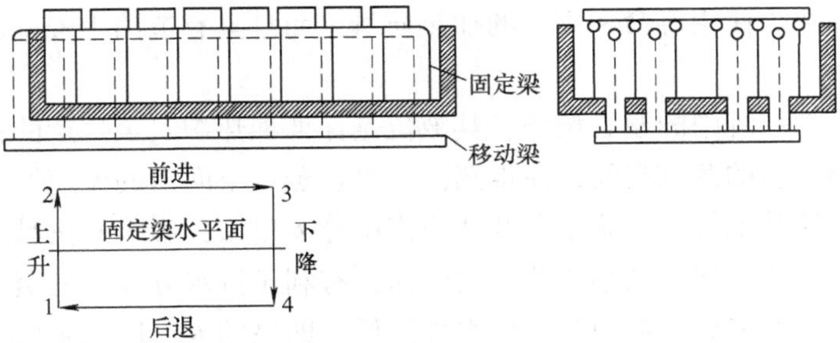

图11-2　步进炉内钢坯的运动

- 炉型：上下供热步进梁式；
- 燃料及低发热值：高炉煤气 $Q_d = 3360kJ/Nm^3$。
- 加热钢种：普碳钢、优质碳素结构钢、低合金结构钢。
- 钢坯规格：断面150mm×150mm，200mm×200mm；长度6000mm，9000mm，12000mm。
- 出钢温度：950～1100℃。
- 生产能力：180t/h（标准坯，冷装）。
- 供热方式：三段供热。
- 空、煤气预热温度：1000℃。
- 最大煤气消耗量：$64820Nm^3/h$。
- 最大空气消耗量：$45374Nm^3/h$。

- 步进机构型式：双轮斜轨，液压传动。
- 步进升降行程：200mm。
- 步进水平行程：250mm、300mm。
- 最小步进周期：36s。
- 水梁冷却方式：强制循环汽化冷却。
- 装出料方式：悬臂辊道侧进，悬臂辊道侧出。
- 步进炉主要尺寸：装、出料辊道中心线距离：28000mm；
  内宽：12600mm；
  上炉膛高度：1550mm；
  下炉膛高度：2100mm；
  固定梁（水梁）：5 根；
  移动梁（水梁）：4 根。

11.2 汽化冷却系统控制

固定梁和移动梁均由钢管构成，外表包裹着耐火绝热材料，通过内部流过的循环水进行冷却，故又称为水梁。常用冷却方式有汽化冷却和水冷却。水冷却通过水与水梁直接接触带走热量；汽化冷却利用水变成蒸汽时吸收大量的汽化潜热，使水梁得到充分冷却。汽化冷却的介质为高温软水（194℃），不但可以避免水梁内结垢，降低加热钢坯出现黑印和温度不均的概率，提高加热炉使用寿命和钢坯的加热质量，而且具有节约水资源、蒸汽能量循环利用等优点。

汽包是汽化冷却系统中的核心设备，其液位是保证加热炉安全生产的关键。汽包的液位高于正常值会减小汽包的蒸汽空间，使得蒸汽在汽包蒸汽空间内的流速增加。蒸汽在汽包内停留的时间变短，使其携带的水滴来不及从蒸汽中分离出来，影响蒸汽品质。液位低于正常值，则加大汽包的蒸汽空间，减小了蒸汽的流速，有利于汽水分离，使蒸汽品质提高。但从热水循环泵的汽蚀角度来看，会使泵入口水柱降低，即泵的入口压力降低，容易使水在泵的入口汽化。另一方面，当循环泵的工作扬程不变时，泵的入口压力降低会造成出口压力降低，引起循环回路流量的减小，对水梁的冷却不利。严重时会烧毁水梁，使加热炉瘫痪。因此，为了保证加热炉的安全运行，汽包液位的控制至关重要。

11.2.1 加热炉汽化冷却系统结构

图 11-3 是某 180t/h 棒材生产线双蓄热步进式加热炉汽化冷却水循环系统示意图。水循环系统由汽包、5 根固定梁、4 根移动梁、两台电动循环泵（一用一备）、一台柴油机循环泵（供停电时使用）组成。FT、FT11 ~ FT14、FT21 ~ FT25 为差压变送器，分别用于测量循环母管、4 根移动梁支管、5 根固定梁支管中的水流量；PDT 用于检测循环泵进出口的压力差。图 11-3 中 AI 表示连接至 PLC 的模拟量输入信号。图 11-4、图 11-5 分别是安装在地坑内的汽化冷却软水循环泵和水梁软水循环支管的实物照片。

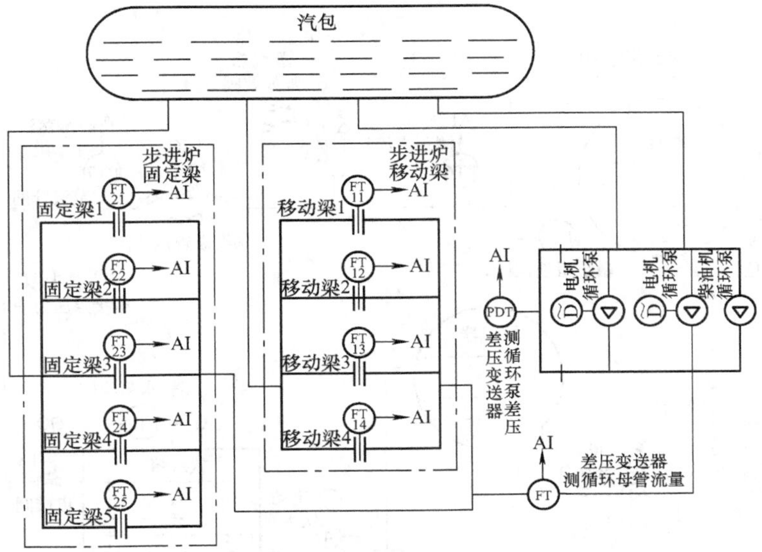

图 11-3　汽化冷却水循环系统示意图

图 11-4　软水循环泵

图 11-5　水梁软水循环支管

图 11-6 是汽化冷却系统汽包给水系统示意图。汽包给水系统由汽包、两台电动给水泵(一用一备)、一台蒸汽往复给水泵（供停电时使用)、除氧器、两台电动软水泵、软水箱、给水调节阀、蒸汽调节阀、蒸汽放散阀等构成。PI 为软水进水管电接点压力表，PT1 ~ PT5 为压力变送器，其中 PT1 测量软水箱液位、PT2 测量除氧器压力、PT3 测量汽包给水压力、PT4 测量汽包给水流量、PT5 测量汽包压力、PT6 测量蒸汽流量、PT7 测量蒸汽并网压力。LT1、LT2 为汽包液位计。FV 为软水箱进水电磁阀、PCV 蒸汽总管放散调节阀、FCV1 为汽包给水电动调节阀、FCV2 蒸汽总管流量调节阀。图 11-6 中 AI、AO 表示连接至 PLC 的模拟量 I/O 信号；DI、DO 表示连接至 PLC 的开关量 I/O 信号。图 11-7、图 11-8、图 11-9、图 11-10 分别是软水箱、除氧给水系统、汽包、汽包液位计的实物照片。

软水箱液位采用高低液位控制。当 PT1 检测出液位低时，PLC 控制电磁阀 FV 打开给软水箱加水；当 PT1 检测出液位高时，PLC 控制电磁阀 FV 关闭。当蒸汽压力过高时，PLC 控制调节 PCV 适当打开，放散蒸汽，维持蒸汽压力的稳定。

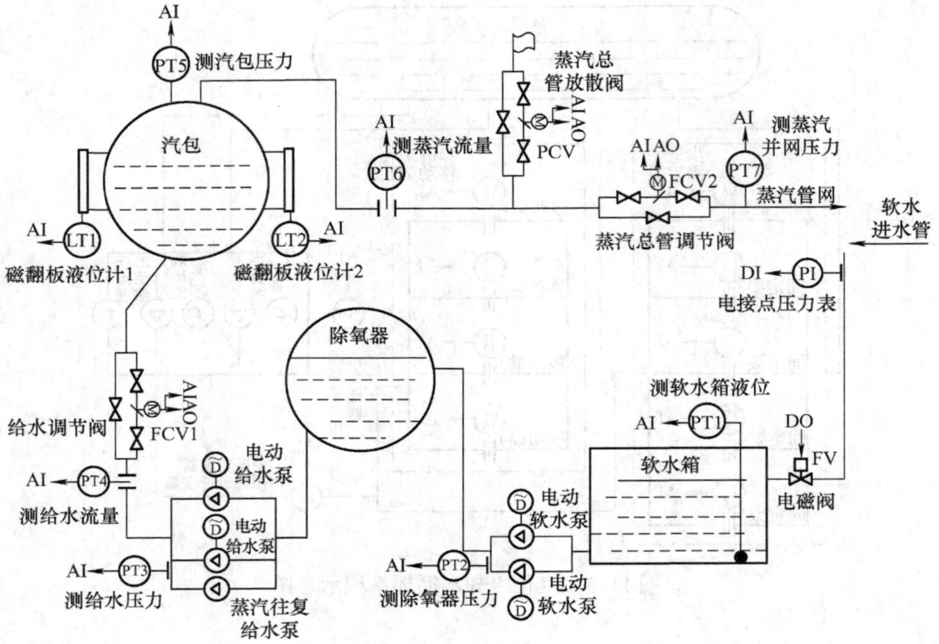

图 11-6　汽化冷却系统汽包给水系统示意图

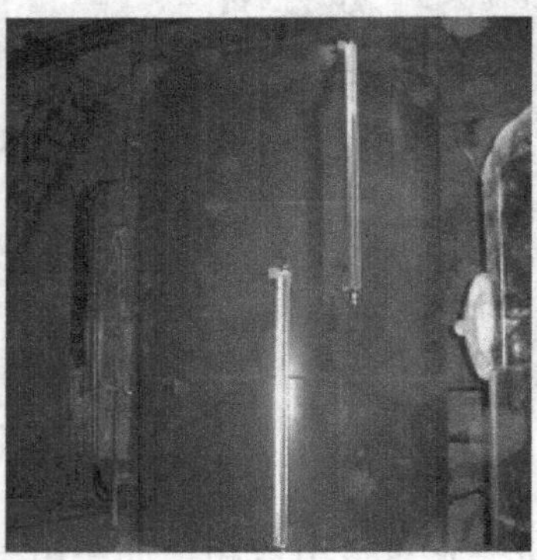

图 11-7　软水箱

图 11-8　除氧给水系统

图 11-9　汽包

图 11-10　汽包液位计

加热炉汽化冷却系统检测与执行仪表配置一览表见表 11-1。

表 11-1　加热炉汽化冷却系统检测与执行仪表配置一览表

图 11-3、图 11-6 中仪表型号	名　称	数　量	数　量
PDT	循环泵进出口差压变送器	台	1
FT	循环母管流量差压变送器	台	1
FT11 ~ 14	移动梁支管流量差压变送器	台	4
FT21 ~ 25	固定梁支管流量差压变送器	台	5
PI	软水进水管电接点压力表	台	1
PT1	软水箱液位变送器	台	1
PT2	除氧器压力变送器	台	1
PT3	汽包给水压力变送器	台	1
PT4	汽包给水流量差压变送器	台	1
PT5	汽包压力变送器	台	1
PT6	蒸汽流量差压变送器	台	1
PT7	蒸汽并网压力变送器	台	1
LT1、LT2	汽包磁翻板液位计	台	2
FV	软水箱进水电磁阀	台	1
PCV	蒸汽总管放散调节阀	台	1
FCV1	汽包给水电动调节阀	台	1
FCV2	蒸汽总管流量调节阀	台	1

11.2.2　汽包液位特性与液位检测

汽化冷却系统运行过程中，引起汽包液位变化的扰动量很多，如蒸汽流量（蒸发量）q_D、给水流量 q_W、加热炉负荷、燃气流量和汽包压力等。由于系统产生的蒸汽并网再利用，管网压力对汽包液位也会产生影响。

1. 汽包液位特性

当汽包蒸汽流量不变时，汽包液位的变化由给水量决定。图 11-11a 是给水量变化时的响应曲线。h_1 是仅物质不平衡时汽包液位的响应曲线；h 是汽包在给水流量增大时的实际响应曲线，汽包液位先下降、后上升，表明汽包液位的变化有滞后性且无自衡能力；h_2 是仅考虑给水流量变化时，水面下汽包容积变化所引起的汽包液位变化，可认为是惯性环节。T_1 为响

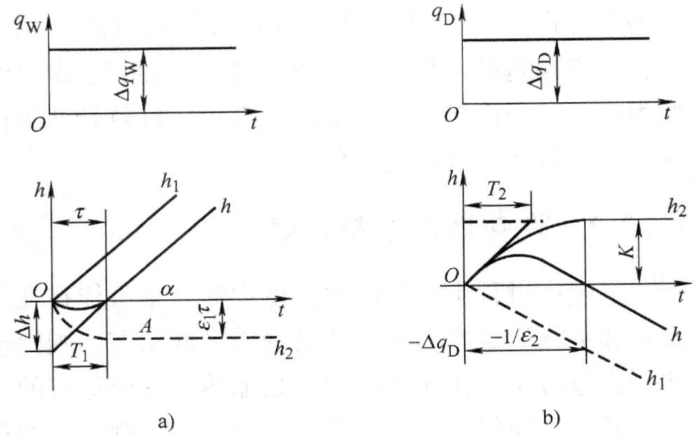

图 11-11　汽包液位响应曲线
a）给水流量扰动下　b）蒸汽流量扰动下

应曲线 h_2 的时间常数。τ 为滞后时间，ε_1 为给水量产生单位变化时汽包液位的变化速度。汽包液位的动态特性可用传递函数表示为

$$W_P(s)=\frac{H(s)}{Q_W(s)}=\frac{\varepsilon_1}{s}-\frac{T_1\varepsilon_1}{1+T_1 s}=\frac{\varepsilon_1}{s(1+T_1 s)} \tag{11-1}$$

当给水流量不变，蒸汽流量突然增加时，汽包液位下降。图 11-11b 中，h 为实际汽包液位响应曲线，汽包液位先上升、后下降。该曲线表明存在“虚假汽包液位”现象且无自衡能力。当汽包液位开始下降时，表明需要增加给水量。h_1 为只考虑给水量与蒸汽量不平衡引起的汽包液位响应曲线。h_2 为只考虑水面下汽包容积变化时汽包液位的响应曲线。K 为响应曲线 h_2 的传递系数静态增益，T_2 为响应曲线 h_2 的时间常数，一般取 10 ~ 20s。汽包液位的动态特性用传递函数表示为

$$W_D(s)=\frac{H(s)}{Q_D(s)}=\frac{K}{1+T_2 s}-\frac{\varepsilon_2}{s} \tag{11-2}$$

2. 汽包液位检测

汽包液位的测量基本要求：准确性好、可靠性高、可维护性好。汽包液位的测量十分复杂，由于技术的原因，现在还无法直接测量汽包液位，只能间接测量。因此，当汽包内的测量条件发生变化时，会造成非常大的误差。所以，汽包液位测量的准确性是一个难点。

目前，测量汽包液位的仪表有无盲区低偏差双色水位计，电极式测量装置，单、双室平衡容器和磁翻板液位计等。这些仪表的原理分别是运用连通管式（无盲区低偏差双色水位计，电极式测量装置），差压式原理（单、双室平衡容器），磁浮子原理和磁耦合作用（磁翻板液位计）。本系统采用磁翻板液位计。

磁翻板液位计以磁性浮子为检测元件，通过磁性浮子与显示色柱中磁性体的磁耦合作用，反映被测液位或界面的测量仪表，原理如图 11-12 所示。

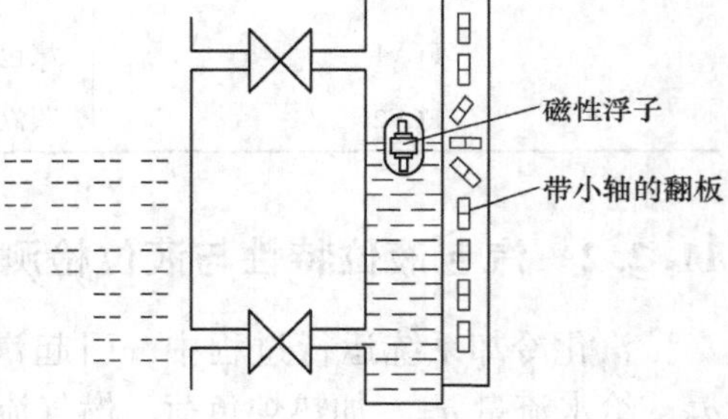

图 11-12　磁翻板液位计原理示意图

图 11-12 中有磁性浮子的腔体称为主体管。主体管通过阀门与汽包组成一个连通器，主体管内的液位与汽包液位等高，磁性浮子会随着汽包液位的升降而升降。磁性浮子内的永久磁铁通过磁耦合传递到磁翻柱指示器，驱动红、白翻板翻转 180°。当汽包液位上升时磁翻板由白色转变为红色，当汽包液位下降时磁翻板由红色转变为白色，实现液位的清晰显示，同时还可以输出与液位成比例的模拟信号。

11.2.3　汽包液位控制方案

若生产过程中汽包给水突然中断，则可能在几十秒内降至汽包危险液位。若汽包内给水流量和蒸汽流量之间不能达到物质平衡状态，则汽包在短时间内会发生缺水或满水事故。因此，汽包液位的快速准确控制是加热炉安全运行的重要保障。

基本的液位单闭环控制俗称单冲量控制。双冲量控制在单冲量控制的基础上引入了蒸汽流量前馈控制。包含液位信号、给水流量信号、蒸汽流量信号的前馈-反馈控制与前馈-串级控制均称为三冲量控制。考虑汽化冷却系统的复杂性，采用前馈-串级控制方案。

1. 单冲量控制

单冲量控制系统是一种典型的单回路控制系统，是以汽包液位为反馈信号的闭环单回路控制，也是汽包液位早期的自动控制方案。单冲量控制系统如图 11-13 所示。

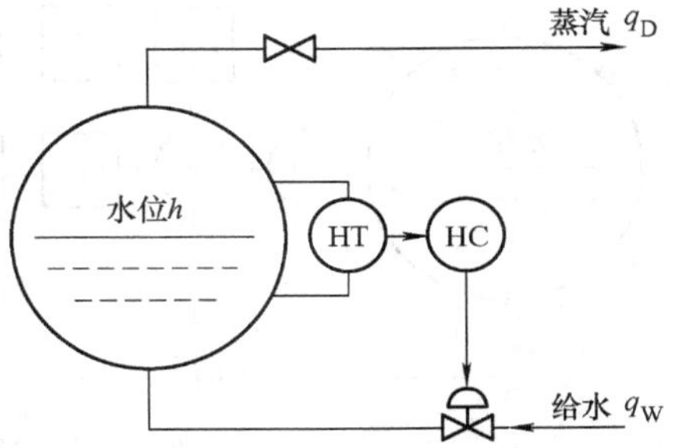

图 11-13　单冲量控制系统

单冲量控制系统中以汽包液位 h 作为反馈信号与给定液位 h^* 进行比较，将偏差送入调节器，调节器调节给水调节阀，改变给水流量的大小使汽包液位保持稳定。

根据汽包液位的动态特性分析，单冲量控制适合负荷比较稳定、汽水循环慢的小容量汽包。该类型汽包蓄水量小，水面下气泡数量少，汽包液位的滞后性和“虚假水位”现象不太明显，因此，可采用单冲量控制。但是，单冲量控制存在以下缺点。

1）汽包液位变化有一定的滞后性和惯性，给水阀要等到液位变化后才能动作，在经过一段延迟时间后才能影响汽包液位，这样汽包液位将会出现较大的波动，调节时间长且控制品质差。

2）“虚假水位”现象使调节阀误动作，使给水流量变化方向与蒸汽负荷的变化方向相反，扩大汽包进、出量的不平衡，汽包液位难以得到稳定的控制，严重影响设备的使用寿命和安全。

对于大中型汽包，其蒸汽负荷变化大、汽水循环速度快，采用单冲量控制不合适。

2. 双冲量控制

由于单冲量控制对可测而不可控的蒸汽流量扰动无法及时控制，只有等到被控制对象发生变化，偏差出现后调节阀才开始动作，控制动作远落后于扰动，汽包液位波动比较大。为了能够及时抑制蒸汽流量扰动，在单冲量控制的基础上引入蒸汽流量信号进行前馈补偿，即双冲量控制，其流程图如图 11-14 所示。

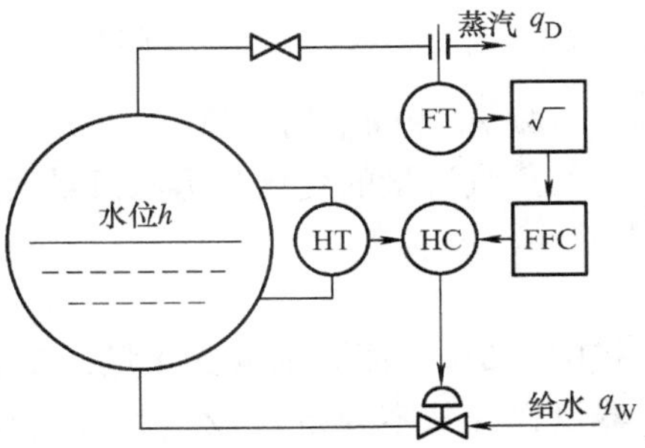

图 11-14　双冲量控制系统

当蒸汽流量发生变化时，前馈回路立即给调节阀一个补偿信号，使调节阀变化的方向与蒸汽负荷变化的方向相同，这样就可以减少由于“虚假水位”现象而引起的汽包液位变化，大大改善了控制系统的动态特性，提高了汽包液位的控制品质。

双冲量控制系统没有引入给水流量信号，不能对给水扰动进行快速补偿，所以双冲量控制方案适合于给水压力比较平稳的汽化冷却系统。

3. 三冲量控制

在双冲量的基础上引入给水流量信号，构成三冲量控制系统。三冲量控制系统以汽包液位 h、蒸汽流量 q_D、给水流量 q_W 三个输入信号构成前馈-反馈控制系统或前馈-串级控制系统。前馈-反馈控制系统中对蒸汽流量 q_D 扰动和给水流量 q_W 扰动分别进行前馈补偿，控制系统流程图如图 11-15 所示。前馈-串级控制系统中将汽包液位 h 作为主被控量，给水流量 q_W 作为副被控量，对蒸汽流量 q_D 扰动进行前馈补偿，控制系统流程图如图 11-16 所示。

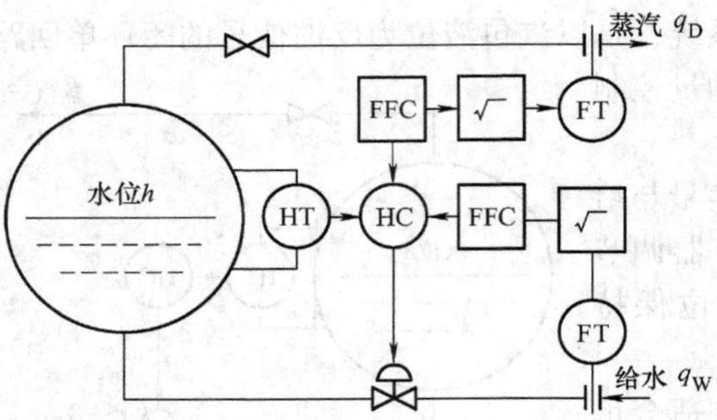

图 11-15　前馈-反馈三冲量控制

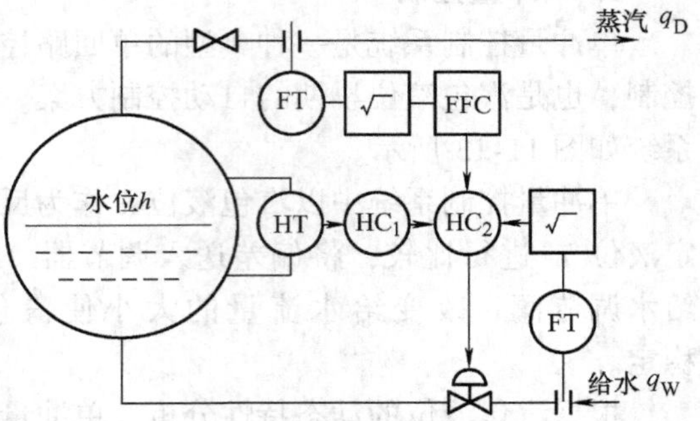

图 11-16　前馈-串级三冲量控制

为了提高系统抗扰动能力，考虑汽化冷却系统的复杂特性，采用前馈-串级三冲量液位控制方案。控制系统如图 11-17 所示。主调节器采用模糊自整定 PID，副调节器采用比例调节器。γ_D、γ_W、γ_H 分别为蒸汽流量、给水流量、汽包液位测量变送器的转换系数，n_D、n_W 分别为蒸汽流量、给水流量分流器的分流系数。

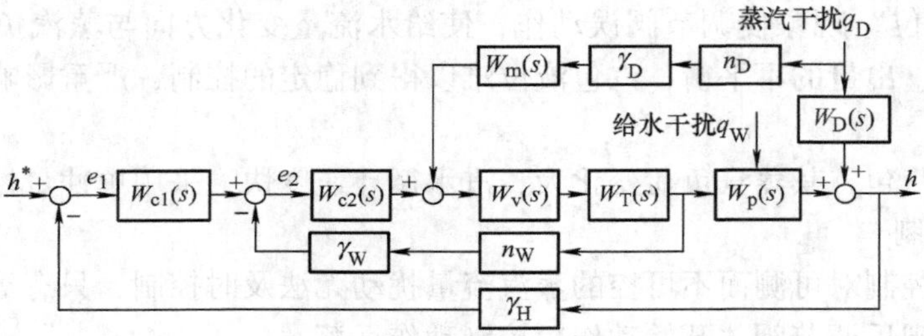

图 11-17　汽包液位前馈-串级三冲量控制系统

4. n_D 和 n_W 的比值

蒸汽流量的变化与蒸汽流量变送器的线性关系为

$$\Delta D = \frac{\Delta I_D D_{max}}{Z_{max} - Z_{min}} \tag{11-3}$$

式中，ΔD 为蒸汽流量变化量；ΔI_D 为蒸汽流量变送器的输出变化量；D_{max} 为蒸汽流量变送器量程（从零开始）；Z_{max} 为蒸汽流量变送器输出的最大值；Z_{min} 为蒸汽流量变送器输出的最小值。

给水流量的变化与给水流量变送器的线性关系为

$$\Delta W = \frac{\Delta I_W W_{max}}{Z_{max} - Z_{min}} \tag{11-4}$$

式中，ΔW 为给水流量变化量；ΔI_W 为给水流量变送器的输出变化量；W_{max} 为给水流量变送器量程（从零开始）；Z_{max} 为给水流量变送器输出的最大值；Z_{min} 为给水流量变送器输出的最小值。

由汽包内工质进、出平衡关系得

$$\Delta I_W W_{max} = \alpha \Delta I_D D_{max} \tag{11-5}$$

而

$$n_D \Delta I_D = n_W \Delta I_W \tag{11-6}$$

得出

$$\frac{n_W}{n_D} = \frac{W_{max}}{\alpha D_{max}} \tag{11-7}$$

由式（11-7）知 n_D 和 n_W 的比值由过程特性确定。

11.2.4 汽包液位控制系统仿真

某180t/h 棒材生产线双蓄热步进式加热炉汽化冷却系统主要参数：工作压力 1.27MPa，工作温度194℃，平均产汽量 8～15t/h，最大产汽量 18t/h，汽包液位范围 0～800mm，正常汽包液位（400±50）mm。根据现场实际情况和给水流量与蒸汽流量的动态特性，得液位与给水流量和液位与蒸汽流量之间的近似传递函数分别为 $W_p(s)$ 和 $W_D(s)$，即

$$W_p(s) = \frac{H(s)}{Q_w(s)} = \frac{0.036}{30s^2+s}, \quad W_D(s) = \frac{H(s)}{Q_D(s)} = \frac{1.98s-0.036}{20s^2+s}$$

将 $W_p(s)$ 作为主被控过程，调节阀和给水管道作为副被控过程。考虑到调节阀与管道的惯性与时滞，取其传递函数为 $W_v(s)W_T(s) = [1/(2s+1)]e^{-3s}$；考虑实际应用情况，取 $n_W\gamma_W = 1$、$\gamma_H = 1$、$n_D\gamma_D = 0.8$；考虑到本系统中蒸汽扰动动态前馈控制器难以实现，采用静态前馈控制。

根据经验试凑法，前馈控制器 $W_m(s)$ 取 1.875，取主副调节器分别为 $W_{c1} = 8 + 0.001/s + 60s$、$W_{c2} = 1$，对图 11-17 中的汽包液位前馈-串级三冲量控制系统进行仿真。仿真曲线如图 11-18 所示，当蒸汽流量扰动分别为 25% 和 50% 时，均能实现静态无静差、动态过程快、动态偏差在能够接受的范围内。

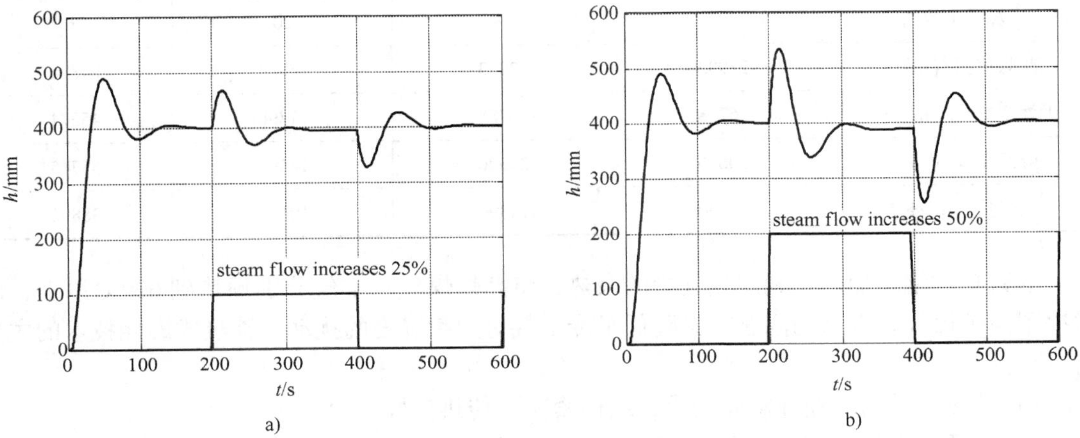

图 11-18 蒸汽扰动下汽包液位前馈-串级三冲量控制系统仿真曲线
a）25%蒸汽流量扰动 b）50%蒸汽流量扰动

11.3 燃烧过程控制

加热炉设三个加热段，结构如图 11-19 所示，可实现三段炉温自动控制。通过设定各加热段的温度值，控制各段燃料量和空气量的输入，保证出钢温度及温度的均匀性。加热炉两

侧烧嘴分布如图 11-20 所示，加热炉烧嘴数量及能力配置见表 11-2。

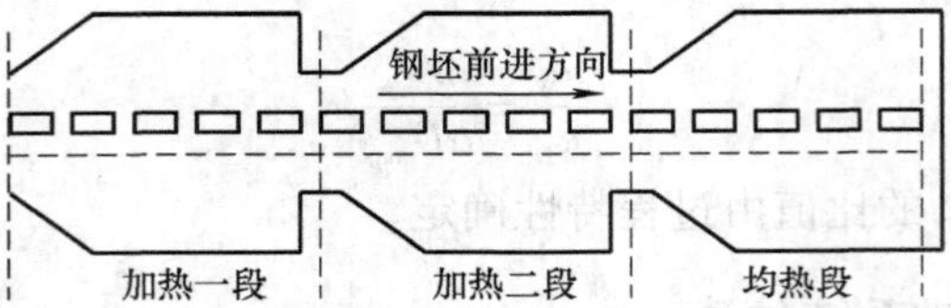

图 11-19　三段式加热炉结构图

图 11-20　加热炉两侧烧嘴分布实物

表 11-2　加热炉烧嘴数量及能力配置

名　　称	加 热 一 段	加 热 二 段	均 热 段	合　计
烧嘴个数	28	28	20	76
高炉煤气量/(m^3/h)	23983	23983	16854	64820
助燃空气量/(m^3/h)	16788	16788	11798	45374
煤烟量/(m^3/h)	20626	20626	14493	55745
空烟量/(m^3/h)	14390	14390	10112	38892

双蓄热式钢坯加热炉利用烟气中的余热，将高炉煤气与空气分别预热到 600℃以上，既解决了高炉煤气燃点高的问题，又降低了冷空气对炉膛温度的扰动。蓄热式燃烧技术的主要特点是：

1）蓄热室采用陶瓷蜂窝体构成，结构紧凑，传热良好。

2）在预热高炉煤气、空气的同时，吸收烟气温度，使得排烟温度可降至 150℃以下，排烟设备使用寿命也相应增长，余热回收率达到 70%。

3）降低CO_2、NO_X 的排放量，有利于减少污染。

4）大大拓宽了低热值煤气的应用范围，提高了工业生产中可燃尾气的回收利用率，有效地降低了能耗。

5）空气和煤气经过预热后，直接进入炉膛燃烧，不需经过管道，减少热量多余的消耗。

11.3.1 燃烧系统检测与执行仪表配置

高炉煤气从高炉煤气接点引出，在总管上设有一道电动盲板阀和一道电动蝶阀。在煤气超低压或其他事故需要停炉时，控制系统发出指令自动快速切断蝶阀，再关闭盲板阀以确保高炉煤气完全隔断。助燃风机将空气通过管道送入蓄热体，与煤气一同预热后由烧嘴喷出燃烧。各段空气、煤气支管上均设有电动调节阀，如图 11-21 所示，以便能调节各段煤气与空气的流量实现相应加热段的温度控制。

图 11-21　空气、煤气支管上均装有电动调节阀

全炉共有 12 台双执行器三通换向阀，6 台用于煤气/煤烟（烟气）换向，6 台用于空气/空烟（烟气）换向。换向阀全部为气动式，以洁净的压缩空气作为动力源，采用分段分侧控制，蓄热燃烧器换向周期可调，采用时间和排烟温度为控制参数。换向过程示意图如图 11-22 所示。换向阀实物如图 11-23 所示。

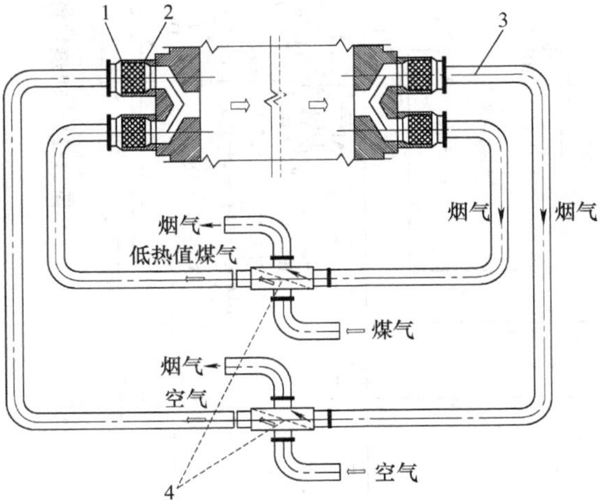

图 11-22　换向过程示意图

1—蓄热式烧嘴　2—蓄热体　3—管道　4—集成换向阀

图 11-23　三通换向阀实物

双蓄热式加热炉排烟系统由空烟、煤烟两套独立的排烟系统组成，从各空气、煤气蓄热室排出的烟气经三通换向阀后汇集至各段空烟、煤烟排烟支管，各段排烟支管汇集至空烟、煤烟排烟总管，分别经空烟及煤烟侧引风机排出至空烟烟囱及煤烟烟囱。

加热炉燃烧系统检测与执行仪表配置图如图 11-24 所示。煤气总管上装有一台电动盲板

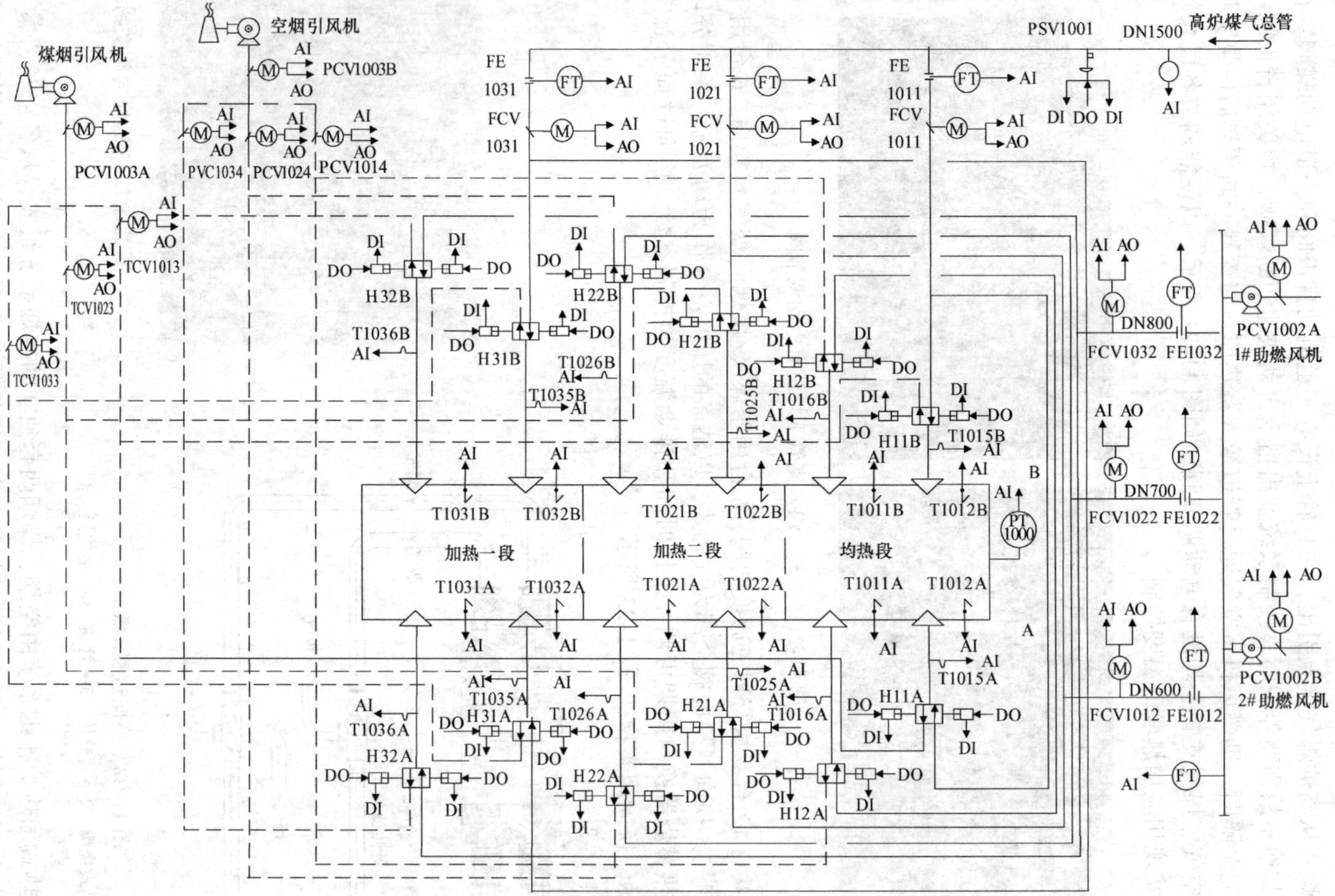

图11-24　加热炉燃烧系统检测与执行仪表配置图

阀和一台电动调节阀。三根煤气支管上分别安装一台电动调节阀和一台差压式流量计。1#、2# 两台助燃风机平时一用一备，两根空气总管上各安装一台风量调节执行器以改变总空气流量。三根空气支管上各安装一台电动调节阀和一台差压式流量计。三根煤烟支管和三根空烟支管上各安装一台电动调节阀。煤烟和空烟引风机各一台，两根总管上各安装一台风量调节执行器以改变总引风流量。AB 两侧分别安装 6 台煤气/煤烟三通换向阀和 6 台空气/空烟三通换向阀。12 支炉膛热电偶温度传感器分别安装在侧面和顶部，考虑冗余，每个加热段采用 4 支热电偶，取正确检测值的平均值作为温度反馈。12 支排烟温度传感器分别安装在两侧的 12 台三通换向阀排烟管道上，其测量值与换向周期一起作为三通换向阀的换向控制依据。均热段安装一台炉膛压力传感器，其测量值作为炉膛微正压闭环控制系统的反馈。图 11-24 中 AI、AO 表示连接至 PLC 的模拟量 I/O 信号；DI、DO 表示连接至 PLC 的开关量 I/O 信号。表 11-3 为加热炉燃烧系统检测与执行仪表配置一览表。

表 11-3　加热炉燃烧系统检测与执行仪表配置一览表

图 11-24 中仪表型号	名　称	数　量	数　量
DN1500	煤气总管电动盲板阀	台	1
PSV1001	电动蝶阀	台	1
PCV1002A、PCV1002B	空气总管流量调节执行器	台	2
PCV1003A	煤烟总管流量调节执行器	台	1
PCV1003B	空烟总管流量调节执行器	台	1
FCV1011、FCV1021、FCV1031	煤气支管电动调节阀	台	3
FCV1012、FCV1022、FCV1032	空气支管电动调节阀	台	3
FCV1013、FCV1023、FCV1033	煤烟支管电动调节阀	台	3
FCV1014、FCV1024、FCV1034	空烟支管电动调节阀	台	3
H11A、H21A、H31A、H11B、H21B、H31B	煤气/煤烟三通换向阀	台	6
H12A、H22A、H32A、H12B、H22B、H32B	空气/空烟三通换向阀	台	6
FE1011、FE1021、FE1031	煤气支管差压流量计	台	3
FE1012、FE1022、FE1032	空气支管差压流量计	台	3
T1015A、T1016A、T1025A、T1026A、T1035A、T1036A	A 侧排烟温度传感器	支	6
T1015B、T1016B、T1025B、T1026B、T1035B、T1036B	B 侧排烟温度传感器	支	6
T1011A、T1012A、T1021A、T1022A、T1031A、T1032A	A 侧及顶部炉膛温度传感器	支	6
T1011B、T1012B、T1021B、T1022B、T1031B、T1032B	B 侧及顶部炉膛温度传感器	支	6
PT1000	炉膛压力传感器	台	1

11.3.2　燃烧系统控制方案

在加热过程中不能准确测量钢坯温度，而且钢坯内部温度更是不可测的。因此，难以准确控制出炉钢坯的温度，目前，加热炉燃烧系统控制基本上都采用炉膛温度控制策略，在适当的炉温下，保证钢坯的出炉温度能够达到轧制的工艺要求。

1. 加热段炉膛温度控制

钢坯的加热过程是一个极其复杂的过程，包括燃料的燃烧、火焰辐射传热以及炉内热对流等，每个过程都不是独立的，相互之间作用明显，因此实现钢坯加热炉的炉温自动控制是非常困难的。要在现实生产中进行炉温自动控制需要考虑多种因素，一方面，要保证燃烧系统跟踪设定温度值的速度足够快，并且出炉钢坯能够满足轧制的工艺要求；另一方面，应当尽量减少燃料的浪费和钢坯的氧化烧损，最大限度地节能降耗。常见的炉温控制系统如下。

（1）单回路控制

温度单回路控制是最简单的控制方法，根据炉温的变化调节燃气和空气的输入流量。由于各加热段之间的相互耦合及空燃比等因素，这种方法在很大程度上要依赖操作经验，不能实现真正意义上的炉温自动控制。

（2）串级比值控制

将炉膛温度作为主被控参数，燃气流量和空气流量作为负被控参数。燃气回路和空气回路并行，温度控制器的输出值作为燃气设定值，同时温度控制的输出值乘以空燃比作为空气设定值。燃气流量为主动量，空气流量为从动量，两个流量均采用闭环控制，如图 11-25 所示。

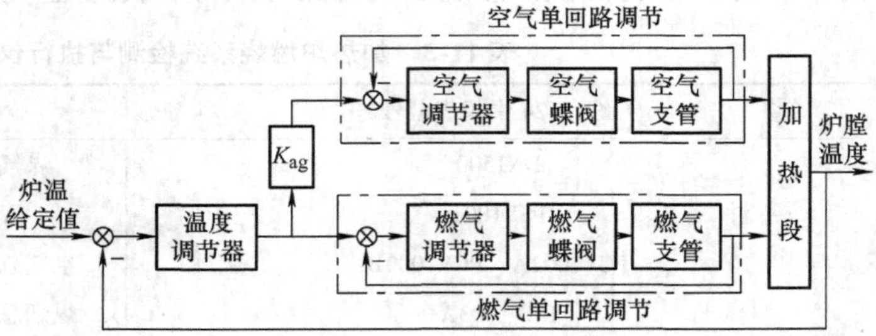

图 11-25　串级比值控制

（3）空气限幅控制

相对于串级比值控制，空气限幅控制中增加了一个空气高值选择器，将燃气流量检测值乘以空燃比得出的值与温度调节器输出值乘以空燃比得出的值进行高值选择作为空气回路的设定值。空气限幅控制方法可以保证空气量比燃气量充裕，不会产生燃烧不充分现象。但由于对空气量的上限没有限制，往往空气量过大使得炉膛内部保持氧化性气体气氛，钢坯的氧化烧损严重，且排烟热损较大。

（4）双闭环交叉限幅控制

针对空气限幅控制方案中可能会出现空气量过大的突出问题，目前，加热炉多采用双闭环交叉限幅控制方法。在空气限幅控制中再增加一个燃气低值选择器，将空气流量检测值除以空燃比得出的值与温度调节器的输出值进行低值选择作为燃气回路的设定值，系统结构如图 11-26 所示。

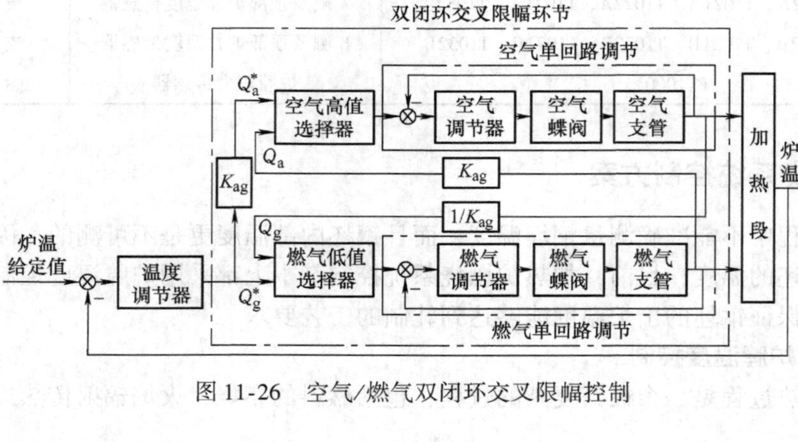

图 11-26　空气/燃气双闭环交叉限幅控制

双闭环交叉限幅控制使得系统在控制上能够实现：加大燃气流量给定值时，先增大空气流量、后增大燃气量；减小燃气流量给定值时，先减小燃气流量、后减小空气量。从而，在保证空气流量时刻跟随燃气流量变化而变化的同时，也保证了燃气流量增减过程中的最佳燃烧效率。目前，该方法在各种工业燃烧控制中已得到广泛的应用，能够有效地控制空燃比，从而使燃烧过程更加合理，节省燃料，做到节能减排。但是，双闭环交叉限幅控制方法的缺点是限幅牺牲了系统跟踪负荷变化的快速性，即降低了系统的响应速度。

在所有的燃烧控制策略中，基本已经确定了以燃料流量为主动量、以助燃空气流量为从动量的比值控制方法。这样空燃比的优化选择设定对提高燃烧加热质量和降低能耗有着至关重要的作用。合理的空燃比不但可以提高燃料的燃烧效率，减少排烟热损失，避免炉压大幅波动，而且还可以合理控制炉内的氧含量，减少钢坯的氧化烧损，提高钢坯加热的有效率。当燃气成分和管道压力等发生波动时，会造成空燃比的失衡。如何在实际生产中保证合理的空燃比，一直是燃烧控制的一个难题。

2. 空燃比在线自动修正

根据烟气中氧含量（反映燃料完全燃烧指标）来修正空燃比是目前常用的方法。烟气中氧含量高，说明炉膛内部为氧化性气体气氛，助燃空气过多，应适当减小空燃比；烟气中含氧量低，说明不能充分燃烧，造成燃料浪费，应当增大空燃比。使用氧化锆氧量计在线监测烟气中的残氧量，通过查表和计算得出合理的动态空燃比。但是氧化锆探头是个消耗件，工作寿命一般不到一年，而且价格较高，因而影响了该方法的推广应用。目前，研究与实际应用的主要是动态空燃比自寻优等方案。

动态空燃比自寻优方案采用步进搜索式极值寻优原理。固定时间周期 Δt 记录炉温，计算出温度上升速率 $\mathrm{d}T/\mathrm{d}t$。若 $\mathrm{d}^2T/\mathrm{d}t^2>0$，代表温度上升速率为正，最快升温点还没有到达，继续原方向调节。若 $\mathrm{d}^2T/\mathrm{d}t^2<0$，说明最快升温点已经错过，则需要按照相反方向进行调节，直至 $\mathrm{d}^2T/\mathrm{d}t^2>0$。不断循环搜索，在最佳燃烧点附近徘徊，徘徊的区间（$-\varepsilon$，ε）称为“搜索损失”。步进式自寻优原理图如图 11-27 所示。

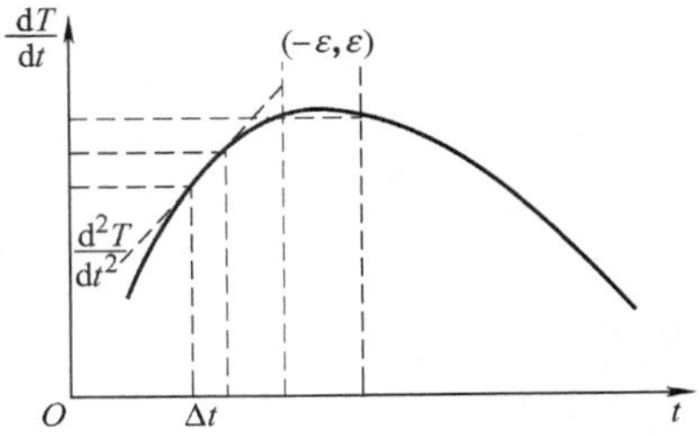

图 11-27　步进式自寻优原理图

由于此寻优过程是动态的，所以在燃气成分和管道压力等发生波动时，重复上述过程，可以再次找到新的最快升温点，此处也就是新的最佳空燃比。

3. 加热炉解耦网络

钢坯加热炉具有三个温区，各温区之间存在着较强的耦合性，并具有大惯性、大时滞、不确定性和非线性等特点。运行中还存在着负荷变化、燃气压力波动等问题。因此，准确的传递函数矩阵 $\boldsymbol{W}(s)$ 难以得到，只能根据某条件下建立的近似传递函数矩阵 $\boldsymbol{W}^*(s)$（简称标称模型）对系统进行设计。设加热炉的标称模型为 $\boldsymbol{W}^*(s)$，则

$$\boldsymbol{W}^*(s)=\begin{bmatrix} W_{11}^*(s) & W_{12}^*(s) & W_{13}^*(s) \\ W_{21}^*(s) & W_{22}^*(s) & W_{23}^*(s) \\ W_{31}^*(s) & W_{32}^*(s) & W_{33}^*(s) \end{bmatrix} \tag{11-8}$$

采用参数自适应前馈补偿解耦方法，能有效地克服模型偏差或系统参数摄动等对解

耦效果的影响。引入前馈解耦网络 $\boldsymbol{D}^*(s)$，运用前馈补偿方法进行解耦，可以获得对角矩阵 $\boldsymbol{W}_\Lambda^*(s)$。

$$
\begin{aligned}
\boldsymbol{D}^*(s) &= W_\Lambda^{*\,-1}(s)W^*(s) \\
&= \begin{bmatrix} W_{11}^*(s) & 0 & 0 \\ 0 & W_{22}^*(s) & 0 \\ 0 & 0 & W_{33}^*(s) \end{bmatrix}^{-1} \begin{bmatrix} W_{11}^*(s) & W_{12}^*(s) & W_{13}^*(s) \\ W_{21}^*(s) & W_{22}^*(s) & W_{23}^*(s) \\ W_{31}^*(s) & W_{32}^*(s) & W_{33}^*(s) \end{bmatrix} \\
&= \begin{bmatrix} 1 & -D_{12}^* & -D_{13}^* \\ -D_{21}^* & 1 & -D_{23}^* \\ -D_{31}^* & -D_{32}^* & 1 \end{bmatrix}
\end{aligned} \tag{11-9}
$$

其中，$D_{12}^*(s) = -W_{12}^*(s)/W_{11}^*(s)$；$D_{13}^*(s) = -W_{13}^*(s)/W_{11}^*(s)$；$D_{21}^*(s) = -W_{21}^*(s)/W_{22}^*(s)$；$D_{23}^*(s) = -W_{23}^*(s)/W_{22}^*(s)$；$D_{31}^*(s) = -W_{31}^*(s)/W_{33}^*(s)$；$D_{32}^*(s) = -W_{32}^*(s)/W_{33}^*(s)$。

实际系统与标称模型之间存在着很大的差异，并且系统参数存在着摄动。因此，基于标称模型 $W_{11}^*(s)$、$W_{12}^*(s)$、$W_{13}^*(s)$、$W_{21}^*(s)$、$W_{22}^*(s)$、$W_{23}^*(s)$、$W_{31}^*(s)$、$W_{32}^*(s)$、$W_{33}^*(s)$ 设计的解耦前馈解耦网络 $D^*(s)$ 与实际的 $D(s)$ 之间也存在着差异，则实际系统的输出与标称模型的输出也存在着差异。为了实时地弥补 $D^*(s)$ 与 $D(s)$ 之间的差异，使得系统的输出跟随标称模型的输出，引入参数自适应机构

$$
\begin{cases}
k_{12} = \eta_{12} f_{12}(e_{y1}) \\
k_{13} = \eta_{13} f_{13}(e_{y1}) \\
k_{21} = \eta_{21} f_{21}(e_{y2}) \\
k_{23} = \eta_{23} f_{23}(e_{y2}) \\
k_{31} = \eta_{31} f_{31}(e_{y3}) \\
k_{32} = \eta_{32} f_{32}(e_{y3})
\end{cases} \tag{11-10}
$$

使得

$$
\begin{cases}
\lim\limits_{t\to\infty}(1+k_{12})D_{12}^* m_2 = D_{12}m_2 = -\dfrac{W_{12}}{W_{11}}m_2 \\
\lim\limits_{t\to\infty}(1+k_{13})D_{13}^* m_3 = D_{13}m_3 = -\dfrac{W_{13}}{W_{11}}m_3 \\
\lim\limits_{t\to\infty}(1+k_{21})D_{21}^* m_1 = D_{21}m_1 = -\dfrac{W_{21}}{W_{22}}m_1 \\
\lim\limits_{t\to\infty}(1+k_{23})D_{23}^* m_3 = D_{23}m_3 = -\dfrac{W_{23}}{W_{22}}m_3 \\
\lim\limits_{t\to\infty}(1+k_{31})D_{31}^* m_1 = D_{31}m_1 = -\dfrac{W_{31}}{W_{33}}m_1 \\
\lim\limits_{t\to\infty}(1+k_{32})D_{32}^* m_2 = D_{32}m_2 = -\dfrac{W_{32}}{W_{33}}m_2
\end{cases} \tag{11-11}
$$

从而使得 $\lim\limits_{t\to\infty} e_{y1} = y_1 - y_1^* = 0$，$\lim\limits_{t\to\infty} e_{y2} = y_2 - y_2^* = 0$，$\lim\limits_{t\to\infty} e_{y3} = y_3 - y_3^* = 0$ 成立。

根据式（11-8）~式(11-11）构建的参数自适应解耦网络如图 11-28 所示。其中 $W_{11}^*(s)$、$W_{22}^*(s)$、$W_{33}^*(s)$ 分别为加热一段、加热二段、均热段解耦后的标称模型；$W_{11}(s)$、$W_{12}(s)$、$W_{13}(s)$、$W_{21}(s)$、$W_{22}(s)$、$W_{23}(s)$、$W_{31}(s)$、$W_{32}(s)$、$W_{33}(s)$ 分别为加热炉传递函数；y_1、y_2、y_3 分别为加热一段、加热二段、均热段在控制信号 u_1、u_2、u_3 激励下的实际温度测量值；y_1^*、y_2^*、y_3^* 分别为加热一段、加热二段、均热段参考模型 $W_{11}^*(s)$、$W_{22}^*(s)$、$W_{33}^*(s)$在控制信号 u_1、u_2、u_3 分别激励下的响应。

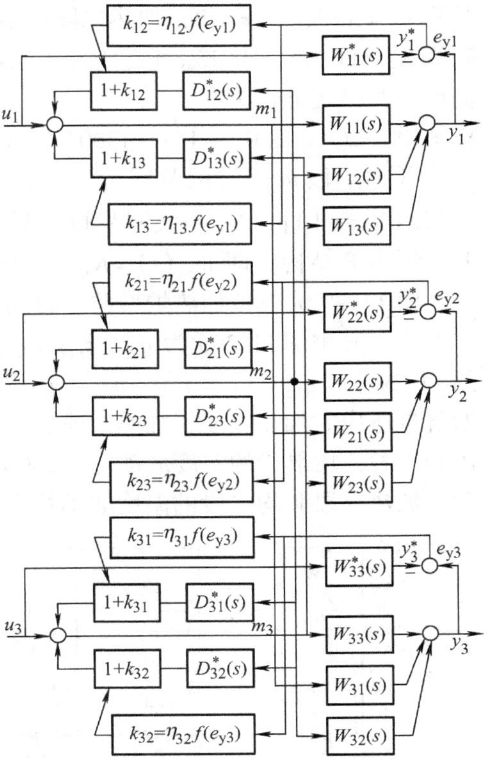

图 11-28　基于增益自适应的加热炉前馈补偿解耦网络

例如，若实际过程中耦合通道 $W_{32}(s)$中参数的摄动或本来与模型就有差异，使得均热段实际炉温 y_3 高于参考模型输出炉温 y_3^*，则 $e_{y_3}=y_3-y_3^*>0$。但是，通过增益自适应环节 $k_{32}=\eta_{32}f_{32}(e_{y3})$ 的调节作用，使得 m_3 逐渐减小，而 y_3 也随之逐渐变小，直至 e_{y_3}趋于零。

4. 加热炉温度串级控制系统仿真

选炉膛温度为被控量、煤气流量为控制量，以某 180t/h 棒材生产线双蓄热三段步进式加热炉为例进行仿真实验，则标称传递函数矩阵为

$$W^*(s)=\begin{bmatrix}\dfrac{0.05}{855s+1}e^{-120s} & \dfrac{0.025}{975s+1}e^{-140s} & \dfrac{0.01}{1185s+1}e^{-180s}\\ \dfrac{0.01}{945s+1}e^{-150s} & \dfrac{0.05}{885s+1}e^{-120s} & \dfrac{0.03}{1065s+1}e^{-140s}\\ \dfrac{0.01}{1245s+1}e^{-200s} & \dfrac{0.03}{1095s+1}e^{-160s} & \dfrac{0.07}{855s+1}e^{-120s}\end{bmatrix}$$

根据 Lyapunov 稳定性定理，取式（11-10）中增益自适应机构分别为

$$f_{12}(e_{y1})=(\lambda_{12}+\beta_{12}/s)e_{y1},\ f_{13}(e_{y_3})=(\lambda_{13}+\beta_{13}/s)e_{y1},$$
$$f_{21}(e_{y_2})=(\lambda_{21}+\beta_{21}/s)e_{y_2},\ f_{23}(e_{y_3})=(\lambda_{23}+\beta_{23}/s)e_{y2},$$
$$f_{32}(e_{y_2})=(\lambda_{32}+\beta_{32}/s)e_{y3},\ \ f_{31}(e_{y_3})=(\lambda_{31}+\beta_{31}/s)e_{y_3}。$$

并令

$$\lambda_{12}=\lambda_{13}=\lambda_{21}=\lambda_{23}=\lambda_{32}=\lambda_{31}=0.3$$
$$\beta_{12}=\beta_{12}=\beta_{21}=\beta_{23}=\beta_{32}=\beta_{31}=0.001$$

取加热一段、加热二段、均热段的温度调节器为 PI 结构，即

$$W_{c1}(s)=\delta_1(1+1/(T_{I1}s)),\ W_{c2}(s)=\delta_2(1+1/(T_{I2}s)),\ W_{c3}(s)=\delta_3(1+1/(T_{I3}s))。$$

针对解耦模型 $W_{11}^*(s)$、$W_{22}^*(s)$、$W_{33}^*(s)$，根据 Ziegler-Nichols 法（$\delta=0.9T/K\tau$，$T_I=\tau/0.3$）,分别获得加热一段调节器参数为 $\delta_1=128.25$，$T_{I_1}=400$；加热二段调节器参数为 $\delta_2=132.75$，$T_{I_2}=400$；均热段调节器参数为 $\delta_3=91.6$，$T_{I_3}=400$。设置加热一段调节器的参

数为 $K_p=120$，$K_I=0.2$；加热二段调节器的参数为 $K_p=120$，$K_I=0.2$；均热段调节器的参数为 $K_p=80$，$K_I=0.15$。Y_1、Y_2、Y_3 分别表示加热一段、加热二段、均热段三个加热段的温度，其给定分别为

$X_1=500[1(t-4000)-1(t-4500)]$，$X_2=1000(t-50)$，$X_3=500[1(t-7000)-1(t-7500)]$

各加热段选用的调节阀可以视为一阶惯性加滞后对象，则煤气调节阀模型为 $W_{vg}(s)=[2/(13s+1)]e^{-3s}$；空气调节阀模型为 $W_{va}(s)=[3/(11s+1)]e^{-2s}$。取煤气、空气的流量调节器为P结构，即 $W_{cg}(s)=K_1=2.2$，$W_{ca}(s)=K_2=1.8$。

图 11-29 为模拟加热炉增益、时间常数、时延均增大至标称模型中数值的120%时的仿真曲线。其中图 11-29a 为 $\eta_{12}=\eta_{13}=\eta_{21}=\eta_{23}=\eta_{32}=\eta_{31}=0$，即无增益自适应时的仿真曲线；图 11-29b 为 $\eta_{12}=\eta_{13}=\eta_{21}=\eta_{23}=\eta_{32}=\eta_{31}=1$，即有增益自适应时的仿真曲线。可见，未加增益自适应时加热一段、加热二段、均热段之间的耦合比较严重，当加热二段的温度给定为1000℃时，均热段的温度波动达±200℃，加热一段的温度波动为±50℃；加入增益自适应后，加热一段和均热段的温度波动均不超过±30℃，耦合性明显减弱。

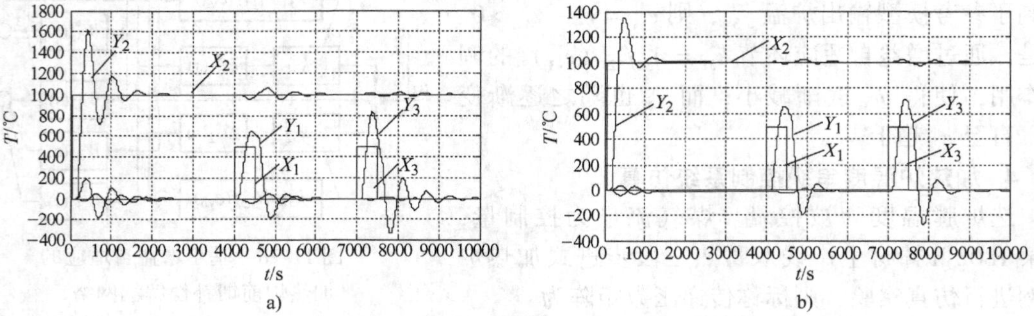

图 11-29　加热炉参数摄动至120%时的仿真曲线

图 11-30 为模拟加热炉增益、时间常数、时延均减少至标称模型中数值的80%时的仿真曲线。由图 11-30a、b 可见，若未加增益自适应，加热二段的温度给定1000℃时，均热段的温度波动达150℃，加热一段的温度波动达50℃；加入增益自适应后，均热段的温度波动只有50℃，加热一段的温度波动只有10℃，耦合性明显减弱。

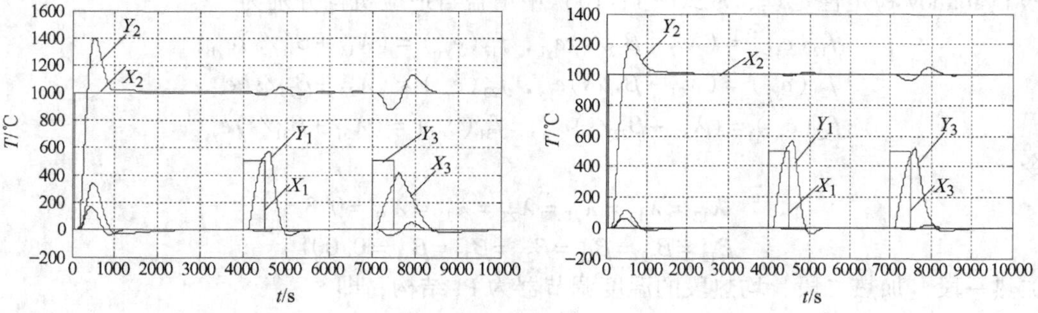

图 11-30　加热炉参数摄动至80%时的仿真曲线

5. 炉温设定值修正

加热炉的最终目的是保证出炉钢坯的温度满足轧制工艺要求。因此，在钢坯出炉处安装

了一台红外测温仪，如图 11-31 所示。根据测温仪测得的温度值和钢坯的规格等因素，利用专家的经验对各加热段炉温给定值进行补偿修正。

图 11-31　加热炉出钢温度检测点

11.3.3　炉膛压力控制

钢坯加热炉的炉膛压力是加热炉自动化控制中一个不容忽视的参数，对加热炉的燃烧效率和炉体使用寿命等都有影响。炉膛压力与热损失之间的关系如图 11-32 所示。

如果炉膛压力过大，则在炉门开关时会出现火焰“外溢”现象，大量热量散出，可能造成炉体外部设备损坏，严重时会污染车间环境、伤害现场人员。炉膛压力过小时，会吸入大量冷空气，影响炉内温度，严重时加剧钢坯的氧化烧损，降低钢坯的成材率。因此，必须对炉压进行自动控制，以保持炉膛微正压。

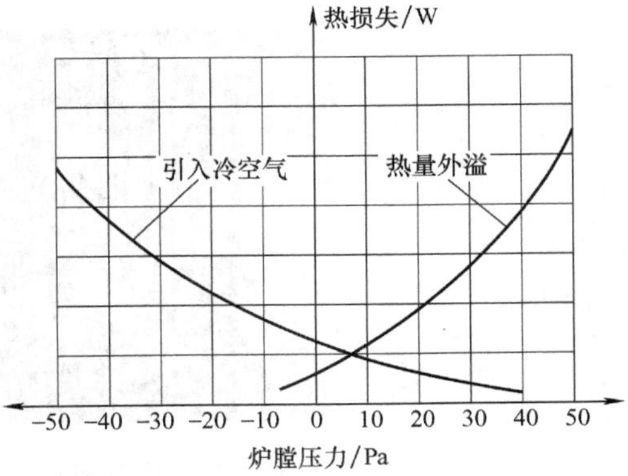

图 11-32　炉膛压力与热损失之间的关系

炉膛压力主要由空气、燃气流量以及排烟流量决定，在炉温实现自动控制，空气、煤气流量相对稳定的情况下，炉膛压力一般通过排烟管道上电动调节阀的开度进行调节，正常时应保持炉膛微正压（30Pa 左右），以防止外部冷空气侵入和火焰外溢。

11.4　加热炉自动化系统

由两台工控机、两个 S7-400 主站、7 个 ET200 子站及检测与执行等自动化仪表构成集散控制系统。系统由燃烧控制、汽化冷却控制、运钢控制等部分组成，通过工业以太网和现场总线，实现远程通信和控制。人机界面（HMI）及 PLC 系统如图 11-33 所示。

11.4.1 PLC 系统结构

一个 S7-400 主站和 4 个 ET200 子站（简称仪表 PLC 系统）用于燃烧和汽化冷却过程控制。仪表 PLC 系统安装在操作室的两个控制柜内，如图 11-34 所示。另一个 S7-400 主站和三个 ET200 子站（简称电气 PLC 系统）用于电气系统及运钢系统控制。电气 PLC 系统分别安装在电气室的主控柜、操作台、现场操作箱内，如图 11-35 所示。

操作室与电气室如图 11-36 所示。

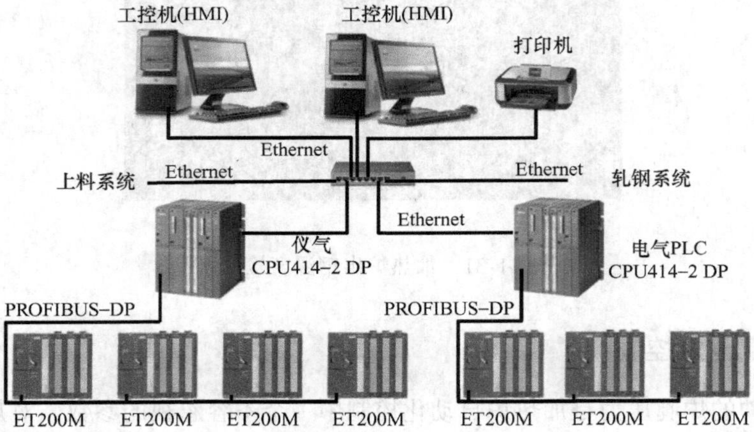

图 11-33 人机界面（HMI）及 PLC 系统

图 11-34 仪表 PLC 系统分别安装在操作室的两个控制柜内

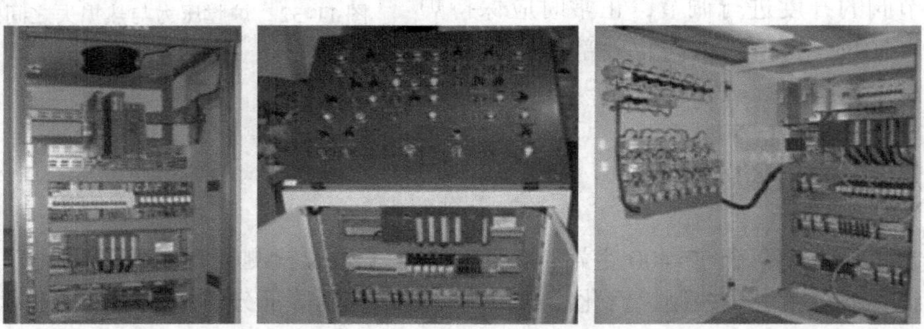
图 11-35 电气 PLC 系统分别安装在主控柜、操作台、现场操作箱内

图 11-36　操作室与电气室

11.4.2　系统实际应用情况

某棒材轧线双蓄热步进式加热炉建设完成后实际运行情况如图 11-37、图 11-38、图 11-39 所示，某时间段出炉钢坯温度记录表见表 11-4。

图 11-37 为加热炉三段 12 个炉膛温度检测点的实时温度曲线。从温度曲线可以看出，在 20min 的时间内加热一段温度上升较快，而加热二段、均热段炉膛温度变化不明显，基本上接近设定值。由于冷钢坯的入口在加热一段，因此，加热一段的温度变化比较大，温度上升的速度比较快。

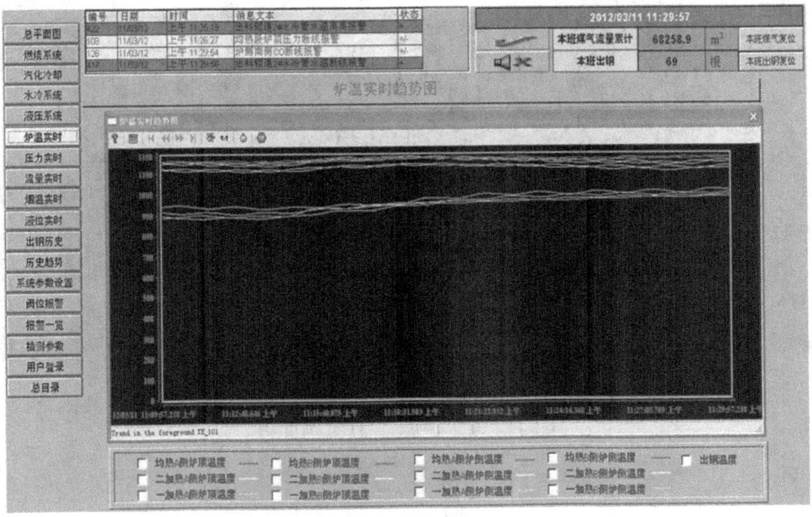

图 11-37　加热炉 12 个热电偶炉膛温度实测曲线

图 11-38 为加热炉每段（四支热电偶平均）炉膛实测温度曲线。从温度曲线可以看出，加热一段炉膛温度缓慢上升逼近设定温度 900℃，加热二段炉膛温度 1100℃左右，均热段炉膛温度 1180℃左右。各段温度在相当长的时间内没有大幅波动，基本保持在设定值上。

图 11-39 为炉膛实时压力曲线。从图中不难看出，炉膛压力在相当长时间内维持在 35Pa 左右。由于每隔 60s 换向阀动作一次，造成炉膛压力周期性地大幅降低，但不低于 15Pa，依旧为微正压，满足工艺要求。

表 11-4 为某白班班组记录的一组出炉钢坯温度。从表中可以看出，出炉钢坯温度均维持在 1035～1080℃之间，满足轧线的生产工艺要求。汽化冷却系统汽包液位也始终被控制

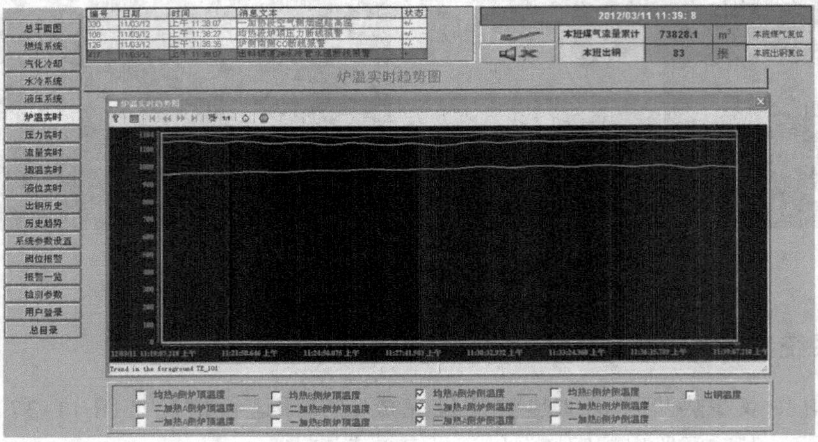

图 11-38　加热炉每段（4 支热电偶平均）炉膛温度实测曲线

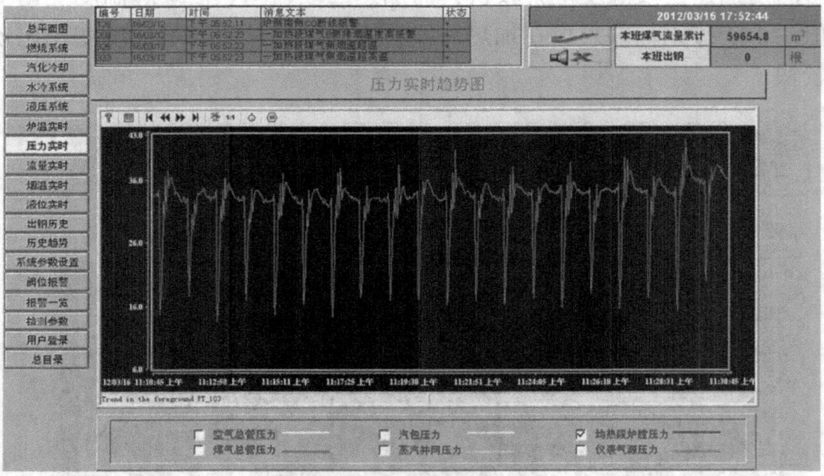

图 11-39　炉膛压力实测曲线

在正常范围内。

表 11-4　某时间段出炉钢坯温度记录表

序号	规格/mm	温度/℃	序号	规格/mm	温度/℃	序号	规格/mm	温度/℃
1	150×150×12000	1063	6	150×150×12000	1049	11	150×150×12000	1043
2	150×150×12000	1055	7	150×150×12000	1036	12	150×150×12000	1051
3	150×150×12000	1053	8	150×150×12000	1058	13	150×150×12000	1046
4	150×150×12000	1057	9	150×150×12000	1046	14	150×150×12000	1049
5	150×150×12000	1046	10	150×150×12000	1039	15	150×150×12000	1044

（续）

序号	规格/mm	温度/℃	序号	规格/mm	温度/℃	序号	规格/mm	温度/℃
16	150×150×12000	1047	22	150×150×12000	1053	28	150×150×12000	1078
17	150×150×12000	1042	23	150×150×12000	1065	29	150×150×12000	1068
18	150×150×12000	1039	24	150×150×12000	1067	30	150×150×12000	1059
19	150×150×12000	1042	25	150×150×12000	1064	31	150×150×12000	1061
20	150×150×12000	1041	26	150×150×12000	1069	32	150×150×12000	1067
21	150×150×12000	1046	27	150×150×12000	1073	33	150×150×12000	1054

思考题与习题

11-1 简述钢坯加热炉在热连轧生产线中的作用，其控制系统包括哪些部分？

11-2 钢坯加热炉汽化冷却系统由哪几个部分组成？各有什么作用？

11-3 汽化冷却系统中汽包液位的变化有何特点？为什么说汽包液位难以控制？

11-4 汽包液位通常有哪些检测方法？各有何特点？

11-5 汽包液位控制通常有哪些方案？各有何优缺点？

11-6 实现三段式加热炉温度的准确控制比较困难，请分析原因何在。

11-7 为了能够准确控制加热炉三段的温度，请基于已经学过的知识给出自己的控制方案。

11-8 请尝试根据图 11-24 所示加热炉燃烧系统检测与执行仪表配置图，选择合适的 CPU 和 I/O 模块构建基于 PLC 的燃烧自动化系统。

参考文献

[1] 金以慧，王诗宓，王桂增．过程控制的发展与展望［J］．控制理论与应用，1997，14（2）：145-151.

[2] 朱学峰．过程控制技术的发展、现状与展望［J］．测控技术，1999，18（7）：1-3.

[3] SIEMENS. SIMATIC PCS7 过程控制系统产品样本．西门子（中国）有限公司自动化与驱动集团，2008.

[4] SIEMENS. 西门子大中型自动化产品样本．西门子（中国）有限公司工业自动化集团，2010.

[5] 金以慧．过程控制［M］．北京：清华大学出版社，2005.

[6] 方崇智，萧德云．过程辨析［M］．北京：清华大学出版，1988.

[7] 邵裕森，戴先中．过程控制工程［M］．北京：机械工业出版社，2011.

[8] 邵裕森，巴筱云．过程控制系统及仪表［M］．北京：机械工业出版社，2005.

[9] 邵裕森．过程控制及仪表［M］．上海：上海交通大学出版社，1999.

[10] 王树青，等．工业过程控制工程［M］．北京：化学工业出版社，2005.

[11] 俞金寿，孙自强．过程控制系统［M］．北京：机械工业出版社，2009.

[12] 俞金寿，蒋慰孙．过程控制工程［M］．北京：电子工业出版社，2007.

[13] 孙洪程，翁维勤，魏杰．过程控制系统及工程［M］．北京：化学工业出版社，2010.

[14] 徐科军．传感器与检测技术［M］．北京：电子工业出版社，2008.

[15] 廖常初．S7-300/400 PLC 应用技术［M］．北京：机械工业出版社，2012.

[16] 边春元，任双艳，满永奎，等．S7-300/400 PLC 实用开发指南［M］．北京：机械工业出版社，2007.

[17] 鲁照权，韩江洪．生物制药灭活过程的专家式串级控制［J］．合肥工业大学学报，1999，22（6）：1-5.

[18] 鲁照权，韩江洪．对象参考参数自适应时滞补偿器［J］．控制与决策，2001，16（2）：239-241.

[19] 鲁照权，韩江洪．一种新型增益自适应 Smith 预估器［J］．仪器仪表学报，2002，23（2）：195-196，199.

[20] Lu zhaoquan, Han jianghong, Lu yang. H_∞ Robust Control of High Order system Based on Low Order Model with Dead-Time［J］. Proceedings of International Conference on Machine Learning and Cybernetics（IEEE ICMLC），2002：1349-1352.

[21] 鲁照权．大时滞不确定过程对象参考自适应时滞补偿器—— 基于 Popov 超稳定理论的参数自适应律设计［J］．控制理论与应用，2005，22（5）：802-806.

[22] 鲁照权．基于 Lyapunov 稳定理论的大时滞不确定过程参数自适应时滞补偿器［J］．仪器仪表学报，2006，27（11）：1535-1541.

[23] 蔡乔方．加热炉［M］．北京：冶金工业出版社，2007.

[24] 张劲松，陈新．步进梁式加热炉汽化冷却技术的应用［J］．冶金能源，2002，21（1）：44-45.

[25] 张晓桂，黄胜利，谷硕．强制循环汽化冷却在步进梁式加热炉中的应用［J］．工业加热炉，2007，36（5）：32-35.

[26] 侯典来．单室和双室平衡容器测量原理及应用分析［J］．自动化技术与应用，2005，24（3）：79-81，35.

[27] 李桂娥，麻红昭，张伟，朱月．双闭环交叉限幅比值控制在锅炉加热控制系统上的应用［J］．化工自动化与仪表，2008，35（5）：66-68.

[28] 申江，卫恩泽．双蓄热式加热炉燃烧系统控制策略的研究［J］．自动化仪表，2010，31（9）：33-36.

[29] 鲁照权，汪红梅，等. 步进炉汽化冷却系统模糊给水控制 [J]. 中国科学技术大学学报，2012，42 (Suppl)：102-107.
[30] 鲁照权，何娟，等. 一种自增益自适应多变量系统解耦方法及应用 [J]. 中国科学技术大学学报，2012，42 (Suppl)：73-77.
[31] 任才横. 钢坯加热炉燃烧自动化系统及控制策略 [D]. 合肥：合肥工业大学，2013.
[32] 鲁照权，邹扬举，等. 步进炉钢坯测量与定位控制系统 [J]. 电子测量技术，2012，35 (10)：36-40.
[33] 鲁照权，任才横，等. 基于自适应解耦的加热炉燃烧系统控制 [J]. 化工自动化及仪表，2013，40 (7)：827-830，837.